深度学习在复杂系统健康监测中的应用

吴 军 程一伟 邓 超 朱海平 著

科 学 出 版 社

北 京

内 容 简 介

为了深入实施制造强国战略，我国正加速推动物联网、大数据、人工智能、云计算与制造业的深度融合，促进制造业向数字化、网络化和智能化转型升级。复杂系统健康监测是其中的关键环节之一。随着数据积聚、算法革新与算力提升，以深度学习为代表的新一代人工智能技术不断取得突破性发展，为复杂系统健康监测技术突破提供新的途径。本书结合作者团队的最新研究成果，论述复杂系统健康监测的内涵、技术体系、研究现状和技术难点，总结卷积神经网络、循环神经网络、深度强化学习和深度迁移学习等深度学习的理论方法与框架，详细介绍 9 种不同的深度学习模型在复杂系统健康监测中的应用，并结合具体的应用案例进行展示。

本书可作为高等院校机械工程、船舶与海洋工程、人工智能等相关专业本科生和研究生的参考书，也可供从事复杂系统/装备状态监测、故障预测与健康管理、预测性维护、智能运维等相关行业方向的科学研究与工程技术人员参考。

图书在版编目（CIP）数据

深度学习在复杂系统健康监测中的应用 / 吴军等著. —北京：科学出版社，2023.11
ISBN 978-7-03-076799-8

Ⅰ．①深… Ⅱ．①吴… Ⅲ．①机器学习－应用－计算机系统－监测 Ⅳ．①TP303

中国国家版本馆 CIP 数据核字（2023）第 205687 号

责任编辑：邵　娜　霍明亮 / 责任校对：高　嵘
责任印制：彭　超 / 封面设计：无极书装

科学出版社 出版
北京东黄城根北街 16 号
邮政编码：100717
http://www.sciencep.com

北京凌奇印刷有限责任公司印刷
科学出版社发行　各地新华书店经销
*

2023 年 11 月第 一 版　开本：787×1092　1/16
2024 年 8 月第二次印刷　印张：12 3/4
字数：321 000

定价：108.00 元
（如有印装质量问题，我社负责调换）

前　言

当前，以智能物联网、第 5 代移动通信技术（5G）、边缘计算、云计算、人工智能、工业互联网等为代表的新兴技术与制造业深度融合，为我国制造业转型升级和高质量发展提供前所未有的战略机遇。作为工业 4.0 的核心驱动力，智能制造系统是集机、电、液、气、光、传感和信息技术于一体的复杂大系统，是推动传统制造业向数字化、网络化、智能化转型的关键要素。

智能制造系统运行时由于不断地受到各种环境作用力的影响，叠加长时间运行导致的磨损、锈蚀、老化等因素，其健康状态不断退化，工作效率和性能逐渐下降。若任其发展，则将出现故障，造成计划外停机，给企业带来巨大的经济损失。因此，迫切需要及时准确地识别或预知系统健康状态，并针对性地制定预防性维修措施，以最大限度地保障系统长时间稳定可靠的运行。为此，复杂系统健康监测技术应运而生。

复杂系统健康监测是指利用智能传感器全面精准地感知复杂系统及其关键部件的健康状态信息，运用数据分析技术捕捉关键状态数据特征，实现系统异常状态的实时感知、剩余使用寿命的精准预测及故障的快速诊断，从而提高复杂系统的可靠性、维修性、安全性和测试性。近年来，随着新一代人工智能技术的快速发展，深度学习被越来越多地应用于复杂系统健康监测领域。相比于传统方法，深度学习拥有精度高、鲁棒性强、应用便捷等诸多优点，是未来健康监测技术的主流发展方向之一。

本书系统性地论述深度学习在复杂系统健康监测中的应用，分别介绍深度学习理论方法与框架、2 种状态识别方法、5 种故障诊断方法和 2 种剩余使用寿命预测方法，每种方法均附带了典型应用案例。本书可为学习相关知识的学生提供系统的知识架构，为本领域的专业工程师提供一定程度的技术指导。本书共分为 11 章，各章内容如下所示。

第 1 章为绪论。本章对研究背景进行介绍，概括深度学习的起源、内涵、研究现状和应用领域，并定义复杂系统健康监测的内涵和技术体系，主要包括异常状态感知、故障诊断和剩余使用寿命预测等关键技术，同时总结复杂系统健康监测的研究现状和技术难点。

第 2 章为深度学习理论方法。本章对深度学习的相关知识进行系统总结，包括人工神经网络的相关知识，四种典型的深度学习模型（卷积神经网络、循环神经网络、深度强化学习和深度迁移学习），深度学习优化算法，以及深度学习模型评价准则等，并介绍 TensorFlow、Keras 和 PyTorch 等主流深度学习框架。

第 3 章为基于卷积神经网络的损伤状态识别。本章详细介绍卷积神经网络模型及其扩展，针对现有系统损伤识别方法准确率低、稳定性差的问题，提出基于卷积神经网络的损伤状态识别方法，并在复合材料结构上开展应用验证。

第 4 章为基于区域卷积神经网络的健康状态评估。本章介绍一种区域卷积神经网络模型，提出基于区域卷积神经网络的系统健康状态评估方法，并开展金属板自然老化状态识别的应用验证。

第 5 章为基于多融合卷积神经网络的故障诊断。本章针对强噪声或变噪声环境下故障诊断精度低的问题，介绍一种新的多融合卷积神经网络模型及实施故障诊断的流程，并利用该模型对滚动轴承故障进行诊断。

第 6 章为基于局部二值卷积神经网络的复合故障诊断。本章针对复合故障诊断难题，介绍一种新的局部二值卷积神经网络，论述局部二值卷积神经网络在故障诊断中的应用，并将该方法在滚动轴承和齿轮箱上分别进行验证。

第 7 章为基于深度子域残差自适应网络的故障诊断。本章介绍一种深度迁移学习模型——深度子域残差自适应网络，论述其在故障诊断中的应用，并利用两组滚动轴承故障数据集验证该模型的有效性。

第 8 章为基于深度类别增量学习的新生故障诊断。本章介绍深度类别增量学习的基础知识、网络结构及其应用过程，最后介绍风电齿轮箱新生故障诊断实例。

第 9 章为基于深度强化学习的自适应故障诊断。本章介绍一种基于胶囊神经网络和深度强化学习的在线自适应故障诊断模型，并论述其在旋转机械变工况条件下的自适应故障诊断应用过程，以及其在滚动轴承故障诊断上的应用效果。

第 10 章为基于深度长短期记忆神经网络的剩余使用寿命预测。本章介绍循环神经网络、长短期记忆神经网络和深度长短期记忆神经网络，并论述基于深度长短期记忆神经网络的剩余使用寿命预测方法及其在航空发动机剩余使用寿命预测上的应用效果。

第 11 章为基于多维度循环神经网络的剩余使用寿命预测。本章针对变工况条件下剩余使用寿命精准预测的难题，介绍一种多维度循环神经网络模型，并展示其在单一工况条件下和变工况条件下剩余使用寿命预测的效果。

本书是在充分地整理和总结作者多年的研究成果的基础上形成的。这些研究先后得到了国家自然科学基金项目（编号：51875225、51475189、51105156）、国家重点研发计划项目（编号：2018YFB1702300）、广东省重点领域研发计划项目（编号：2019B090916001）等的支持，也得到了华中科技大学研究生教材建设项目的资助。

感谢华中科技大学邵新宇院士、斯坦福大学 Fuguo Chang 教授对本书研究工作的帮助与指导；感谢团队的黎国强、陈作懿、吴轲、胡奎、徐雪兵、郭鹏飞、江伟雄、高展等研究生对本书撰写所提供的帮助及付出的辛勤工作。

由于作者水平有限，书中难免存在不足之处，恳请广大读者批评指正。

作　者

2023 年 3 月 20 日于武汉喻家山

目　录

第 1 章 绪 论

本章首先介绍复杂系统健康监测的技术背景。其次,详细地对深度学习进行介绍,包括起源、内涵、研究现状及应用领域等。然后,通过综述现有的复杂系统异常状态感知、故障诊断和剩余使用寿命预测方法及其研究现状,深入分析现有方法的优势与不足。最后,结合复杂系统的异常状态感知、剩余使用寿命预测和故障诊断的实际需求,提炼出复杂系统健康监测的技术难点。

1.1 研 究 背 景

制造业是国民经济的主体,是立国之本、兴国之器和强国之基。经过七十多年的快速发展,我国已经成为世界第一制造大国,形成了全球最大、最长且相对完整的产业链,规模稳居世界第一。然而,伴随着全球经济结构的深度调整,我国工业化进程步入后期、人口红利逐步消失及人口老龄化,以前依靠劳动力成本、能源资源、土地等比较优势发展起来的制造业正面临着严峻的挑战,迫切需要实现制造业转型升级。2021 年 3 月 11 日,十三届全国人大四次会议通过的《中华人民共和国国民经济和社会发展第十四个五年规划和 2035 年远景目标纲要》指出:要深入实施制造强国战略,提升制造业核心竞争力,推动制造业高质量发展[1]。2022 年 10 月,习近平总书记在党的二十大报告中也指出:要加快建设制造强国。

当前,全球主要的工业大国相继提出了本国的制造业发展战略,如日本《互联工业战略》(2017 年)、德国《国家工业战略 2030》(2019 年)、美国《先进制造业国家战略》(2022 年)等。这些战略强调智能制造系统是推动制造业数字化、网络化、智能化转型的关键要素。

智能制造系统是一类集成物联网、人工智能、大数据、制造云等高新技术的复杂系统,主要包括制造装备、物料运输、作业控制等子系统及加工刀具、轴承、齿轮箱、滚珠丝杆等关键功能部件。它具有自主性的感知、学习、分析、预测、决策、通信与协调控制能力,通过制造过程的深度感知、智慧决策和精准控制,实现提质增效、节能降本的目标。不过,智能制造系统运行时由于不断地受到各种环境作用力(如切削力、摩擦力、环境温度、振动)的影响,以及运动副磨损、零件的锈蚀、器件的老化等导致其健康状态不断退化,工作效率和性能逐渐下降,若不进行及时维护,最终将失效(无法满足工作需求)甚至引发严重故障,从而给企业带来巨大的损失[2]。据不完全统计,目前因制造系统故障导致的维修成本和停机损失已经占到企业生产成本的 30%~40%。为了保证智能制造系统的长时间安全可靠运行,迫切需要智能制造系统健康监测技术,实现对其健康状态的实时监测、诊断与预测,以尽早地识别系统故障状态,精准地诊断系统故障原因,自适应地预测系统运行寿命,从而提前采取有效的措施避免系统故障突发。

智能制造系统的组成部件众多、互相关联,且运行工况多变、故障模式多样、故障样本匮乏等诸多特点使得智能制造系统健康监测面临巨大的挑战。幸运的是,智能制造系统上密集布置了众多的传感器，如振动传感器、温度传感器、噪声传感器和电参数传感器等，可以便捷地采集系统健康监测数据，监测数据量与日俱增。例如，西安陕鼓动力股份有限公司的一套空压机组集成了振动、温度、流量、压力等传感器，包含了 336 个测量数据点，实时原始状态数据量达到 10 MB/s，同时还有业务数据（机组档案、现场服务记录等）和知识数据（质量数据、测试数据等），总量约为 1 TB，且每日平均增量约为 5 MB。中联重科股份有限公司在工程机械上加装了大量的高精度传感器，监控设备数 12 万余台（套），实时采集设备的运动特征、健康指标、环境特征等数据，存量数据量达到 40 TB，每月新增数据 300 GB。中国联合网络通信集团有限公司针对某公司生产车间内的机床、环境等各种影响产品质量的因素进行了监测，监测数据涵盖应力、表面温度、传输压力、传输流量等，单车间采集传感器超过 1 000 个，每日采集数据量超过 824 GB。由此可见，智能制造系统健康监测已经进入工业大数据时代[3]。

工业大数据时代下的智能制造系统健康监测具有以下特点。

（1）数据规模大且类型多样化。智能制造系统可以采集的监测数据量越来越大，且数据种类越来越多。例如，数控机床的监测数据主要包括进给轴状态数据（电流、位置、速度、温度）、主轴状态数据（功率、扭矩、速度、温度）、机床运行状态数据[输入/输出（input/output，I/O）、报警和故障信息]、机床操作状态数据（开机、关机、断电、急停）、加工程序数据（程序名称、工件名称、刀具、加工时间、程序执行时间、程序型号）及传感器数据（振动信号、声发射信号、切削力信号）等。这些数据规模达 PB 级，是工业大数据的主要来源。然而，如何从海量多样的监测数据中挖掘出能反映系统健康状态变化的信息是一项极具挑战性的任务。

（2）数据更新快且价值密度低。智能制造系统健康监测数据采样频率高，目前有些传感器监测数据的写入速度可以达到百万个数据点每秒至千万个数据点每秒。例如，南京爱尔传感科技有限公司的 AE-H 高频动态压力传感器最大频率可达 2 MHz，即每秒采集 200 万个数据点。不过，包含有系统故障特征的异常状态监测数据量极少；相反，大部分的监测数据均是在正常运行状态下采集的，包含了大量的高度重复信息，价值密度低。如何及时有效地从海量监测数据中捕捉到有价值的特征是一项亟待解决的问题。

（3）数据强关联与因果性。智能制造系统的不同类型监测数据从多个维度反映智能制造系统健康状态的变动情况，这些监测数据之间存在较强的关联与因果性。例如，通常采集振动信号、温度信号及润滑油金属碎片颗粒数等，对齿轮箱健康状态进行监测。当齿轮箱发生故障时：一方面其振动信号将立即出现波动，润滑油温度逐渐升高，润滑油中金属碎片颗粒数也将不断增加；另一方面其故障发生是由破齿、齿片脱落和裂纹、固定盘松动等引起的。如何从监测数据中挖掘出数据关联性，揭示出内在的因果关系是一项具有挑战性的任务。

（4）数据多模态与跨尺度性。智能制造系统不同部件的监测数据不仅数据格式差异大，而且数据结构多。例如，航空发动机的高压涡轮冷却引气流量、核心机转速、高压压气机出口总压、风扇入口红外图谱等监测数据在数据结构上有巨大的区别，这给不同模态的监测数据融合带来了巨大的困难。此外，将来源于设备、车间、工厂、供应链及社会环境等不同空间尺度的数据，以及毫秒级、分钟级、小时级等不同时间尺度的数据进行集成与分析也是一项艰巨的任务。

由此可见，工业大数据时代下的智能制造系统健康监测面临的挑战是如何从海量监测数据中自动挖掘和提取特征。伴随计算能力的持续提高和新型算法的不断涌现，深度学习取得了突破性发展。例如，2020 年 1 月谷歌（Google）旗下的深度思想公司（DeepMind）在《自然》（*Nature*）上发布了一个新型的钼靶影像人工智能系统，它通过集成 3 个深度学习模型开展钼靶影像的大数据分析和处理，实现乳腺癌早期筛查。结果显示：该人工智能系统在乳腺癌预测方面表现出优异的性能，甚至超越了人类专家。深度学习通过构建深层网络拓扑结构，从海量监测数据中自动挖掘特征信息，计算过程无须人工设计数据特征，解决了传统数据分析方法耗费时间长及数据特征通用性差的问题。深度学习的不断发展及其与工业大数据的融合将为复杂系统健康监测技术的突破注入新的机遇。

1.2　深度学习简介

1.2.1　深度学习的起源

深度学习是一种高级机器学习算法，其起源可以追溯到人工神经网络（artificial neural network，ANN）模型的诞生。1943 年，美国神经生理学家 McCulloch 和数学家 Pitts[4]首次提出 McCulloch-Pitts（M-P）模型。M-P 模型是一种模仿生物神经元结构和工作原理的神经网络模型。该模型被学术界认定为人工神经网络的起源。随后，加拿大神经心理学家 Hebb[5]在 1949 年通过分析神经元学习法则，提出一种基于无监督学习的规则，即 Hebb 规则。Hebb 规则为神经网络的学习算法发展奠定了坚实的基础。1957 年，美国神经学家 Rosenblatt 结合 M-P 模型和 Hebb 规则设计了一种类似于人类学习过程的学习算法，即感知机。感知机是一种线性分类模型，模型输入数据的特征向量，可以实现二分类，输出为 + 1 或–1 二值。换句话说，感知机可以通过特征分析判断样本数据属于哪个类别。感知器理论的提出具有里程碑式意义，激发起了大量科学家对人工神经网络的兴趣。1969 年，Minsky 和 Papert[6]在《感知器：计算几何学导论》（*Perceptrons*：*An introduction to computational geometry*）中对感知机进行了进一步研究，证明了单层感知机无法实现非线性分类。感知机的这项缺陷导致人工神经网络研究陷入一段时间的低迷期。

1982 年，美国物理学家 Hopfield[7]将物理学的相关思想与神经网络相结合，设计了 Hopfield 神经网络。该网络是一种递归神经网络，每个神经元与其他神经元之间均保持连接。该网络可以模拟人类的记忆，根据激活函数的选取不同，可以用于优化计算或联想记忆等任务，但该网络也存在易陷入局部最小值的缺陷。1986 年，Rumelhart 等[8]提出了反向传播（back propagation，BP）算法，在数据正向传播的基础上，添加了误差的反向传播。因此。神经网络可以根据反馈的误差不断地调整模型参数，直到误差小于设定阈值或训练次数超过预定值。BP 算法在非线性分类问题上的应用使得神经网络再次引起广泛的关注。然而，当时计算机技术难以支撑大规模神经网络的运算，模型训练过程中容易出现梯度消失问题，严重制约了其发展。

2006 年，Hinton 和 Salakhutdinov[9]首次提出了深度学习的概念，并在《科学》（*Science*）上发表论文《利用神经网络降低数据维度》（*Reducing the dimensionality of data with neural networks*），在该论文中 Hinton 和 Salakhutdinov 提出梯度消失问题的解决方法，具体为先利用无监督学习算法逐层训练，再使用有监督的反向传播算法进行调优。该方法的提出，立刻受到了学术界的高度关注，许多知名高校和科技企业开启了深度学习的研究，并逐渐在医疗诊断、机器视觉、自然语言处理等领域取得了显著的成果。

1.2.2　深度学习的内涵

深度学习属于机器学习的子领域，本质上是一种基于多层表达与抽象的特征学习，每层对应一个特定的特征，高层特征取决于低层的特征，且同一低层特征有助于确定多个高层特征。它通过模拟人脑视觉信息处理机理，将原始数据通过一些简单且非线性的模型转变成更高层次的、更加抽象的特征表达。通过足够多的转换组合，非常复杂的函数（特征）都可以被学习。由此可见，深度学习的主要思想是利用深度神经网络逐层自动捕捉数据特征，将低层的输出结果作为高层的输入，在高层进一步捕捉更为抽象的特征来表征目标，以揭示输入和输出间的映射关系。深度学习依托深度神经网络，实施数据特征学习和数据表达，最终实现数据分类和回归等任务。

图 1.1 为传统人工神经网络和深度神经网络示意图。深度神经网络是在传统人工神经网络的基础上，通过增加隐藏层节点的层数而得到的模型，是一个典型的深度学习模型。不同于传统的浅层学习模型，深度学习模型具有以下特点。

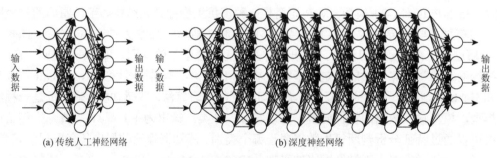

(a) 传统人工神经网络　　　(b) 深度神经网络

图 1.1　传统人工神经网络和深度神经网络示意图

（1）模型结构的层次深。深度学习模型通常有少则几个，多则上百个隐藏层，这些隐藏层按照一定的规则相互连接，能更全面且深入地提取特征，具有极强的特征提取能力。

（2）特征逐层学习。深度学习模型利用非线性数据变换，将输入数据转化到新的特征空间，从而更容易地实现分类或回归。

（3）从数据到结果的端到端学习。深度学习模型直接从输入数据出发，不断地计算模型输出与样本标签的误差，通过反向传播的总体误差，不断地优化参数。

1.2.3　深度学习的研究现状

常用的深度学习模型主要包括卷积神经网络（convolutional neural network，CNN）、循环神经网络（recurrent neural network，RNN）等。近年来，相继出现了迁移学习和强化学习等高级深度学习模型。

1. CNN 的研究现状

1980 年，日本科学家 Fukushima[10]提出一种新认知机（neocognitron）神经网络结构，其目标是构建一个模仿大脑视觉网络进行模式识别的网络结构，以便更深地理解大脑的运作机制。他创造性地将从人脑视觉系统中提取的新思想融入人工神经网络，形成新认知机神经网络结构，被认为是 CNN 的雏形。1992 年，Weng 等[11]提出了自适应增长的自组织神经网络（cresceptron）。在他的论文中，提出的两种数据处理方法沿用至今，分别是数据增强和最大池化。1997 年，Lawrence 等[12]提出了一种用于人脸识别的混合神经网络，该网络系统结合了局部图像采样、自组织映射（self-organizing map，SOM）神经网络和 CNN，为后来 CNN 模型的发展奠定了基础。2012 年，Krizhevsky 等[13]设计了一种新的 CNN 并命名为 AlexNet（Alex convnet），该网络拥有出色的图片识别效果，并获得了当年的大规模视觉识别挑战赛（Imagenet Large-Scale Visual Recognition Challenge，ILSVRC）冠军。2014 年，牛津大学视觉几何研究组在 ILSVRC 中提出了视觉几何网络（visual geometry group convnet，VGGNet）模型，其证明了增加 CNN 的深度能够在一定程度上影响网络最终的性能。VGGNet 有两种结构，分别是 VGG16 和 VGG19，两者并没有本质上的区别，只是网络深度不一样。美国谷歌公司首次在 CNN 中插入了一种新模块（名为 Inception），提出了 GoogleNet 模型，并取得了挑战赛冠军[14]。在后续两年中，Inception 模块被不断改进，形成了 Inception 2.0 到 Inception 4.0 等多个版本。微软亚洲研究院 He 等[15]基于 CNN 模型提出了一种新的深度残差网络（residual network，ResNet）模型，在当年 ILSVRC 的分类（classification）、检测（detection）和定位（localization）三个分项中，ResNet 均获得了第一名的好成绩。2017 年，清华大学 Huang 等[16]提出了密集连接的卷积网络（dense convolutional network，DenseNet）模型，该模型打破了依赖加深网络层数或加宽网络结构来提升模型性能的惯性思维，采用特征重用和旁路设置等技术，降低了模型参数的个数，且一定程度地削弱了梯度消失问题的影响，荣获当年电气与电子工程师协会（Institute of Electrical and Electronics Engineers，IEEE）国际计算机视觉与模式识别会议的最佳论文奖。受计算机视觉中经典的非局部均值操作的启发，Wang 等[17]基于非局部操作的 CNN 模型，提出了一种非局部神经网络（non-local networks）用于捕获长距离依赖，利用非局部操作建立图像上两个有一定距离的像素之间的联系、视频里两帧的联系，以及一段话中不同词的联系等。

2. RNN 的研究现状

RNN 的起源可以追溯到简单循环网络。简单循环网络是由美国加利福尼亚大学的 Elman[18]在 1990 年提出来的，发表在论文《及时发现结构》（*Finding structure in time*）中。由于结构较为简单，其在处理时间序列数据时存在梯度消失问题。1997 年，慕尼黑工业大学的 Hochreiter 和 Schmidhuber[19]针对梯度消失问题对简单循环网络进行改进，提出了长短期记忆（long-short term memory，LSTM）模型。同年，Schuster 和 Paliwal[20]对简单循环网络进行改进，将单向的简单循环网络拓展到双向循环网络（bidirectional RNN，BRNN）。2000 年，Gers 等[21]对 LSTM 进一步改进，增加遗忘门结构，使 LSTM 单元可以在适当的时间重置自身，从而释放内部资源。2005 年，Graves 和 Jürgen[22]将 LSTM 与 BRNN 结合到一起，获得了双向 LSTM（bidirectional LSTM，BLSTM）网络。相比于 BRNN，BLSTM 可以更好地处理梯度消失和爆炸的问题，这种方法可以在输入的方向上获得长时的上下文信息。2007 年，Graves 等[23]提出了多维度 RNN 结构，并结合 LSTM 提出了多维度 LSTM 神经网络。尽管 RNN 结构不断发展，但是 RNN 和 LSTM 网络仍然是浅层的网络。2013 年，Graves 等[24]提出了一种深层 BLSTM，可以更好地提取和表示特征，其效果比 BLSTM 等网络更加优越。2014 年，Cho 等[25]提出了一种 LSTM 的变体,即门控循环单元(gated recurrent unit,GRU)。GRU 的结构与 LSTM 很相似,LSTM 有三个门结构,而 GRU 只有两个门结构且没有细胞状态,简化了 LSTM 的结构。而且在许多情况下,GRU 与 LSTM 有同样出色的结果。GRU 有更少的参数,相对容易训练且不容易过拟合,因此成为 RNN 的一个流行的变体。此后,RNN 又相继发展出一系列变种,如嵌套 LSTM(nested LSTM)、基于 RNN 的卷积网络替代(a recurrent neural network based alternative to convolutional networks,ReNet)模型、结构约束循环网络(structurally constrained recurrent network,SCRN)等,但这些变种在目前仍然比较冷门,应用范围有限。

3. 迁移学习的研究现状

传统的数据挖掘和机器学习算法通过使用之前收集到的数据进行训练,并利用训练好的模型对在线数据或未来数据进行预测。迁移学习允许训练和测试的域、任务及分布是不同的。在现实中我们可以发现很多迁移学习的例子。例如,我们可能发现,学习如何辨认苹果将会有助于辨认梨子。对于迁移学习研究的驱动,是基于事实上,也就是说人类可以将已经获取的旧知识运用到新问题上,以便更好地解决新问题。迁移学习研究始于 1995 年神经信息处理系统大会(1995 Conference and Workshop on Neural Information Processing System,NIPS-95),在该研讨会上,一个新的话题学会学习被人们了解和关注,后来这种思想经历了学会学习、终身学习、知识迁移、感应迁移、多任务学习、知识整合、前后敏感学习、基于感应阈值的学习、元学习、增量或者累积学习等一系列命名。2005 年,美国国防部高级研究计划局的信息处理技术办公室发布的代理公告明确了迁移学习的定义,即将之前任务中学习到的知识运用到目标任务的能力。迁移学习的目标是从一个或者多个源域中捕捉数据特征与知识,并运用在目标域任务上。目前,迁移学习可以分为三类,即推导迁移学习、转导迁移学习和无监督迁移学习。

4. 强化学习的研究现状

强化学习的概念最早是由 Minsky[26]于 1954 年提出的,他明确了试错是强化学习思想的核心机制。1957 年,Bellman[27]在最优控制领域提出了离散马尔可夫决策过程的动态规划方法,该方法首次将强化学习试错迭代求解思想运用在优化过程中,使得马尔可夫决策过程成为最经典的定义强化学习问题的形式。随后,Howard[28]提出了求解马尔可夫决策过程的策略迭代优化方法。随后强化学习陷入了沉寂。直到 1989 年,Watkins[29]提出了 Q 学习(Q-learning)策略,该策略进一步拓展了强化学习的应用,其被全球研究者大量使用和研究。Q-learning 策略可以在没有立即回报函数和状态转换函数的情况下依然能计算出最优动作策略。Q-learning 的提出推动了强化学习算法在不同行业和领域的应用。

2015 年 10 月,谷歌旗下人工智能(artificial intelligence,AI)公司 DeepMind 开发了阿尔法围棋(AlphaGo)程序,以 5∶0 的成绩一举击败了人类围棋世界级选手樊麾,介绍该程序的论文也发表在国际顶级期刊 *Science* 上。2016 年 3 月,经过无数轮自我对弈的强化学习后,AlphaGo 与围棋世界冠军、职业九段棋手李世石进行围棋大战,以 4∶1 的总比分获胜,以空前的实力震惊了围棋界,AlphaGo 被围棋界公认棋力已经超过人类职业围棋的顶尖水平。纵观近几年的国际顶级会议论文,强化学习的理论获得了很大的进步,应用领域逐渐呈爆发式增长的趋势,目前已经广泛地应用于自动驾驶、游戏和智能电网等多个领域中。

1.2.4　深度学习的应用领域

目前，深度学习在越来越多领域表现出优越的性能，尤其是图像识别、语音识别、自然语言处理、自动驾驶等。

（1）图像识别。深度学习在计算机视觉领域已经占据了绝对的主导地位，在许多相关任务和竞赛中都获得了良好的表现。这些计算机视觉竞赛中最有名的就是 ILSVRC。参加 ILSVRC 的研究人员通过设计更好的模型来尽可能精确地对给定的图像进行分类。过去几年里，深度学习技术在 ILSVRC 中取得了快速的发展，甚至超越了人类的表现。在 2012 年 ILSVRC 中，AlexNet 深度学习模型一举夺冠，其使用的线性整流函数可以有效地解决训练过程中的梯度消失问题。同年，由吴恩达和 Dean 两位世界顶尖计算机专家共同主导的深度神经网络技术在图像识别领域取得了非凡的成绩[30]，在 ILSVRC 中将图像识别正确率从 74% 提高到 85%。深度学习算法在世界大赛的精彩表现，也再次吸引了学术界和工业界对于深度学习领域的关注。2014 年，脸书（Facebook）开发了关于人脸识别的 DeepFace 软件项目，利用深度学习技术实现了高于 97% 的识别精度，达到甚至超越了人类的识别率。

（2）语音识别。随着人机交互技术越来越受到人们的重视，且人通过语音与计算机进行交互是除了手动键盘输入最自然最基本的交互方式，所以也越来越引起研究人员的关注。语音识别，即自动语音识别技术，主要通过对语言的辨识，实现从语音到相应文字的转换。经过多年的发展，语音识别已经在很多方面改变了人们的生活。目前，微软公司、Google 公司、国际商业机器公司（International Business Machines Corporation，IBM）和科大讯飞股份有限公司等众多国内外语音研究机构都在积极开展基于深度学习的语音识别研究。

（3）自然语言处理。目前，翻译软件（如谷歌翻译和百度翻译等）支持上百种语言的即时翻译，速度快到惊人的程度。翻译软件背后的核心技术就是深度学习。在过去的几年时间里，自动机器翻译已经完全地将深度学习嵌入翻译中。事实上，研究人员正在试图提出相对简单的深度学习语言翻译系统，来打败世界上最好的翻译专家服务系统。

（4）自动驾驶。基于深度学习算法的自动驾驶汽车领域已经达到了一个全新的水平。目前，自动驾驶汽车已经不再使用老的手动编码算法，而是编写程序系统，使其可以通过不同传感器提供的数据来自行学习。对于大多数感知型任务和多数低端控制型任务而言，深度学习现在是最好的方法。

1.3　复杂系统健康监测简介

1.3.1　复杂系统健康监测的内涵

类似于人体，复杂系统健康是指系统处于正常运行状态，能够在规定的时间下完成规定的功能。按照系统服役状态变化，它通常可以分为正常、异常、故障三种状态。

复杂系统健康监测是指利用各种监测方式（直接测量或内置传感器）获得系统或关键部件健康状态的监测信息，通过健康状态监测信息的深度挖掘，实时感知系统异常状态、预测未来服役期内的剩余使用寿命和诊断可能发生的故障类型。开展复杂系统健康监测的主要目的是充分地掌握系统当前的健康状态与未来的变化趋势，揭示系统潜在的故障模式及其原因，以便采用预防性维修措施，减少系统停机时间及维护保养费用，提高系统的运行效率，提升复杂系统的可靠性、维修性、安全性、测试性和保障性[31]。

1.3.2 复杂系统健康监测的技术体系

复杂系统健康监测技术架构如图 1.2 所示，主要包括数据获取、数据预处理与特征挖掘、异常状态感知、剩余使用寿命预测、故障诊断和决策辅助等[32]。其中，异常状态感知、剩余使用寿命预测和故障诊断为核心环节。

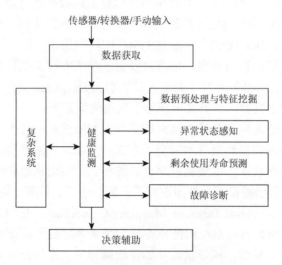

图 1.2 复杂系统健康监测技术架构

1. 异常状态感知

复杂系统在全寿命周期内的运行状态包括正常状态、异常状态和故障状态。正常状态是复杂系统安全稳定运行时的状态，此时复杂系统运行一切正常，所有监测指标均在正常范围内波动。此状态的持续时间一般相对较长，与复杂系统的设计寿命、运行环境等因素有关。复杂系统的异常状态是一种偏离了正常状态的非正常运行状态，是由疲劳、腐蚀、裂纹等原因造成的。在异常状态的早期阶段，由于复杂系统（或部件）发生微疲劳、微腐蚀或微裂纹等细微异常，此时装备结构没有发生实质性破坏，所以复杂系统仍然可以稳定运行，仅在监测数据中表现出微弱的故障成分。在没有人为干预的情况下，这些异常状态会随着时间的推移越来越严重。在故障状态，复杂系统的表现为振动剧烈、噪声过大或温度过高等，此时需要立刻停机并进行维修，否则可能会造成复杂系统的重大故障，甚至机器毁坏。

异常状态感知是指通过有效的监测手段，获取复杂系统的在线监测数据，并对在线监测数据开展分析和判断，实现复杂系统异常状态的实时识别。异常状态感知可以判断当前复杂系统的运行状态，并根据复杂系统当前的危险程度制定相应的预防或维修策略，避免复杂系统发生较大故障。

2. 剩余使用寿命预测

剩余使用寿命（remaining useful life，RUL），又简称为剩余寿命，是指基于当前的健康状态情况，复杂系统从当前时刻到其不再执行预设功能的剩余有效工作时间[33]。图 1.3 为复杂系统 RUL 示意图，其中 T 表示复杂系统不再执行预设功能的时刻，t 表示当前时刻。

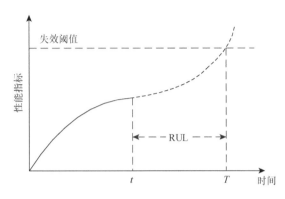

图 1.3　复杂系统 RUL 示意图

根据图 1.3，RUL 可以表示为

$$T-t\,|\,T>t,\ R(t) \tag{1.1}$$

式中：$R(t)$ 表示当前的健康状态数据。

RUL 预测的任务是通过分析复杂系统历史退化数据，归纳其健康退化规律，并对实时的剩余有效工作时间开展估计和预测。由于诸多因素会影响到 RUL，所以 RUL 可以表示为一个服从某种分布 $E[\cdot]$ 的随机变量，表现形式为

$$E[T-t\,|\,T>t,\ R(t)] \tag{1.2}$$

RUL 预测是预测学中重要的一部分，其可以有效地估计出复杂系统的剩余有效利用时间，以便于在有效的工作时间内安排合适的作业计划，避免复杂系统出现突发故障，也可以根据预测的 RUL，提前准备维修策略，提升制造业的生产效率。

3. 故障诊断

故障是指系统不能完成要求功能的状态[34]。伴随着全世界范围内产业升级的浪潮，复杂系统数量呈现快速增长的趋势，与此同时，复杂系统的故障问题成为困扰工业界的一大难题。复杂系统的故障轻则会造成生产线停产，浪费生产资源和时间；复杂系统的故障重则机毁人亡，造成重大事故或经济损失。

故障诊断是指为故障识别、故障定位和分析故障原因所采取的行动。对复杂系统实施故障诊断可以及时准确地对故障状态做出判断，有效地预防和消除故障，提高复杂系统运行的可靠性、有效性和安全性；也可以辅助维持复杂系统最优状态，制定合理的运维制度，充分地挖掘复杂系统潜力，延长有效服役时间，降低全寿命周期维护费用。总的来说，复杂系统故障诊断既要求保障系统的可靠性，又追求更大的经济效益和社会效益。

1.3.3　复杂系统健康监测的研究现状

1. 异常感知的研究现状

异常感知已经被广泛地应用于银行欺诈检测、结构缺陷检测、疾病检测、文本错误检测等领域。在复杂系统的异常感知领域，也有大量的研究被开展。根据异常感知技术原理的不同，可以将异常感知方法分成三类，即基于解析模型的方法、基于知识的方法和数据驱动的方法。

1）基于解析模型的方法

解析模型是指模型中的模型参数、初始条件和其他输入信息及模拟时间和结果之间的一切关系均以公式、方程式或不等式来表示。基于解析模型的异常感知方法是通过将观测器获取的系统参数估值与实际测量值进行残差计算，并开展残差序列分析，以实现异常感知。当复杂系统正常运行时，残差在 0 附近波动，一旦发生异常，数值会发生显著变化。然而，复杂系统结构庞大，部件众多，准确地构建复杂系统的解析模型是极其困难的，这限制了基于解析模型方法的广泛应用。

2）基于知识的方法

基于知识的方法是通过分析系统运行原理、故障机理及不同故障间的关联，来检测复杂系统的异常。通常，该方法将专家领域知识与其他知识相结合来构建专家系统。由于该方法无须对复杂系统建立精确的解析模型，所以其被广泛地应用于工程中。在异常感知领域，专家系统得到了广泛应用。专家系统通过专家知识来推理异常现象，无须构建复杂模型，因此监测结果具有可解释性。但其也存在一定缺陷：首先，知识库中的知识源于专家和经验，这些认知结果存在一定的片面性和主观性，导致推理过程仅适用于特定问题，通用性差；其次，专家知识均是对已有故障进行收集和匹配的，当复杂系统发生新的故障时，专家系统会失效。

3）数据驱动的方法

随着传感技术的快速发展，在复杂系统上加装传感器，收集和分析复杂系统的实时状态数据已经越来越普遍，大量监测数据被不断积累。这些数据中蕴含了丰富的故障信息，对这些数据进行分析，并从中挖掘出复杂系统异常的相关知识和特征，已经成为新的异常感知方法。目前，研究人员将数据驱动方法视为研究热点，并开展了大量研究。这些方法包含了多元统计分析方法和基于机器学习的方法两大类。

多元统计分析方法是通过分析复杂系统不同监测变量之间的相关性进行异常感知，其既可以在线分析也可以离线分析。由于复杂系统的不同状态间存在关联，基于投影降维的多元统计分析方法被不断地用于异常感知中，最典型的方法是主成分分析法（principal component analysis，PCA）。基于多元统计分析的异常感知方法无须太多复杂系统结构和机理的先验知识，仅通过分析监测数据来感知，具有较强的检测能力。

基于机器学习的方法是另外一种常用的数据驱动异常感知方法。该方法通过对复杂系统历史监测数据进行模型训练，自适应地学习历史监测数据中存在的异常信息，通过训练好的模型对在线监测数据开展实时异常感知。人工神经网络是研究最广泛的基于机器学习的异常感知方法。此外，支持向量机（support vector machine，SVM）、贝叶斯网络等机器学习方法也经常在异常感知领域中被使用。

2. RUL 预测的研究现状

复杂系统 RUL 预测是一门新兴的学科，目前广泛地应用于航空航天、石油化工、交通运输、数控加工等行业的重大复杂系统。在过去几十年间，有众多国内外学者将目光聚焦在复杂系统 RUL 预测研究上，大量关于 RUL 预测的论文和报告被发表。这些 RUL 预测模型方法大致可以分为三大类，即物理学模型方法、统计学模型方法和基于 AI 的方法。

1）物理学模型方法

物理学模型方法是一类通过构建物理模型来表征复杂系统性能退化的方法。物理模型的构建融合了失效机理或故障原理等知识和经验。帕里斯（Paris）模型是 RUL 预测中最常用的物理模型[35]，其首次被运用于描述裂纹的扩展。随后，许多改进版本相继被提出且应用于复杂系统的预测领域。除了 Paris 模型，还有一些其他模型也被应用，如福尔曼（Forman）定律和诺顿（Norton）定律等。尽管物理学模型方法能够提供准确的 RUL 预测结果，但是物理模型是在完全了解失效机理和有效预测模型参数的情况下建立的。对于一些拥有复杂力学系统的复杂系统，损伤的物理性质很难被理解，这限制了物理学模型方法在复杂系统上的应用。

2）统计学模型方法

统计学模型方法是通过对一批复杂系统（或部件）的寿命进行统计，构建统计模型来预估复杂系统的 RUL。统计学模型方法包括时间序列模型、随机系数模型、马尔可夫过程模型、随机过程模型等。

时间序列模型是一种通过分析过去所有观测数据的回归趋势来预估未来时刻的退化值，以实现复杂系统的 RUL 预测方法。自回归模型是应用最广泛的时间序列模型之一。虽然其计算复杂度低，但其预测精度不稳定，高度依赖历史监测数据的变化趋势。

随机系数模型将随机系数引入回归模型中来表征寿命衰退中的随机性。随机系数模型通过在预测结果中加入随机系数的变化，能够提供 RUL 的概率密度函数。但随机系数模型的高斯分布假设限制了其广泛应用。

马尔可夫过程模型由数学家马尔可夫于 1907 年提出，该模型假设在已知目前状态的条件下，数据未来的演变不依赖于它以往的演变[36]。但是数据未来的演变与以往演变无关的假设与某些场景的实际情况存在偏差，导致马尔可夫过程模型的应用场景非常有限。

随机过程模型是一类考虑退化过程随机性的模型，常见的模型包括维纳过程模型、伽马过程模型和逆高斯过程模型等。然而，随机过程模型也是以马尔可夫性质为基础，其应用场景也受到很大的限制。

3）基于 AI 的方法

基于 AI 的方法是通过从监测数据中挖掘和学习数据特征，从而实现 RUL 预测，目前被大量应用。常用的 AI 技术包括人工神经网络、SVM、高斯过程回归等。

人工神经网络从信息处理角度对人脑神经元网络进行抽象而建立模型，是 RUL 预测应用最广的 AI 技术之一。近年来，随着深度学习技术的快速发展，越来越多的新的人工神经网络模型被用于复杂系统的 RUL 预测，如 RNN、卷积神经网络、模糊神经网络、极限学习机等。人工神经网络训练需要大量监测数据，且数据质量要求高，这限制了其在某些场景的应用。

SVM 是一种有监督学习的 AI 技术，其设计的初衷是为了解决分类问题。目前，各种改进型的 SVM 已被应用于复杂系统的 RUL 预测。支持向量回归（support vector regression，SVR）是 SVM 中的一个重要的应用分支，专门用于解决回归问题。然而，核函数的选择对 SVM 和 SVR 的性能影响较大，目前缺乏统一的选择标准。

高斯过程回归是将高斯过程用于解决回归问题的一种 AI 技术。与其他 AI 技术相比，高斯过程回归具有适应性强的特点，可用于高维、小样本数据预测问题。高斯过程回归的主要缺点是计算量过大。

3. 故障诊断的研究现状

故障诊断学科是在 20 世纪 60 年代以后发展起来的。最早开展故障诊断的国家是美国，美国国家航空航天局最早设立了机械故障预防小组。不久后，英国也设立了英国机器保健中心，拉开了全世界故障诊断研究的序幕。

故障诊断从诞生至今，大致经过了三个发展阶段。第一个发展阶段依赖专业工程师进行人工诊断。第二个发展阶段是基于数据驱动的故障诊断。在此阶段，传感器技术不断发展，越来越多新型传感器被安装或内嵌在复杂系统上，以获取复杂系统的实时监测信息，同时大量信号分析方法被提出和运用于诊断领域，实现了以故障机理、传感器监测和信号分析为核心的现代故障诊断技术。第三个发展阶段为基于 AI 的故障诊断。在此阶段中，以深度学习为代表的 AI 技术得到了快速发展。许多深度学习算法，辅以故障机理、信号分析、信息科学、高速计算等技术，被用于复杂系统的智能故障诊断领域。目前，智能故障诊断技术正在不断地发展和完善中。下面将从基于传统数据驱动方法的故障诊断和基于深度学习的故障诊断两个方面论述故障诊断的研究现状。

1）基于传统数据驱动方法的故障诊断

传统数据驱动方法大致可以分为三类，即时域分析方法、频域分析方法和时频域分析方法。

时域分析方法是最简单且有效的信号分析方法之一。复杂系统的故障信息隐藏在监测信号中，当复杂系统发生故障时，监测信号会发生相应的变化。因此，对监测信号开展时域分析可以捕捉到信号中的故障特征。在时域分析中，重要的时域分析指标包括峰值、均值、均方根值、方根幅值、歪度、峭度、峰值指标、波形指标、峭度因子、脉冲指标、歪度因子、裕度因子等。其中前六种指标为简单统计指标，仅通过一次计算就可以求得，具有量纲，会随着复杂系统的负载、工况、故障状态的变化而变化。后六种指标为复杂统计指标，需要两次计算才能求出，量纲为一。这些复杂统计指标在不同的状态下表现形态不同，部分指标会随着复杂系统故障程度的增加而减小或无序变化。由于时域分析方法具有简单易操作的特点，所以目前其是工程中最常见的方法。但其局限性也比较显著，即时域分析方法无法获取复杂系统的故障频率信息，此外，时域分析方法的效果容易受到信号干扰的影响。

频域分析方法是从频域角度对监测信号进行分析的方法。复杂系统在不同故障下的监测信号包含不同的频率成分，因此对监测信号进行频域分析是一种有效的故障分析手段。傅里叶变换是常用的信号变换方法，用于将时域信号转换到频域。除了傅里叶变换，常用的频域分析方法还有倒谱分析、功率谱分析、阶次谱分析和全息谱分析等。虽然频域分析方法可以得出信号在不同频率上的变化情况，但是无法分析出频率随时间的变化情况。此外，频域分析方法不能很好地应对时变、非平稳信号且容易受到噪声干扰，因此还需要对信号开展时频域分析。

时频域分析方法对监测信号从时域和频域进行联合分析。常用的分析方法包括短时傅里叶变换、小波变换和经验模态分解（empirical mode decomposition，EMD）等。短时傅里叶变换通过一个时频窗函数，并假设窗函数在短时期内是平稳的，从而计算出各个时刻的功率谱。然而，短时傅里叶变换缺乏时间和频率的定位功能，且窗函数宽度固定不变，时间和频率的局部变化不能同时满足。小波变换是在短时傅里叶变换的基础上提出的一种新方法，其利用了一个随频率变化的时频窗函数，对监测信号进行分析。小波变换的不足是其效果依赖于小波基函数的选取，但目前缺乏统一的小波基函数选取标准。EMD 是由美国国家航空航天局的 Huang 等[37]于 1998 年提出的一种新的处理非平稳信号的方法。该方法根据数据的时间尺度特征进行信号自适应分解。尽管 EMD 具有较好的自适应性，其仍然存在模态混叠和端点效应等缺陷。

2）基于深度学习的故障诊断

随着 AI 技术的快速发展，越来越多的深度学习模型被设计和开发出来，以实现更高级的数据分析功能或更准确的诊断和识别精度。深度学习模型通过其深层网络结构对数据进行多重线性和非线性变换，从原始数据中捕捉具有代表性的特征。由于较强的特征捕捉能力，深度学习被大量地应用于故障诊断领域。目前，常用的深度学习方法有深度自编码器、RNN 和 CNN 等。

1.3.4　复杂系统健康监测的技术难点

由 1.3.3 小节可知，国内外学者在异常感知、RUL 预测和故障诊断领域均进行了大量研究，并取得了丰硕的研究成果。但在复杂系统健康监测领域，目前仍然存在以下难点值得关注。

1. 异常感知存在的难点

某些特殊的复杂系统的异常感知效率低且效果差是一个难点。某些特殊的复杂系统的异常感知仍然需要人工辅助进行检测，致使这些场景中的异常感知存在效率低且效果差的难题。

异常感知识别准确率低、稳定性差是另一个难点。在海量监测数据背景下，数据驱动方法是目前最常用的复杂系统异常感知方法。在实际场景中，复杂系统的部分故障机理不明，当复杂系统发生异常时，信号中的故障特征极其微弱，征兆不明显，导致异常难以有效感知。

2. RUL 预测存在的难点

多传感器数据融合的 RUL 预测是一个难点。复杂系统监测数据具有多源、异构和多维度等特点，传统基于统计模型的复杂系统 RUL 预测由于需要专家经验及专业知识来设计退化特征或总结退化规律，其应用领域受到越来越多的限制。利用 AI 技术进行 RUL 预测是目前复杂系统 RUL 预测研究的新趋势。然而，复杂系统的监测数据通常包含不同传感器采集的信号，将这些多传感器数据进行深度有效融合面临较大技术挑战。

变工况条件下的 RUL 预测是另一个难点。针对变工况条件下 RUL 预测问题，现有的 RUL 预测方法通常是分析复杂系统的监测数据，但无法对监测数据和运行工况数据同时建模分析，导致这些方法在大多数变工况复杂系统上的预测性能较差。因此，如何综合利用监测数据和运行工况数据进行变工况条件下复杂系统 RUL 预测是亟待研究的一个难点。

3. 故障诊断存在的难点

复合故障是故障诊断领域的一个难点。复杂系统结构复杂、部件众多，各个部件之间存在较强的关联。当一个部件发生故障时，与之相关联的部件也很容易产生故障，这意味着复杂系统在实际运行过程中的故障大多为复合故障。对于复杂系统来说，复合故障的种类远超过普通单一故障，其数量是单一故障数量的几何倍数。复杂系统部件关联性强，复合故障复杂程度高的问题严重限制了基于深度学习的故障诊断方法的大规模实际应用。目前，现有的基于深度学习的故障诊断方法大多针对单一故障进行研究，难以对复合故障样本进行特征捕捉和在线辨识。

强噪声环境下故障诊断是另一个难点。在实际场景中，复杂系统通常存在工作环境恶劣、噪声干扰强的特点，这些特点导致监测信号中存在大量背景噪声和干扰，这些噪声和干扰会严重制约故障诊断精度。

利用迁移学习将仿真或实验故障数据知识迁移到真实故障的诊断中是故障诊断领域的另一个难点。对于大多数复杂系统，获取复杂系统真实的故障数据很困难，这是因为故障可能导致复杂系统发生严重事故，在这种情况下，收集故障数据变得几乎不可能。因此，利用大量故障数据来训练深度学习模型变得极其困难，迫切需要开发更加智能的故障诊断方法来解决这一问题。迁移学习作为一种前沿技术，是这个问题的一个潜在的解决措施。

构建新的智能模型，实现新生故障类型的精确判断是故障诊断领域的另一个难点。现有的故障诊断方法针对的都是已知的故障类型，但对于某些复杂系统，某些故障极少发生，使得前期故障梳理时会忽略掉这些罕见的故障。在诊断过程中，一旦发生这些新生故障，模型就会难以有效识别。

变工况故障诊断也是故障诊断领域的一个难点。复杂装备由于工况的变化，同一传感器信号在不同工况条件下均存在巨大差异，使得故障诊断模型在变工况条件下存在模型诊断性能不足、泛化性弱的问题。

第 2 章　深度学习理论方法

本章首先介绍深度学习的理论基础——ANN，其次分析典型的深度学习模型，包括 CNN、RNN、深度强化学习和深度迁移学习，然后论述深度学习优化算法，包括梯度下降法、动量梯度下降法、自适应梯度算法（adaptive gradient algorithm，AdaGrad）、均方根传递（root mean square prop，RMSProp）和自适应矩估计（adaptive moment estimation，Adam），并给出深度学习模型评价准则，最后概述典型的深度学习框架，包括 TensorFlow、Keras 和 PyTorch。

2.1　人工神经网络

2.1.1　人工神经网络的内涵

ANN 是一种模仿生物神经网络而开发的数学模型，借助人脑结构及其对外界刺激响应机制的分析与抽象，以网络拓扑知识为基础，模拟人脑神经系统并处理复杂信息。近年，随着 ANN 模型的发展，该模型具有并行分布式处理、高容错性、智能化和自适应学习等能力，能够将信息的加工和存储过程结合在一起，同时由于独特的知识表示方式和自适应学习能力，使得 ANN 模型受到了各学科领域的广泛关注。

ANN 本质上是一个由大量简单神经元相互连接而成的复杂网络，具有较强的非线性拟合能力，能够进行复杂的逻辑操作。众所周知，神经网络能够逼近自然界某种算法或者函数，也能够表达一种逻辑策略。这一方面是因为神经网络是受到生物的神经网络运作启发，通过对生物神经网络的认识与数学统计模型相结合，借助数学统计工具来实现的；另一方面是因为通过数学统计学，ANN 具备类似于人的决定能力和简单判断能力，实现对传统逻辑学演算的进一步延伸。因此，ANN 是一种由大量神经元相互连接构成的运算模型。每个神经元代表一种特定运算，两个神经元之间的连接代表一个通过该连接信号的加权值，即权重。ANN 通过上述方式来模拟人类的记忆，网络的输出取决于网络的结构、网络的连接方式、权重和激活函数。

ANN 利用神经元处理单元可以表示不同的对象。神经元可以分为输入单元、输出单元和隐藏单元。其中：输入单元接受外部输入数据；输出单元输出神经元处理后的结果；隐藏单元对输入数据进行处理，即建立输入与输出之间的映射关系。不同神经元之间是通过连接权重进行管理的，权重的大小反映了不同神经元之间的连接强度，ANN 中的处理单元与连接关系则体现了对输入信息的表示和处理流程。

2.1.2　人工神经网络的基本原理

感知机是 ANN 的雏形。最简单的 ANN 模型为单层感知机，即只有一层隐藏层。由此扩展便有了经典的 BP 神经网络模型，它是后续一系列 ANN 的基础。BP 神经网络模型处理信息的流程为假设输入数据 x_i，经过隐藏层节点映射到输出节点，利用神经元的非线性变换，最终将输入数据映射成输出数据 Y_k。BP 神经网络模型的关键是通过网络训练使得输入向量和期望输出量与网络输出值之间的偏差最小。它可以通过调整输入节点与隐藏层节点的连接强度 w_{ij} 和隐藏层节点与输出节点之间的连接强度 T_{ij} 及阈值来达到上述目的。上述过程经过反复学习训练，当两者误差达到设定值时即认为网络训练完成。一旦训练完成，网络即能对类似样本的输入信息进行非线性转换，并接近于期望的输出值。总的来说，BP 神经网络模型主要由输入输出模型、作用函数模型、误差计算模型和自学习模型组成。其中，节点的输出模型包括隐藏节点输出模型和输出节点模型。

隐藏节点输出模型 O_j 表示为

$$O_j = f\left(\sum w_{ij} \times x_i + b_i\right) \tag{2.1}$$

式中：x_i 为输入数据；w_{ij} 为权重；b_i 为偏置项；f 为激活函数，又称刺激函数，其作用是反映下层输入对上层节点刺激脉冲的强度。

输出节点模型 Y_k 表示为

$$Y_k = f\left(\sum T_{ij} \times x_i + b_i\right) \tag{2.2}$$

BP 神经网络模型使用反向传播的方式进行参数更新，主要通过计算神经网络模型期望输出与计算输出之间的误差来获得反向传播过程中的梯度 Δw_i，即

$$\Delta w_i = \eta \times \phi_j \times o_j + a\frac{\partial E_{\text{total}}}{\partial w_{ij}} \tag{2.3}$$

式中：ϕ_j 为输出节点 i 的计算误差；o_j 为输出节点 j 的计算输出；a 为步长；η 为学习率；E_{total} 为各输出误差的加权之和。

2.1.3　人工神经网络的结构

ANN 结构包含输入层、隐藏层和输出层。各层之间通过神经元进行连接，每个神经元包括权重（w）和偏置（b）两个参数。在各层的传递中起作用的神经元由激活函数控制，并决定 w、b 两个参数是否传递到下一个网络之中。在神经网络的训练过程中通过反向传播，对神经元的两个参数进行更新。

1. 神经元

神经元是 ANN 的最基本结构，也是其基本单元，其设计灵感完全来源于生物学上神经元的信息传播机制。生物神经元有兴奋和抑制两种状态。大多数的神经元通常是处于抑制状态。若某个神经元受到刺激，导致它的电位超过一定的阈值，则这个神经元将会被激活，处于兴奋状态，进而向其他的神经元传播化学物质（即信息）。在生物神经元结构的基础上，神经元M-P 模型被提出，如图 2.1 所示。

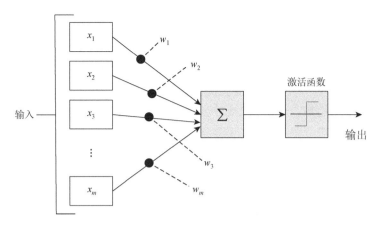

图 2.1 M-P 模型

2. 激活函数

激活函数是在 ANN 的神经元上运行的函数，负责将神经元的输入映射到输出端。激活函数具有如下性质。

非线性：若激活函数是线性的，则一个两层的神经网络基本上可以逼近所有的函数。不过，若激活函数是恒等的，则不满足这个性质。若多层感知机使用的是恒等激活函数，则整个网络和单层神经网络是等价的。

可微性：当采用基于梯度的方法进行参数优化时，激活函数必须满足可微性条件。

单调性：只有当激活函数是单调的，才能保证根据输出的误差值逐步调整网络达到误差收敛的效果。

输出范围有限：若激活函数输出值是有限的，则基于梯度的优化方法会更加稳定。这是因为特征表示受有限权值的影响更显著。若激活函数输出值是无限的，则模型的训练会更加高效，在这种情况下一般需要更小的学习率。

常用的激活函数有 S 型函数（即 Sigmoid 函数）、双曲正切函数（即 Tanh 函数）和线性整流函数［又称修正线性单元函数（即 ReLU 函数）］等。

Sigmoid 函数是一种非线性的激活函数，其数学形式如下：

$$f = 1/(1 + e^{-x}) \tag{2.4}$$

它能够把输入的连续实数压缩到 0～1。需要指出：如果是非常大的负数，那么输出是 0；如果是非常大的正数，那么输出是 1。近年，Sigmoid 函数被使用得越来越少，其主要原因是 Sigmoid 函数有一个非常致命的缺点，即当输入非常大或者非常小时，相应神经元的梯度趋近于 0。此外，Sigmoid 函数的输出不是以 0 为均值的，导致后一层的神经元将得到的上一层输出的非 0 均值的信号作为输入。其结果为若数据进入神经元是正的，则计算出的梯度也会始终都是正的。

Tanh 函数是常用的非线性激活函数，其数学形式为

$$f(x) = \frac{e^x - e^{-x}}{e^x + e^{-x}} \tag{2.5}$$

与 Sigmoid 函数不同的是，Tanh 函数是 0 均值的。因此，在实际应用中，Tanh 函数会比 Sigmoid 函数的效果更好。

ReLU 函数是常见的激活函数，其数学形式如下：

$$f(x) = \max(0, x) \tag{2.6}$$

输入信号经过 ReLU 函数后的输出结果都是大于零的。相比于 Sigmoid 函数和 Tanh 函数，ReLU 函数在随机梯度下降过程中的收敛速度会快很多，只需要一个阈值就可以得到激活值，而不用去计算一大堆复杂的运算。然而，ReLU 函数也具有一些缺点，如数据训练时很"脆弱"，很容易梯度消失，无法进行参数优化。在实际操作中通常当使用 ReLU 函数作为激活函数时会将学习率设置尽量小一些。

3. 反向传播算法

反向传播算法是一种快速计算梯度的算法，其核心目的是对于神经网络中的任何权重或偏差，计算损失函数 C。也就是，计算偏导数 $\dfrac{\partial C}{\partial W}$，它解释了当改变 W 或 b 时，损失函数 C 是怎么变化的。

反向传播算法步骤如下所示。

首先，计算总误差

$$E_{\text{total}} = \sum \frac{1}{2}(\text{target} - \text{output})^2 \tag{2.7}$$

若有两个输出，则 E_{total} 可以表示为各输出误差的加权之和。

其次，更新隐藏层到输出层的权值。以权重参数 w_5 为例，若要知 w_5 对整体误差产生了多少影响，则可以用整体误差对 w_5 求偏导得出（链式法则），即

$$\frac{\partial E_{\text{total}}}{\partial w_5} = \frac{\partial E_{\text{total}}}{\partial \text{out}_{o_1}} \cdot \frac{\partial \text{out}_{o_1}}{\partial \text{net}_{h_1}} \cdot \frac{\partial \text{net}_{h_1}}{\partial w_5} \tag{2.8}$$

依次计算三个梯度值，结果相乘后便可以得出总误差对权重 w_5 的影响。

然后，进行参数更新，可得

$$w_5^+ = w_5 - \eta \frac{\partial E_{\text{total}}}{\partial w_5} \tag{2.9}$$

式中：η 为学习率，不同的情形需要设置不同的学习率。通常学习率一般取值较小，但对于使用了归一化处理的神经网络可以采用较大的学习率，缩短模型训练的时间。

2.2　深度学习模型

2.2.1　卷积神经网络

CNN 是一类包含卷积计算且具有深度结构的前馈神经网络，是深度学习代表算法之一[38]。CNN 具有表征学习能力，能够按其阶层结构对输入信息进行平移不变分类，因此也被称为平移不变人工神经网络。

2012 年，CNN 在 ILSVRC 中的表现证明了其先进性，从此在图像识别和其他应用中被广泛采纳。CNN 是目前图像识别领域特征提取最好的方式，可以大幅度地提升数据分类精度。

一般而言，CNN 主要包含卷积模块和池化模块。

1. 卷积

卷积是 CNN 中最基础的操作。普通 CNN 所用的卷积是一种二维卷积。也就是说，卷积核只能在 x 和 y 方向上滑动位移，不能进行深度（跨通道）位移。对于 RGB（red，green，blue）图像，采用三个独立的二维卷积核，此时卷积核维度为 $x \times y \times 3$，卷积核大小为 $p \times q$，其中 p 和 q 可以手动选取。假设卷积核权重为 w，图像亮度值为 v，卷积过程可以表示为

$$\mathrm{conv}_{x,y} = \sum_{i}^{p \times q} w_i v_i \tag{2.10}$$

2. 池化

池化是一种降采样操作，主要目标是降低特征图（feature maps）的特征空间，或者可以认为是降低特征图的分辨率。因为特征图参数太多，而图像细节不利于高层特征的抽取。目前主要的池化操作有最大值池化（取输入区域内最大值保留）、最小值池化（取输入区域内最小值保留）和平均值池化（取输入区域平均值保留）。尽管池化操作可以降低网络计算参数量，但是这种暴力降低在计算力足够的情况下是非必需的。目前一些大的 CNN 只是偶尔使用池化。

总的来说，CNN 是将输入数据转换为特定特征空间。例如，当利用 CNN 处理图像分类任务时，输出的特征空间会进一步输入至全连接层或全连接神经网络，通过非线性拟合完成输入图像到标签集的映射，即分类。当然，在 CNN 中最重要的工作是如何训练 CNN 权重，而 CNN 的训练过程和传统人工神经网络一样是通过反向传播算法进行网络权重优化的。目前，主流的 CNN 结构包括 VGGNet、ResNet 和 DenseNet，这些网络均是通过卷积层和池化层组成的。

2.2.2　循环神经网络

RNN 是一类以序列数据为输入，在序列的演进方向进行递归，且所有节点（循环单元）按链式连接的递归神经网络[39]。由于 RNN 的记忆性、参数共享并且图灵完备等特性，在对序列的非线性特征进行学习时具有一定优势。RNN 被广泛地应用于语音识别、语言建模、机器翻译等领域，也被用于各类时间序列预测。此外，引入 CNN 构筑的 RNN 可以处理包含序列输入的计算机视觉问题。

一般而言，在全连接神经网络和 CNN 中，训练样本的输入和输出是比较确定的。但是，若训练样本输入是连续的长短不一的序列，如一段连续的语音或一段连续的手写文字，则很难直接将其拆分成一个个独立的样本进行训练。面对此类问题，RNN 处理方法是假设样本是基于序列的，将该样本细化为序列索引 1 到序列索引 t。对于任意序列索引号 t 对应样本序列为 x^t，模型在序列索引号 t 位置的隐藏状态 h^t 由 x^t 和 $t-1$ 位置的隐藏状态 h^{t-1} 共同决定。任意序列索引号 t 对应的模型预测输出 O^t。通过预测输出 O^t 和训练序列真实值 y^t，构建损失函数 L^t，采用类似于前反向传播算法训练模型，训练完成后就可以用来预测测试序列中的一些位置的输出。RNN 模型结构如图 2.2 所示。

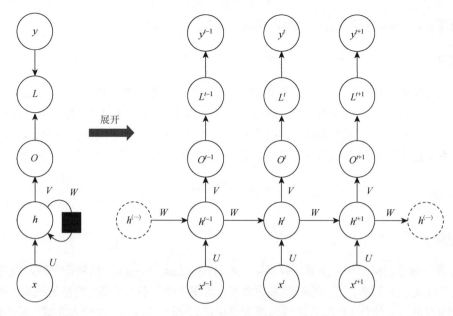

图 2.2　RNN 模型结构

RNN 的训练过程主要包括正向传播算法和反向传播算法。

1. 正向传播算法

对于任意一个序列索引号 t，隐藏状态 h^t 由 x^t 和 h^{t-1} 得到

$$h^t = \sigma(Ux^t + Wh^{t-1} + b) \tag{2.11}$$

式中：U 与 W 分别为输入层节点和循环节点的权重；σ 为激活函数；b 为偏置。

序列索引号 t 对应的输出 O^t 为

$$O^t = Vh^t + c \tag{2.12}$$

式中：V 为输出层的权重；c 为输出层的偏置。

最终，序列索引号 t 对应的预测输出 y^t 可以表示为

$$y^t = \sigma(O^t) \tag{2.13}$$

式中：σ 为激活函数。

RNN 通过构建损失函数 L^t，即预测值和实际值之间的差异，获得网络训练过程中所需的偏差。

2. 反向传播算法

RNN 反向传播算法和传统人工神经网络一样，即利用梯度下降法，不断地缩小正向传播过程中的偏差，最终得到合适的 RNN 权重。由于采用时间反向传播，所以 RNN 也可以称为随时间反向传播（back-propagation through time，BPTT）。BPTT 与传统的反向传播算法不同点在于 RNN 所有的 U、W、V、b 和 c 在序列的各个位置是共享的，反向传播时更新的是相同的参数。

RNN 的反向传播算法中，采用的损失函数为对数损失函数。输出层的激活函数为 Softmax

函数，隐藏层的激活函数为 Tanh 函数。对于 RNN，由于在序列的每个位置都有损失函数，所以最终的损失 L 可以表示为

$$L = \sum_{t=1}^{T} L^t \tag{2.14}$$

式中 V 和 c 的梯度可以表示如下：

$$\frac{\partial L}{\partial c} = \sum_{t=1}^{T} \frac{\partial L^t}{\partial c} = \sum_{t=1}^{T} \frac{\partial L^t}{\partial O^t} \frac{\partial O^t}{\partial c} = \sum_{t=1}^{T} \hat{y}^t - y^t \tag{2.15}$$

$$\frac{\partial L}{\partial V} = \sum_{t=1}^{T} \frac{\partial L^t}{\partial O^t} \frac{\partial O^t}{\partial V} = \sum_{t=1}^{T} (\hat{y}^t - y^t)(h^t)^T \tag{2.16}$$

从 RNN 的模型可以看出，在反向传播时，梯度损失由当前位置的输出对应的梯度损失和序列索引位置 $t+1$ 时梯度损失两部分组成。对于 W 在某个序列位置 t 的梯度损失需要反向传播一步一步计算，因此可以定义序列索引 t 位置的隐藏状态的梯度为

$$\delta^t = \frac{\partial L}{\partial h^t} \tag{2.17}$$

在后续操作中，反向传播算法与全连接神经网络类似。

除 RNN 以外，还有其他扩展，主要包括 LSTM 和 GRU。其中，LSTM 引入了输入门、遗忘门和输出门。输入门是用于控制前一时刻的状态信息被带入到当前状态中的程度，输入门的值越大说明前一时刻的状态信息带入越多。遗忘门控制前一状态有多少信息被写入到当前的候选集 h_t 上。输出门用于控制状态信息输出。GRU 对 LSTM 进行了简化，模型中只有两个门函数，即更新门和重置门。

2.2.3　深度强化学习

深度强化学习是深度学习与强化学习相结合的一种新型智能算法[40]。强化学习是受行为主义心理学启发而发展而来的，其基本原理是：若智能体的某个行为策略导致环境的正奖赏（强化信号），则智能体后续再产生此行为策略的趋势会加强。智能体的优化方向是使得对每个离散状态都具有最优策略，也可以理解为在当前动作执行下，后续能够得到的期望奖赏最大。

深度强化学习本质是一个试探和评价过程。智能体根据环境的观测选择一个动作作用于环境，而环境接受该动作后，其状态会发生变化；同时，环境会给出一个强化信号（奖或惩）反馈给智能体，接着智能体依据强化信号，进行自身优化使得对当前状态所选择的动作能够获得更好的奖赏。智能体执行的动作不仅影响强化值（也称奖赏值），而且影响环境下一时刻的状态及最终的强化值。

经过半个多世纪的发展，深度强化学习在理论和实践上取得了长足的发展。深度强化学习的发展主要分为两大类，即基于值的深度强化学习算法和基于策略的深度强化学习算法。其中，基于值的深度强化学习算法主要包括动态规划、蒙特卡洛和时序差分等。然而，这些算法的一个基本前提条件为状态空间和动作空间是离散的，而且状态空间和动作空间不能太大。而这些算法的基本步骤是先进行值函数评估，再利用值函数改善当前的策略，其中值函数的评估是关键。对于已知模型的强化学习，可以利用动态规划的方法得到值函数；对于模型未知的系统，可以利用蒙特卡洛的方法或时序差分的方法得到值函数。在有限状态和动作

下，一个强化学习算法中的值函数相当于一张表格，可以利用动态规划、蒙特卡洛和时序差分进行求解，相对应地对于某一状态的值函数或者状态-动作值函数，可以进行查表获得。但是，这样带来的问题是，当状态空间与动作空间变大时，值函数表格将变得异常大，这给表格存储及查询带来了极大困难。为了节省存储空间和方便查询，可以对值函数进行参数化。参数化是指值函数可以由一组参数来近似，将逼近的值函数表示为 $\hat{v}(s,\theta)$。正是基于此思想，引进了深度学习来参数化强化学习中不便存储和计算的值函数，由此出现了深度强化学习。

典型的基于值的深度强化学习算法包括：Q-learning、DQN、Double DQN 和 Dueling DQN。

1. Q-learning

Q-learning 是一种典型的值函数估计算法。该算法是通过拟合一个价值模型来估计每个状态 s 和动作 a 组合的累积回报。通过值函数获得智能体更新的损失函数为

$$L = 1/2\left\{\sum_s\sum_a[(Q(s,a)-Q(s,a;\theta)]\right\} \tag{2.18}$$

式中：$Q(s,a)$ 为真实的累积回报；$Q(s,a;\theta)$ 为价值模型的估计回报；θ 是网络参数。式（2.18）的目的是使得两者之间的差值逐渐变小，即在一个给定状态 s 下，采取某一个动作 a 之后，后续的各个状态所能得到的回报。

2. DQN

DQN（deep Q network）与 Q-learning 之间的差别为 DQN 利用深度神经网络对值函数进行逼近；DQN 利用经验回放训练强化学习模型。DQN 独立设置了目标网络来单独处理时序差分（temporal difference，TD）误差，可以表示为

$$\theta_{t+1} = \theta_t + \alpha[r + \gamma\max Q(s',a',\theta_t) - Q(s,a;\theta_t)] \tag{2.19}$$

式中：r 为奖励；γ 为衰减率。在 DQN 算法出现之前，计算 TD 目标的动作值函数所用的网络参数 θ_t 与计算梯度中要逼近的值函数网络参数相同，这样容易导致数据间存在关联性，从而导致网络训练不稳定。TD 算法中估算某一动作状态值函数使用 θ_t，通过与 θ_t 下的上一动作状态值函数做差来更新 θ_t，获得 θ_{t+1}。

3. Double DQN

Double DQN 主要是用来解决过估计问题，其核心思想是将 TD 目标的动作选择和动作评估分别用不同的值函数来实现。设计目标网络和更新网络，实际操作中对一个网络的参数进行固定和实时更新，采用缓冲重放（buffer replays）方法对数据进行采样。

Q-learning 存在的问题为 Q 值总是被高估，而 Double DQN 则用来解决被高估的问题。

$$Q(s_t,a_t) = r_t + Q'[s_{t+1},\arg\max Q(s_{t+1},a)] \tag{2.20}$$

DQN 核心在于目标网络与经验回放。Double DQN 的核心在于改进了 max 动作选择操作，解决了过估计问题。

经验回放时，利用均匀采样并不是高效地利用数据的方式。这是因为智能体经历过的所有数据，对于智能体的学习并非具有同等重要的意义。智能体在某个状态的学习率可能比其余状态要高，优先回放打破了均匀采样，赋予学习率高的状态更大的采样权重。在理想情况

下学习率越高，采样权重应该越大。一个量化定义的方式是 TD 误差 δ 越大，说明该处的值函数与 TD 目标的差距越大，智能体的更新量越大，因此该处的学习率越高。设第 i 处的 TD 误差为 δ_i，则该处的采样概率为

$$p(i) = \frac{p_i^a}{\sum\limits_k p_k^a} \tag{2.21}$$

式中：$p(i)$ 为第 i 次采样时取到动作 a 的采用频率；$\sum\limits_k p_k^a$ 为所有样本对应动作 a 的概率。

4. Dueling DQN

Dueling DQN 将每个动作-状态值函数拆分为状态值函数 $V(s)$ 和 $A(s,a)$，使用该方法的原因是在某些状态下，无论做什么动作对下一状态都没有多大的影响，当前状态动作函数也与当前动作选择不太相同，其核心为改变学习价值的架构。最终可以将动作-状态值函数表示为

$$Q(s,a;\theta,\alpha,\beta) = V(s,\theta,\beta) + A(s,a;\theta,\alpha,\beta) \tag{2.22}$$

值得注意的是，式（2.22）中可以将上述两种值函数进行关联即动作-状态值函数和状态值函数之间存在关联，在实际应用中可以使智能体更新中受执行动作影响较小。

除了上述基于值的深度强化学习，目前也发展了众多基于策略的深度强化学习算法。这类算法解决的核心问题为当执行动作不是离散动作时，而是连续动作时的情况。事实证明，在执行动作是连续时，传统的基于值函数的深度强化学习将很难取得较好的效果。近年来，典型基于策略的深度强化学习算法主要包括信赖域策略优化（trust region policy optimization，TRPO）、近端策略优化（proximal policy optimization，PPO），以及评论和批评家（actor-critic）网络。下面将针对上述深度强化学习算法分别进行介绍。

1）TRPO

TRPO 是一种基于随机策略梯度的强化学习。策略梯度更新方程式为

$$\theta_{\text{new}} = \theta_{\text{old}} + \alpha \nabla_\theta J \tag{2.23}$$

TRPO 算法的不足是若步长 α 不合适，则更新后的策略将无效，此时若利用该策略进行采样学习，则再次更新策略会更差，容易导致智能体越学越差。因此选择合适的步长是非常关键的。

假设已经选择了较好的步长 α，那么 TRPO 算法的具体过程概括如下，首先用 τ 表示一组状态-行为序列 $s_0,a_0,s_1,a_1,\cdots,s_H,a_H$，此时基于 TRPO 的深度强化学习回报函数可以表示为

$$\eta(\tilde{\pi}) = E_{\tau|\tilde{\pi}} \left\{ \sum_{t=0}^{\infty} \gamma^t \left[r(s_t) \right] \right\} \tag{2.24}$$

式中：$E_{\tau|\tilde{\pi}}[\cdot]$ 是指初始状态为 s_0 并进行行为 a_0，且执行策略 $\tilde{\pi}$ 得到的期望总回报；$r(s_t)$ 为状态 s_t 的奖励；γ 为折扣率，用于降低远期回报的权重。TRPO 算法是获得最佳策略，使得上述回报函数逐渐递增。通过上述分析可知，将上述回报函数分解成旧的策略所对应的回报函数和另外项，那么就可以通过另外项直观地知道此策略下回报函数是否更好。也就是说，只要新的策略另外项大于等于零，那么新的策略就能保证回报函数是在逐渐增加的，意味着此时的策略相较于旧策略进行了优化。

基于上述分析，则有下列等式：

$$\eta(\tilde{\pi}) = \eta(\pi) + E_{s_0, a_0, \cdots, \tilde{\pi}} \left\{ \sum_{t=0}^{\infty} \gamma^t \left[A_\pi(s_t, a_t) \right] \right\} \tag{2.25}$$

其中

$$A_\pi(s, a) = Q_\pi(s, a) - V_\pi(s) = E_{s' P(s'|s, a)} \left[r(s) + \gamma V^\pi(s') - V^\pi(s) \right] \tag{2.26}$$

式中：$A_\pi(s, a)$ 为优势函数；$V_\pi(s)$ 是该状态下所有动作值函数关于动作概率的平均值；$Q_\pi(s, a) - V_\pi(s)$ 是当前值函数相对于平均值函数的大小，两者的差值表示的是动作值函数相比于当前状态的值函数的优势。从上述描述可知：当优势函数大于零时，此时动作将比平均动作好；当优势函数小于零时，当前动作则不如平均动作好，即此时智能体的动作执行策略要劣于以往的策略。

2）PPO

在 TRPO 中，θ_{old} 和 θ 不要相差太远，这并不是说参数的值不能差太多，而是输入同样的 state，网络得到的动作的概率分布不能差太远。为了得到动作的概率分布的相似程度，可以用库尔贝克-莱布勒（Kullback-Leible，KL）散度来计算。PPO 算法的思想很简单，TRPO 认为在惩罚时有一个超参数 β 难以确定，因而选择限制而非惩罚。PPO 通过下面的规则来避免超参数的选择而自适应地决定 β：

$$d = \hat{\mathbb{E}}_t \left\{ \text{KL} \left[\pi_{\theta_{\text{old}}}(\cdot \mid s_t), \pi_\theta(\cdot \mid s_t) \right] \right\}, \begin{cases} d < \dfrac{d_{\text{targ}}}{1.5}, \beta \leftarrow \beta / 2 \\ d > d_{\text{targ}} \times 1.5, \beta \leftarrow \beta \times 2 \end{cases} \tag{2.27}$$

式中：$\hat{\mathbb{E}}$ 代表期望。

3）actor-critic

actor-critic 的目标为学习一个最佳的策略和一个最佳的状态值函数。其中状态值函数是用于引导的，即从后续估计中更新状态，以减少方差并加速学习。其中，异步优势动作评价（asynchronous advantage actor-critic，A3C）为 actor-critic 思想应用的主要算法。

A3C 的核心思想为同时引入了平行代理（parallel agent）的概念，实现了 agent 的在线学习。不同线程的 agent，其探索策略不同以保证多样性，不需要经验回放机制，通过各并行 agent 收集的样本训练来降低样本相关性，且学习的速度和线程数目大致呈线性关系，能适用异策略（off-policy）、同策略（on-policy），离散型、连续型动作。在以往的深度强化学习网络中，DQN 方法采用的是经验回放。由于经验回放通常需要大量的内存，打破数据的相关性，经验回放并不是唯一的方法。在 A3C 中采用的异策略也是打破数据间相关性的方法。

2.2.4 深度迁移学习

深度迁移学习是由深度学习和迁移学习结合而来的[41]。其中，迁移学习的数据来源包含源域和目标域，且源域中有足够的标签数据，目标域中是不带标签的数据。一般而言，源域与目标域具有不同的概率分布。迁移学习的主要目的是通过源域提取知识，迁移到目标域，在这个过程中可以不需要目标域的标签数据。在深度迁移学习中，深度学习中的 CNN 具有自动对输入数据进行特征学习的能力。深度迁移学习主要解决的问题是目标域很难获取标签数据，通过深度 CNN 的迁移学习来建立对目标域具有较好识别能力的模型，并且在上述过程中不需要目标域数据样本的标签信息。

图 2.3 为深度迁移学习示意图,其中源域数据和目标域数据均由深度残差网络的特征提取层和自适应层组成。上述深度迁移模型将 ResNet 分类器前面的所有层固定,并在分类器前一层加入自适应层,再通过源域标签数据和目标域无标签数据对模型进行训练。

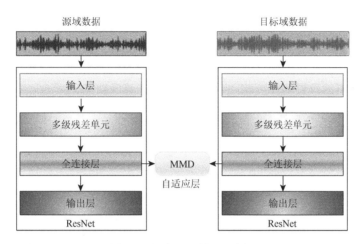

图 2.3　深度迁移学习示意图

深度网络故障特征提取层利用领域共享的 ResNet,对源域与目标域的数据进行特征提取,直接从输入数据中学习特征知识。

由于输入数据来自不同的域,深度网络特征提取层从源域和目标域提取出的特征分布差异较大。需要在 ResNet 模型中构建自适应层来实现源域与目标域的自适应。通常采用自适应方法是多核最大均值差异,用来衡量源域与目标域间的距离。

为了提高对目标域数据样本的识别精度,进行 ResNet 的迁移,使得 ResNet 具有故障诊断能力。由于上述过程中关键是对 ResNet 进行网络训练,所以定义损失函数

$$\text{loss} = l_c(D_s, y_s) + \lambda \text{MMD}^2(D_s, D_t) \tag{2.28}$$

式中: loss 表示损失函数; $l_c(D_s, y_s)$ 表示利用有标注的数据样本获得的损失函数; $\lambda \text{MMD}^2(D_s, D_t)$ 为源域与目标域之间的边缘分布自适应损失; D_s 为源域; D_t 为目标域; y_s 为源域标签;MMD 为最大均值差异函数; λ 为权重参数。

2.3　深度学习优化算法

2.3.1　梯度下降法

梯度下降法是一种优化算法。从数学理论角度,梯度正方向是函数数值增长速度最快的方向,而梯度负方向是函数数值减少最快的方向。为了获得函数的最小值,可以应用梯度下降法进行求解。假设需要求解目标函数 $f(x) = f(x_1, x_2, \cdots, x_n)$ 的最小值,可以从一个初始点 $X^0 = \left(x_1^0, x_2^0, \cdots, x_n^0\right)$ 开始,基于学习率 $\eta > 0$ 构建迭代过程:

当 $i \geq 0$ 时,有

$$x_1^{i+1} = x_1^i - \eta \cdot \frac{\partial f}{\partial x_1}(X^i)$$

$$\vdots$$

$$x_n^{i+1} = x_n^i - \eta \cdot \frac{\partial f}{\partial x_n}(X^i) \tag{2.29}$$

式中：$X^i = \left(x_1^i, x_2^i, \cdots, x_n^i\right)$。

在上述迭代过程中，一旦满足收敛条件，则迭代优化过程结束。由式（2.29）可知，下一个点的选择与当前点的位置和梯度相关。反之，如果计算函数 $f(x) = f(x_1, x_2, \cdots, x_n)$ 的最大值，那么沿着梯度的反方向前进即可，即

$$x_1^{i+1} = x_1^i + \eta \cdot \frac{\partial f}{\partial x_1}(X^i)$$

$$\vdots$$

$$x_n^{i+1} = x_n^i + \eta \cdot \frac{\partial f}{\partial x_n}(X^i) \tag{2.30}$$

式中：$X^i = \left(x_1^i, x_2^i, \cdots, x_n^i\right)$。由此可见，无论是计算函数的最大值或最小值，都需要构建一个迭代关系 g，即

$$X^0 \to_g X^1 \to_g \cdots \to_g X^n \tag{2.31}$$

式中：对于所有的 $i \geqslant 1$，都满足迭代关系 $x^{i+1} = g(x^i)$。

此外，常见的梯度下降法还包括批量梯度下降法、随机梯度下降法及最小批次梯度下降法。其中，批量梯度下降法是利用参与迭代的整个训练集数据来获取损失函数 $J(\theta)$，并利用损失函数梯度对参数 θ 进行更新，参数更新公式为 $\theta = \theta - \eta \cdot \nabla_\theta J(\theta)$。它的主要优点是每一步迭代都使用全部数据样本，因此损失函数收敛过程会比较稳定。同时，对于凸函数，能够有效地获得全局最小值；而对于非凸函数，可以保证收敛到局部最小值。不过，批量梯度下降法也存在缺点，如每一步更新中，需要计算全部样本的梯度，计算量大，内存消耗大，计算过程也相对缓慢，而且在训练过程中无法加入新数据，实现模型实时更新。

随机梯度下降法是单次迭代中只利用单个样本计算损失函数。随机梯度下降公式为 $\theta = \theta - \eta \cdot \nabla_\theta J(\theta; x^i; y^i)$。该方法的主要优点是每次迭代只使用了单个样本计算梯度，这样的结果是使得训练速度快，并且包含一定的随机性，同时从期望来看获得的梯度基本是正导数。但是，该方法也存在缺点，如更新频繁，带有随机性，易造成训练过程的振荡。

最小批次梯度下降法的迭代规则为每一次利用一小批样本，即 n 个样本进行计算梯度（n 一般取值为 50～256）。公式为 $\theta = \theta - \eta \cdot \nabla_\theta J(\theta; x^{i+n}; y^{i+n})$。最小批次梯度下降法的优点是参数更新时的方差更新，收敛更稳定。此外，该方法可以充分地利用深度学习库中高度优化的矩阵操作来快速实现梯度计算。但是，它的确定也比较明显，如不能保证很好的收敛性，如果学习率设置太小，收敛速度会很慢，相反设置太大，损失函数会在某一极小值附近振荡。针对上述问题，在实际中常采用的方法是先设定大一点的学习率，当两次迭代之间的变化低于某个阈值后，就减小学习率。然而，上述过程需要提前设定阈值，这导致上述方法不具有普适性，需要根据数据集特点进行相应的改进。

2.3.2　动量梯度下降法

梯度下降法的缺点是容易陷入局部最小，且有时收敛速度极其缓慢。为了解决上述问题，提出动量梯度下降法，其更新公式为

$$\begin{cases} v_t = \gamma v_{t-1} + \eta \nabla_\theta J(\theta) \\ \theta = \theta - v_t \end{cases} \tag{2.32}$$

该方法可以类比为，当一个小球从山上滚下来时，若没有阻力，则它的动量会越来越大，若遇到阻力，则速度就会变小。加入动量项，可以使得在改变梯度方向上，加快更新速度，而在梯度方向有所改变的维度上，则能使得更新速度变慢。这样设置可以达到加快收敛并减小振荡的目的。在动量梯度更新中，动量参数设定的超参数 γ 常为 0.5，0.9，0.99。总的来说，动量梯度更新的优点是当前后梯度一致时，可以加快收敛，当前后梯度不一致时，能够抑制振荡，并且能够避免陷入局部极小值。但是，动量梯度下降法也存在缺点，如有新的参数加入时，超参数的复杂性会增大。

2.3.3　AdaGrad

AdaGrad 的突出优点是可以自动地改变学习率，自适应地调节收敛速度，有利于获得最佳学习率。在该方法中只需设定一个全局学习率 ε，就可以实现相对较优的优化。假设计算获得的梯度用 g 来表示，则 AdaGrad 的参数更新公式为

$$\Delta\theta = -\frac{\varepsilon}{\delta + \sqrt{r}} \odot g \tag{2.33}$$

式中：$r = r + g \odot g$；δ 为一个数值较小的常数；$\odot$ 是逐元素矩阵向量乘法运算。

对应的参数更新为

$$\theta = \theta + \Delta\theta \tag{2.34}$$

从上述描述可知，AdaGrad 无须手动调节学习率。但是，AdaGrad 优化过程中分母会不断积累，学习率会逐渐减小，并会变得非常小。因此如果一开始就积累梯度平方，就会导致有效学习率过早衰减。

2.3.4　RMSProp

RMSProp 是一种自适应学习率方法。RMSProp 的目标是解决 AdaGrad 算法中学习率会急剧下降的问题。

RMSProp 算法过程如下。

设置：全局学习率 ε，衰减速率 ρ，初始参数 θ，较小常数 δ；

初始化累积变量 $r = 0$；

设置循环迭代准则：

从训练集中选取一个小批量样本子集，包含 m 个样本 $\{x^1, x^2, \cdots, x^m\}$，对应目标为 y^i；

计算梯度：$g = \dfrac{1}{m} \nabla_\theta \sum_i L\left(f(x^i;\theta), y^i\right)$；

积累梯度平方：$r = \rho r + (1-\rho)r$；

计算参数更新：$\Delta\theta = -\dfrac{\varepsilon}{\sqrt{r+\delta}} \odot g$；

参数更新：$\theta = \theta + \Delta\theta$；

循环结束

从上述过程可知，RMSProp 引入一个衰减系数 ρ，使得 r 每次都以一定的比例衰减。衰减系数 ρ 是采用指数加权平均的，其目的是消除梯度下降中的振荡。与动量梯度类似，当某一维度的梯度比较大时，则为其添加较大的指数加权平均；当某一维度的梯度比较小时，则为其加入较小的指数加权平均。通过上述操作，可以保证各维度梯度都在一个量级，减少振荡的因素。相比 AdaGrad，RMSProp 能够更好地解决深度学习训练过早结束的问题。虽然它对于处理非平稳目标（如循环神经网络）具有更好的效果，但是 RMSProp 存在缺点，如需要引入衰减系数 ρ，增加了训练时的超参数的复杂性。

2.3.5　Adam

Adam 是一种在 RMSProp 基础上添加了动量项的优化算法。Adam 通过梯度的一阶矩估计和二阶矩估计来实现学习率的动态调整。Adam 能够矫正偏置，使得每一次迭代学习率都能在确定范围取得最佳值，保证了参数的平稳收敛。

Adam 算法过程如下。

设置：步长 ε（建议默认为 0.001）；

设置：矩估计的指数衰减速率，ρ_1 和 ρ_2 在[0, 1]内，建议默认为 0.9 和 0.999；

设置：用于数值稳定的小常数 δ，建议默认为 10^{-8}；

设置：初始参数 θ；

初始化一阶和二阶矩变量 $s = 0, r = 0$；

设置循环迭代准则：

从训练集中选取一个小批量样本子集，包含 m 个样本 $\{x^1, x^2, \cdots, x^m\}$，对应目标为 y^i；

计算梯度：$g = \dfrac{1}{m} \nabla_\theta \sum_i L\left[f(x^i;\theta), y^i\right]$；

$t = t + 1$；

更新有偏一阶矩估计：$s = \rho_1 s + (1-\rho_1)g$；

更新有偏二阶矩估计：$r = \rho_2 r + (1-\rho_2)g \odot g$；

修正有偏一阶矩估计：$\hat{s} = \dfrac{s}{1-\rho_1^t}$；

修正有偏二阶矩估计：$\hat{r}=\dfrac{r}{1-\rho_2^t}$；

计算参数更新：$\Delta\theta=-\varepsilon\dfrac{\hat{s}}{\sqrt{\hat{r}}+\delta}$；

参数更新：$\theta=\theta+\Delta\theta$；
循环结束

2.4　深度学习模型评价准则

深度学习模型可以被用于处理分类任务和回归任务，它们分别有不同的评价准则。下面将介绍分类任务和回归任务的评价准则。

2.4.1　分类任务

1. 准确率

准确率是正确样本数占总样本数的百分比。根据预测结果和样本的真实情况，分为四种组合，即真正例（true positive，TP）、假反例（false negative，FN）、假正例（false positive，FP）和真反例（true negation，TN）。准确率可以表达为

$$\text{accuracy}=\text{TP}+\text{TN}/(\text{TP}+\text{TN}+\text{FP}+\text{TN}) \tag{2.35}$$

2. 损失

损失主要包括逻辑回归损失（logistic regression loss）和交叉熵损失（cross-entropy loss）。根据每个实例对应的标签的概率，给出一个具体的值作为衡量标准，如对于二分类任务，模型判断一个实例的标签为真实值 y 和它预测为真实值 1 的概率 p，则其计算公式为

$$-\log\left(\frac{y}{p}\right)=-\left[y\log(p)+(1-y)\log(1-p)\right] \tag{2.36}$$

推广到多分类任务：

$$-\log\left(\frac{Y}{P}\right)=-\frac{1}{N}\sum_{i=1}^{N}\sum_{k=1}^{N}y_{i,k}\log(p_{i,k}) \tag{2.37}$$

3. 查全率

查全率/召回率（recall），又称为灵敏度或者真正例率，反映了被正确预测的正例样本在所有正例样本中的比例，在特殊的任务中该指标比准确率更好，如在地震预测中不在乎所有预报中预测成功的准确率是多少，而是在所有的地震中，能正确预测出多少次，即求全而不求准。其计算公式为

$$\text{recall}=\text{TP}/(\text{TP}+\text{FN}) \tag{2.38}$$

4. 查准率

查准率/精准率（precision）反映了被预测为正例的样本中真正为正例的比例，这个指标也适用于特殊的分类任务，如在用人脸识别抓捕逃犯时，希望不冤枉一个好人也不放过一个坏人，那么就要求被识别为逃犯的人是真的逃犯才行，即求准而不求全。其计算公式为

$$precision = TP / (TP + FP) \qquad (2.39)$$

为了增大求全率，需要扩大预测为正例样本的数量，这会牺牲查准率，而为了增大查准率，需要尽可能地减少不特别确定是正例的样本，这就会漏掉一些真正是正例的样本，牺牲了查全率，所以这两个指标是一对矛盾的度量。通常只有在样本量较小的简单任务中两者才会都比较高。

5. F 值

F 值，又称为 F-measure，是查准率和查全率的调和值，更接近于两个数较小的那个。其计算公式为

$$F_1 = 2 \times \frac{precision \cdot recall}{precision + recall} \qquad (2.40)$$

F 值高的学习机器性能更好。然而，不同分类任务对查全率和查准率偏好会有所不同，因此需引入 F 值的一般形式

$$F_\beta = (1+\beta^2) \times \frac{precision \cdot recall}{\beta^2 \times precision + recall} \qquad (2.41)$$

式中：当 $\beta > 0$ 时，则度量了查全率对查准率的相对重要性；当 $\beta > 1$ 时，则更关注查全率；当 $\beta < 1$ 时，则更关注查准率。

2.4.2 回归任务

回归任务一般根据预测值度量模型性能，好的模型是泛化能力更强的模型，也就是说在测试集上表现更好的模型。假定给定一个变量，求得它的预测值 $y' = f(x)$，则用偏差 $\delta = \|y' - y\|_l$ 来度量模型性能。其中 $\|\cdot\|_l$ 为不同度量方式。

1）均方误差

均方误差（mean square error，MSE）可以表示为

$$MSE = \frac{1}{N}\sum_{i=1}^{N}(y_i - y_i')^2 \qquad (2.42)$$

式中：y_i 与 y_i' 分别为第 i 个样本的真实值和回归模型的预测值。

2）均方根误差

均方根误差（root-mean-square error，RMSE）可以表示为

$$RMSE = \sqrt{MSE} = \sqrt{\frac{1}{N}\sum_{i=1}^{N}(y_i - y_i')^2} \qquad (2.43)$$

RMSE 作为机器学习模型预测结果的评价准则。RMSE 和 MSE 的区别仅在于做了一个平方，使得量纲和变量保持一致。因此对于评价模型两者没什么优劣之分，只不过 RMSE 有更好的解释性。

3）均方根对数误差

均方根对数误差（root-mean-square-logarithmic error，RMSLE）可以表示为

$$\text{RMSLE} = \sqrt{\frac{1}{N}\sum_{i=1}^{N}\left(\log(y_i+1)-\log(y_i'+1)\right)^2} \qquad (2.44)$$

式中：log 表示自然的对数。使用 RMSLE 进行度量的好处有，取对数是一个变化量纲的变换，能够把一些大的值压缩，把一些小的值增大，所以当数据中有少量的值和真实值差别较大时，RMSLE 能够降低这些值对于整体误差的影响，这会降低个别异常点对于模型评价的影响。此外，如果要预测的数据的量纲很大，如一个左偏的模型，那么该模型在较大的真实值处的误差就会使 RMSE 的结果很大，得出这个模型不好的结论。如果一个事实上很差的模型在这个大的真实值上的预测很准确而在非常多的小的真实值处有一些误差，那么 RMSE 反而会没有前面那个模型的大，从而得出这个模型更好的结论。RMSLE 就是会降低这种错误的准则。另一个方法是先对标签取 log，再用 RMSE 作为评价准则，这需要提前了解数据的分布。

4）ROC 曲线

受试者操作特征（receiver operator characteristic，ROC）曲线是一个用图形来描述分类性能的指标。以每次计算的真正例率和假正例率作为纵轴和横轴，画出的就是 ROC 曲线。ROC 曲线距离对角线越近，分类的准确率越低。

5）平均绝对误差

平均绝对误差（mean absolute error，MAE）可以表示为

$$\text{MAE} = \frac{1}{N}\sum_{i=1}^{N}|y_i - y_i'| \qquad (2.45)$$

因为这个函数不是处处可导的，所以该函数并没有用作线性回归训练模型的损失函数，但是这不影响它可以作为测试集上的模型评价准则。MAE 和 RMSE 具有同样的量纲，但是 RMSE 是将误差平方后再求和，也就是说 RMSE 能够放大误差更大的样本的影响，而 MAE 就是真实误差的直接反映。RMSE 越小说明最大误差越小，因为 RMSE 能反映最大误差的影响，所以 RMSE 更常用一些。

6）R^2

R^2 是线性回归中非常常用的评价准则，其表达式为

$$R^2 = 1 - \frac{\text{SSR}}{\text{SST}} = 1 - \frac{\sum_{i=1}^{N}(y_i - y_i')^2}{\left(y_i - \overline{y_i'}\right)^2} = 1 - \frac{\text{MSE}}{\text{Var}} \qquad (2.46)$$

R^2 的优点是不会随着预测值单位的变化而变化，也不会因为预测值的平移而变化。从上面可知 R^2 越大，模型越好。当预测完全正确时，那么 R^2 等于最大值 1；当使用基准模型预测（预测值等于真实值的平均值）时，R^2 为 0。因此，R^2 的另一个好处就是将回归结果归约为 0～1，可允许对不同问题的预测结果进行比对（当然有时 R^2 也会出现小于 0 的情况）。

2.5　深度学习框架

随着深度学习快速发展，不同科研团队开发各种开源深度学习框架，现在应用较为广泛的框架

包括 TensorFlow、Keras、PyTorch（Torch 的 Python 语言版本）、用于快速特征嵌入的卷积结构（convolutional architecture for fast feature embedding，Caffe）、微软认知工具包（microsoft cognitive toolkit，CNTK）、MXNet、Theano 等。各种深度学习框架的广泛应用也促进了深度学习的发展，现阶段呈现出百花齐放、百家争鸣的现状。基于上述框架，深度学习在计算机视觉、语音识别、自然语言处理与工程应用等领域得到了广泛应用，并取得了极好的结果。考虑到在工业与科研领域应用广度，下面将介绍几种主流的深度学习框架，包括 TensorFlow、Keras 和 PyTorch。

2.5.1　TensorFlow

1. TensorFlow 的简介

TensorFlow 的名字来源于张量（tensor）和流（flow）。张量意味着 N 维数组，即数据模型；流的含义为基于数据流图来进行计算。TensorFlow 指张量是从流图的一端流动到另一端，由于在数据流动过程中涉及各种张量之间的操作，所以取名为 TensorFlow。

TensorFlow 是在开源机器学习系统 DistBelief 的基础上，由 Google 人工智能团队开发的第二代人工智能系统。作为一个开源的深度学习框架，TensorFlow 提供了一套包含众多函数的工具箱，能够方便用户更便捷更简洁地构建深度学习模型。此外，TensorFlow 具有强大的分布式计算能力，相比 Caffe 等传统单机版系统有不可比拟的优势。由于对 Android 系统的原生支持，这给 TensorFlow 也带来庞大的用户量。

TensorFlow 发展的里程碑事件如下所示。

2015 年 11 月，Google 在代码托管平台 GitHub 上开源了 TensorFlow。TensorFlow 的开源大大降低了深度学习在各行业应用的难度。

2016 年 4 月，Google 发布 TensorFlow V0.8，将 DeepMind 公司的深度学习模型迁移至 TensorFlow。

2017 年 2 月，Google 发布 TensorFlow V1.0，实现与 Java 和 Go 语言相连接的接口，增加专用的编译器和调试工具，同时引入 tf.layers、tf.metrics 和 tf.losses 模块，便于更好地构建深度学习模型。此外，开发 tf.keras 模块，实现与高级神经网络库 Keras 的相互兼容。

2017 年 4 月，Google 发布 TensorFlow V1.1，为 Windows 添加 Java 应用程序界面（application program interface，API），添加 tf.spectral、Keras2 等模块。

2017 年 11 月，Google 发布 TensorFlow V1.4，tf.keras、tf.data 是核心 TensorFlow API 的一部分；添加 train_and_evaluate 用于简单的分布式 Estimator 处理。

2018 年 3 月，Google 发布 TF Hub、TensorFlow.js 和 TensorFlow Extended。

2018 年 10 月，Google 发布 TensorFlow V1.12，进行大量 API 改进，包括改进加速线性代数（accelerated linear algebra，XLA）稳定性和性能、改进 Keras 模型支持等。

2019 年 10 月，Google 发布 TensorFlow V2.0，对 Keras 进行紧密集成，并标准化保存模型（SavedModel）文件格式以方便在各种平台上运行。

2020 年 1 月，Google 发布 TensorFlow V2.1，增加默认情况下对图形处理单元（graphics processing unit，GPU）的支持及在 GPU 和云张量处理器（tensor processing unit，TPU）上对混合精度的实验支持。

2021 年 11 月，Google 发布 TensorFlow V2.7，改进 tf.keras、tf.lite 等模块，tf.data 可以支持自动分片，添加 Experiment_from_jax API 以支持从 Jax 模型到 TensorFlow Lite 的转换等。

2022 年 9 月，Google 发布 TensorFlow V2.10，添加对 Keras 注意力层的扩展、统一掩码支持，增加新的 Keras Optimizer API 等。

2. TensorFlow 的基础概念

为了方便理解 TensorFlow，主要介绍以下几种基本概念。

数据流图：数据流图是一种描述数学计算的过程，即用节点和线进行描述（图 2.4）。节点表示施加的数学操作，也是输入数据的起点和终点；箭头表示数据流动的方向，一旦输入端所有张量准备好，则可以将节点分配到计算设备，进行异步并行计算。

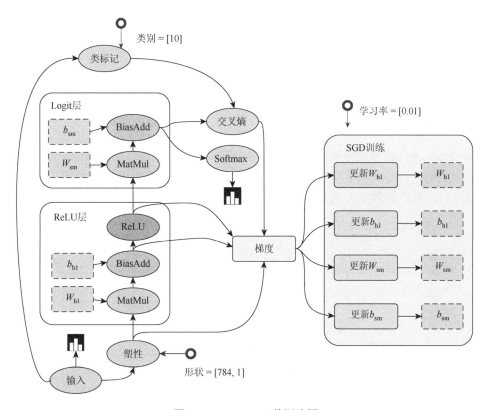

图 2.4　TensorFlow 数据流图

张量：张量可以看成向量和矩阵的衍生。张量可以是任何维度的。一个张量包含两个属性，即秩（rank）和形状（shape）；其中张量的秩表示张量存在的维度数，而每个维度的大小则是用形状进行表示的。张量的流动实现数据的流动，但是在流动中计算节点是不会发生改变的。张量从数据流图中从前到后走一遍，即完成正向运算过程；运算结果与真实标签计算得到残差，残差从后往前走一遍，即完成反向传播过程。

算子：算子是实现机器学习算法的表达，通常用图进行表示，而图中的节点就是算子。机器学习算法中，定义的算子都会有固有属性，如加法算子会支持 float32，同时又会支持 int32 的计算。

核：核是算子的具体表现，即在设备上的一种描述。在 TensorFlow 中，所有的接口库算子和核都是通过注册机制来定义的。

边：边主要分为正常边和特殊边。其中，正常边上可以流动数据，也可以理解正常边上就是 tensor，而特殊边则是控制依赖。

会话：使用会话与 TensorFlow 系统交互。一般模式是先建立会话，生成一张空图；再在会话中添加节点和边，形成一张图，进而执行。Session 是 TensorFlow 控制和输出文件执行的语句。运行 Session.run ( )可以获得运算结果。

变量：变量是机器学习算法的参数。由于在数据流动中需要保存参数状态，变量在数据流图中有固定位置，并不会像普通数据那样具有正常流动的特性。在 TensorFlow 中，通常将变量作为特殊算子，同时该算子能够返回它所保存的可变 tensor 的句柄。

激活函数：激活函数用于实现数据的转换，对神经网络中某一部分神经元进行激活，从而将转换后的数据流传入下一层网络。目前，激活函数一般都是非线性方程，并且该方程具有较优的可微可导特性。

交互式：一般使用交替式的会话方式 InteractiveSession 代替 Session 类，使用 Tensor.eval ( )和 Operation.run ( )代替 Session.run ( )，采用上述交互式手段可以避免只有一个变量持有会话。

3. TensorFlow 的系统架构

TensorFlow 具有较好的分层架构，如图 2.5 所示。整个系统以 API 为界，分为前端和后端。前端即应用层，提供编程模型，主要负责构造机器学习算法计算图；后端提供运行环境，主要负责执行机器学习算法的计算图。后端系统的设计和实现又进一步分解为以下四层。

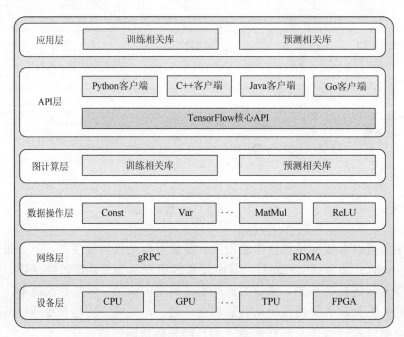

图 2.5　TensorFlow 系统架构

中央处理器（central processing unit，CPU）；现场可编程门阵列（field programmable gate array，FPGA）

图计算层：分别提供本地模式和分布式模式，并共享大部分设计和实现。

数据操作层：由各个 OP（operation）的 Kernel 实现组成，在运行时，Kernel 实现执行 OP 的具体数学运算。

网络层：基于 Google 远程过程调用（Google remote produce call，gRPC）框架实现组件间的数据交换，并能够在支持 IB 网络的节点间实现远程直接存储器访问（remote direct memory access，RDMA）通信。

设备层：计算设备是 OP 执行的主要载体，TensorFlow 支持多种异构的计算设备类型。

4. TensorFlow 的可视化

TensorFlow 自带可视化模块，称为 TensorBoard。该模块用于展示 TensorFlow 任务在计算过程中的图、定量指标图及附加数据。它将 TensorFlow 程序输出的日志文件的信息可视化，使得 TensorFlow 程序的理解、调试和优化更加简单高效。由于 TensorBoard 的可视化依赖于 TensorFlow 程序运行输出的日志文件，TensorBoard 和 TensorFlow 程序在不同的进程中运行。TensorBoard 可以通过读取 TensorFlow 的事件文件来实现模型的运行。此外，TensorFlow 的事件文件还可以保留 TensorFlow 运行过程中的主要数据流。

TensorFlow 的 API 中提供了一种叫作总结（summary）的操作，用于将 TensorFlow 计算过程的相关数据序列化成字符串 Tensor，如标量数据的图表 scalar_summary 或者梯度权重的分布 histogram_summary。

通过 tf.train.SummaryWriter 来将序列化后的 Summary 数据保存到磁盘指定目录（通过参数 logdir 指定）。此外，SummaryWriter 构造函数还包含了一个可选参数 GraphDef，通过指定该参数，可以在 TensorBoard 中展示 TensorFlow 中的图。

启动 TensorBoard 的命令如下：

```
python tensorFlow/tensorboard/tensorboard.py--logdir=/tmp/mnist_logs
```
其中：--logdir 命令行参数指定的路径必须跟 SummaryWriter 的 logdir 参数值保持一致，TensorBoard 才能够正确读取到 TensorFlow 的事件文件。

2.5.2　Keras

1. Keras 的简介

Keras 在希腊语中意为号角，是用 Python 语言编写的一个高层神经网络 API，支持 TensorFlow、Theano 和 CNTK 等框架。Keras 具有操作简单、上手容易、文档资料丰富、环境配置容易等优点，它大大降低了神经网络的构建难度。诸如全连接网络、CNN、RNN 和 LSTM 等模型算法，均可以通过 Keras 直接进行调用。

Keras 具有如下特点。

（1）用户友好。Keras 的设计是以用户体验为中心的，提供的 API 具有一致性和操作便捷性。此外，在出现错误时，能够提供清晰和可操作的反馈。

（2）模块化。Keras 中神经网络层、损失函数、优化器、初始化方法、激活函数、正则化等具有标准模块，也支持多种模型，如 CNN 和 RNN，且可以实现二者的结合。

（3）易扩展性。Keras 的不同模块可以添加新的类和函数，能够对模块进行改造，并且所有的模块都具有足够的示例。

（4）基于 Python 实现。Keras 不需要特定格式配置文件，模型都能够基于 Python 来实现，且模型的代码具有紧凑、易调试和易扩展等特点。

2. Keras 的基础概念

1）符号主义

符号主义的关键是定义各种变量，然后依据变量构建计算图，而计算图用于定义各个变量的计算关系。一般而言，计算图是需要进行编译的，以确定各个变量之间的内部细节。由于计算图只是一个空壳子，计算图中并没有实际数据，所以只有把需要运算的输入数据输入后，才能形成数据流，并形成输出值。

Keras 的模型搭建完毕后，实际模型只是空壳子，只有实际为其构建可调用的函数后，并且灌入输入数据后，才会在模型中形成数据流。

符号主义计算步骤：第一步，定义变量；第二步，建立一个计算图，并规定各个变量之间的关系；第三步，进行编译，确定模型内部细节；第四步，输入数据，形成数据流，并输出相应数值。

2）Data_format（th 与 tf 模式）

实际上，当表示一组图片时，Theano 和 TensorFlow 是不同的。在 Theano 框架中，会把一组彩色图片表示为（100，3，16，32），这里 100 表示 100 张彩色图片，3 表示的是图片为 RGB 三通道数据，16 与 32 分别表示图片长度和宽度。而在 TensorFlow 中，上述一组彩色图片的表示为（100，16，32，3）。从两者比较可知，它们的区别在于把通道维度放在不同位置，因此两个表达方法本质上没有什么区别。

3）Batch

Batch 的含义是将输入数据按照批次大小分成若干个组，并且每个批次都会进行梯度下降优化，依据这个批次的数据对模型参数进行更新。采用这种方式进行参数更新的好处在于，梯度方向是由一个批次内的数据样本共同决定的，当进行梯度下降时，更新方向不容易跑偏，并且能够减少随机性。另外，由于一个批次内的样本数量有限，相较于整个数据集小了很多，所以单次更新时的计算量不会很大，减少了对设备计算资源的需求。

3. Keras 的网络与模型

Keras 采用 Sequential 构建顺序模型（Sequential model），获得使用函数式 API 的 Model 类来构建模型。

1）顺序模型

Sequential model 只能构建网络层首尾相连一个接一个的网络模型。

下边列举几个常用的 Sequential 方法。

add 方法：用于堆叠模型中添加网络层。

compile 方法：定义网络训练时的相关方法，常用参数如下所示。

（1）optimizer：指定网络训练时使用的优化算法。

（2）loss：指定网络训练时使用的损失函数。

（3）metrics：指定网络的评估方法。

需要注意：损失函数与模型的评估计算不是一回事，损失函数是为了优化模型参数用的，评估计算是为了度量系统准确性的。

fit 方法：进行训练，常用参数如下所示。

（1）epochs：定义整个训练集被遍历训练的次数。

（2）batch_size：定义一个 epoch 中，按批次训练过程中，每个批次的文本数量。

（3）evaluate 方法：给出系统准确率。

（4）save 方法：保存模型的结构、权重、训练器的配置（损失函数、优化器等）、优化器的状态。加载模型文件时使用加载模型（load model）方法。

2）函数类模型

使用者可以构造多输入和多输出网络模型（即网络层的输入和输出可自定义）。在构建函数类模型时，需要首先自定义函数类，在 Keras 中函数类的定义有固定的形式，具体可以参见 Keras 的官方文档。

2.5.3　PyTorch

1. PyTorch 的简介

PyTorch 是由 Facebook 在 2017 年 1 月发布的一款全新的深度学习框架。PyTorch 的名称由 Python 和 Torch 组成。PyTorch 中，关键 API 是 Torch，所有接口均是由 Python 语言编写的。

PyTorch 推出后受到学术界的追捧。从 Google 搜索指数来看，PyTorch 发布后，关注度逐年上升。截至目前，PyTorch 的热度已经超越了 Caffe、MXNet 和 Theano 等框架，在学术研究领域的关注度更是超过 TensorFlow 和 Keras，已经成为学术研究中使用最为广泛的深度学习框架。

PyTorch 主要发展节点如下所示。

2017 年 1 月，Meta AI 正式发布 PyTorch 框架，并实现生态的开源。

2018 年 4 月，Meta AI 发布 PyTorch V0.4，支持 Windows 操作系统，并将 Caffe2 并入 PyTorch，实现两者的兼容。

2018 年 11 月，Meta AI 发布 PyTorch V1.0，成为 GitHub 中增长第二快的开源项目。

2019 年 5 月，Meta AI 发布 PyTorch V1.1，支持 TensorBoard，完善了框架的可视化功能。

2019 年 8 月，Meta AI 发布 PyTorch V1.2，添加了 TorchVision 图形库模块、TorchAudio 音频库模块和 TorchText 文本库模块等。

2020 年 4 月，Meta AI 发布 PyTorch V1.5，更新了 C++前端，增加用于计算机视觉模型的通道维持（channels last）存储格式，以及用于模型并行训练的分布式远程过程调用（remote procedure call，RPC）框架等。

2021 年 6 月，Meta AI 发布 PyTorch V1.9，支持科学计算，包括 torch.linalg, torch.special；支持 PyTorch Profiler 中的分布式训练、GPU 利用率和流式多处理器（streaming multiprocessor，SM）效率等。

2021 年 10 月，Meta AI 发布 PyTorch V1.10，主要提高 PyTorch 的训练性能及开发人员的可用性，集成 CUDA Graphs APIs 等。

2022 年 3 月，Meta AI 发布 PyTorch V1.11，添加 TorchRec，在 TorchAudio 中增加基于 Enformer 和 RNN-T 的模型与配方，在 TorchText 中增加对 RoBERTa 和 XLM-R 模型、字节级

字节对编码（byte pair encoding，BPE）标记器和 TorchData 支持的文本数据集，在 TorchVision 中增加 4 个新的模型族和 14 个新的分类数据集。

PyTorch 具有如下优点。

（1）框架简洁。PyTorch 设计理念是采用最少的封装，避免功能模块重复。不同于 TensorFlow，该框架没有 session、graph、operation、name_scope、variable、tensor、layer 等概念，而是直接遵循 tensor 到 variable 再到 nn.Module 的层次理念。三个抽象层次之间既联系紧密，又有清晰的分界，并且每个层次均可以进行修改和操作。这种简洁框架带来的好处是编写的代码易于理解。从 Github 的源码可知，PyTorch 涉及的代码只有 TensorFlow 的 1/10。源码中具有更少的抽象、更直观的设计，开发人员在阅读源码时十分容易理解。

（2）速度。PyTorch 代码运行速度胜过 TensorFlow 和 Keras 等框架。

（3）易用。PyTorch 继承了 Torch 设计理念，接口设计和模块设计与 Torch 高度一致。PyTorch 的设计比较符合人们编程思维，能够让用户尽可能地专注于实现自己的想法，即所思即所得。对于初次接触深度学习的新手而言，只需掌握 NumPy（numerical Python）和基本深度学习概念，就可利用 PyTorch 框架进行深度学习模型构建。

（4）活跃的社区。PyTorch 开源了完整的文档，通过 https://PyTorch.org，可以查看 PyTorch 历年版本文档，具有详细接口说明，以及示例演示，并且作者亲自参与论坛维护，与用户交流，解决用户问题，因此受到深度学习研究人员的追捧，也吸引大量发烧友参与 PyTorch 开发。据不完全统计，在 GitHub 上贡献者已超过 1 100+。此外，PyTorch 受到 Facebook 人工智能研究院的大力支持，使得 PyTorch 具有持续开发更新的动力。

（5）代码简洁灵活。采用 nn.Module 模块可以实现网络搭建，且网络动态图机制灵活。

（6）Debug 方便。具有用户友好型的调试机制，与调试 Python 代码一样简单。

（7）开发资源多。目前 arXiv 中公布的新算法大多是基于 PyTorch 实现的。

2. PyTorch 的基础概念

（1）Tensor。Tensor 被译为张量，是 PyTorch 中重要的数据结构，可以认为是一个高维数组，也可以认为是一个数，一维数组，二维数组或更高维的数组。Tensor 支持包括数学运算、线性代数、选择、切片等操作。在 PyTorch 中，Tensor 可以通过.cuda 的方法转换为 GPU 的 Tensor，从而使用 GPU 进行加速运算。

（2）Variable。Variable 被译为变量，可以看作 Tensor 的扩展，它带有自动求导功能，一般通过 backward（）计算梯度后，通过其 grad 属性查看梯度。创建 Variable 时需要设置 requires_grad=True，才能计算梯度。

（3）Autogard。深度学习的算法本质上是通过反向传播求导数，PyTorch 通过 Autogard 模块实现了此功能。Autograd 包是 PyTorch 中神经网络的核心部分，它提供了所有张量操作的自动求微分功能。它的灵活性体现在可以通过代码的运行来决定反向传播的过程，这样就使得每一次的迭代都可以是不一样的。

（4）Module。Module 可以用于定义层，也可以用于定义整个神经网络。它是神经网络的基类，一般构建网络都需要继承 Module，并在构造函数_init_（）中定义自己的网络结构，以及实现正向算法 forward（）。

（5）Function。Function 针对单个功能，它不像 Module 可以保存数据，一般 Function 只

需要实现_init_( )、forward ( )、backward ( )三个函数。

（6）DataSet。DataSet 是用于读取数据的工具类，对于较为复杂的数据，通常需要继承 DataSet 实现自己的数据类。

（7）Optimizer。Optimizer 被译为优化器，PyTorch.optim.*中实现了多种优化算法，可以直接调用。使用时，首先，需要选择一种优化算法，在创建时指定具体参数如学习率，然后在训练模型时使用优化器更新参数（调用其 step 方法）。优化器用于调整网络参数，其本身不存储数据，只保存优化算法及其参数和指向网络参数的指针。PyTorch 可以对不同的层设置不同的优化参数。

（8）动态计算图。计算图指构建的神经网络结构。TensorFlow 使用静态计算图机制，一旦建立，训练过程中不能被修改，静态计算在效率方面有更大的优化空间。PyTorch 使用动态计算图机制，每一次训练，都会销毁图并重新创建，这样占用了更多资源，但是更加灵活。

第 3 章　基于卷积神经网络的损伤状态识别

本章详细阐述 CNN 的基本结构及其发展历程，并以 CNN 强大的图像分类能力为切入点，提出基于 CNN 的复合材料结构损伤识别方法。该方法考虑 Lamb 波信号在复合材料中的传播特性，在数据预处理、数据标注、网络构建和损伤定位等方面进行分析与改进，克服信号分析和损伤状态识别的难点。为了验证该方法的可行性，基于碳纤维增强聚合物（carbon fiber reinforced polymer，CFRP）复合材料的加速寿命实验，对实验数据处理进行详细描述。该方法不仅能准确地识别传感器路径间的损伤状态，还能识别损伤区域的具体位置，这给 Lamb 波信号检测技术在复合材料结构监测中的应用提供新思路。

3.1　问 题 描 述

损伤识别是实现复杂系统健康监测的关键环节之一，其主要是通过对系统及其结构的关键性能指标的测试与分析来判断系统是否发生损伤。若系统出现损伤，则需要及时准确地识别系统损伤位置与损伤程度等，为系统正常运营评定及其剩余寿命估计提供决策依据。通常，系统的损伤识别可以分为五个方面，即判断损伤是否发生、确定损伤位置、识别损伤类型、量化损伤程度和预测剩余使用寿命[42]。

根据不同的识别原理，系统损伤识别方法可以分为局部损伤识别方法和全局损伤识别方法[43]。其中：局部损伤识别方法是指采用无损检测技术，对可能发生损伤的系统局部进行损伤检测，以判断损伤发展的状况；全局损伤识别方法则是以结构的动力响应为依据，识别系统的物理参数及其随损伤发展的变化，从而判断系统损伤状态。相比于局部损伤识别方法，全局损伤识别方法可以对整个系统进行检测，在开展大型复杂系统损伤识别时具有巨大的优势。不过，局部损伤识别方法可以直接确定损伤位置，对于重要工程系统可以取得良好的监测效果，在航天和船舶等领域具有广泛的应用。本章将重点关注局部损伤识别方法。

局部损伤识别采用的方法主要有两种：一种是基于电磁学检测的原理，利用系统损伤对超声波、X 射线和 γ 射线等信号的影响，判断系统局部的损伤状态；另一种是在生产制造过程中嵌入或将传感器直接固定在系统的重要构件表面，实现远距离的损伤检测[44]。它们具体的实施步骤包括信号采集、信号预处理、特征参数提取、损伤诊断和评价预测等。首先，通过传感器来获取监测信号。其次，利用信号处理方法对监测信号进行预处理，包括傅里叶变换、短时傅里叶变换、小波分析、小波包分析、希尔伯特-黄变换和盲源分离等，以获得对系统损伤具有表征能力的特征。最后，利用损伤特征训练分类器，对损伤进行诊断、定位与评价。然而，这些方法对专家知识的依赖较高，且需要对具体的工程环境进行分析，以筛选合适的特征参数，算法的鲁棒性较差。

随着智能传感、物联网等技术的飞速发展及其在健康监测领域的应用，不同类型的传感器被布置于复杂系统上，可以便捷地获取海量的系统健康监测数据。作为深度学习的代表算法之一，CNN 凭借自动特征提取在图像分类领域展现潜力后，逐渐被应用于损伤识别领域，并在航空和船舶的智能损伤识别领域取得了突出成效。本章将以重要工程结构为对象，以损伤智能识别为目标，对基于 CNN 的系统局部损伤识别方法进行详细的阐述。

3.2 卷积神经网络模型及其扩展

CNN 是一类包含卷积计算且具有深度结构的前馈神经网络。1962 年，Hubel 和 Wiesel[45] 通过对猫的视觉皮层的研究，发现了一种与猫视觉机制相关的感受野细胞分布，其主要特征是对外界输入的局部区域十分敏感。CNN 正是仿造生物的视知觉（visual perception）机制构建的，属于多层感知机的一个变种。LeNet 是最早的 CNN 模型，并在手写体字符的识别上获得良好的表现。CNN 中的卷积层具有参数共享和稀疏连接的特性，可以用较小的计算量提取像素级别的特征，且效果稳定、无须依赖手动的特征工程。此外，CNN 中的卷积层和池化层能够响应输入特征的平移不变性，这也是其在计算机视觉问题中取得较好应用效果的原因之一。

3.2.1 经典 CNN 的结构

根据 LeNet-5 确定的网络结构，CNN 由输入层、隐藏层和输出层构成，其中的隐藏层又由三种不同的结构组成，即卷积层、池化层和全连接层。

卷积层是 CNN 的核心基石，它利用众多不同大小的卷积核提取输入数据的相关特征，并以权重系数与偏差量的方式进行保存与更新。卷积核可以看作一个探测器，在原始图像上以特定步长滑动，通过卷积运算来不断提取原始图像内的图像特征，并将这些图像特征传入下一层的网络。卷积操作可以表示为

$$S(i,j) = (I*K)(i,j) = \sum_{m=-\infty}^{\infty} \sum_{n=-\infty}^{\infty} I(m,n)K(i-m,j-n) \tag{3.1}$$

式中：I 表示输入的 2D 数据，如一张灰度图片；K 表示 2D 卷积核，是一个由权重组成的二维矩阵。

针对多通道输入及多通道输出，卷积操作表示为

$$Z_{i,j,k} = \sum_{l,m,n} V_{l,j+m,k+n} K_{i,l,m,n} \tag{3.2}$$

式中：$Z_{i,j,k}$ 表示第 i 通道的 j 行 k 列的输出值；$V_{l,j+m,k+n}$ 表示第 l 通道的 $j+m$ 行 $k+n$ 列的输入值；$K_{i,l,m,n}$ 是第 i 个卷积核的第 l 通道的 m 行 n 列的输入值。

针对调整步幅的卷积操作，假设步幅为 s，则卷积公式表示为

$$Z_{i,j,k} = \sum_{l,m,n} V_{l,js+m,ks+n} K_{i,l,m,n} \tag{3.3}$$

以二维卷积为例，图 3.1 为其基本原理示意图。输入图像大小为 $6×6$，卷积核大小为 $3×3$，每次卷积运算的步长为 1。在滑动进行卷积操作的过程中，具有相似特征的图像区域，对应元素相乘的值较大，其他元素相乘的值较小，这样就可以提取图像中的基础特征。从反卷积操作获得的特征可视化结果来看，CNN 在学习过程中，网络对背景的激活度逐渐降低直到背景

被忽略，最终得到的是包含关键信息的、具有辨别性的特征。通过不同的卷积核，CNN 可以从输入中提取轮廓、线条、角度等初级特征，再通过卷积层的深度堆叠可以实现图像中从低级到复杂的特征。

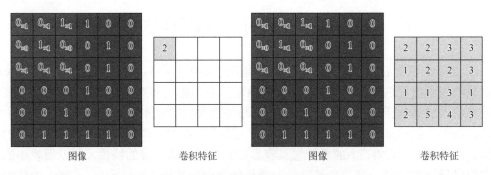

图 3.1　二维卷积基本原理示意图

　　卷积操作中，卷积核尺寸是可学习的参数。与传统的全连接神经网络相比，卷积层的局部连接和共享权重可大幅度地减少参数量，加快计算速度。局部连接是指卷积层中的每个神经元都只与输入神经元的一小块区域连接。虽然局部连接在空间维度是局部的，但是其在深度上依然是全部连接的。当将二维图像作为输入时，其局部像素之间的关联性较强，而局部连接可以使得训练后的卷积核只对图像中局部保持最强的响应。从原理上来说，局部连接也是受生物视觉结构启发而设计的一种仿生机制，可以模仿视觉皮层中神经元的局部感受机制。而当计算某一指定深度的特征图时，卷积核之间的权重是共享的，可以显著地降低计算的参数量。因此，共享权重在降低模型的计算复杂度方面有一定的意义，尤其是在计算底层边缘特征时。不过，在某些特定场景下，共享权重是无意义的。例如，在对图片进行人脸识别时，模型需要获取人脸、眼睛和头发等位置信息用于身份的识别，此时希望模型获取不同位置的特征。值得注意的是，权重共享只存在于对同一深度切片的神经元计算中，而当采用多组卷积核提取不同特征时，不同深度切片的神经元权重仍然是不共享的。

　　池化层主要通过非线性下采样操作来减少网络的参数，以达到降低网络计算量的目的，其一般位于卷积层之后。池化主要包括最大池化（max-pooling）和平均池化（mean-pooling）两种，如图 3.2 所示。其中：最大池化采用的规则是选取窗口内的最大值作为输出；平均池化则是计算窗口内的元素均值并作为输出。两种池化方法都是将原始图像尺寸缩小，减少了传入下层网络的数据量，也能在一定程度上抑制过拟合现象的发生。

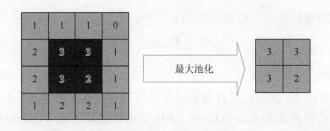

图 3.2　两种池化过程示意图

全连接层，顾名思义，它的每个神经元都与上一层的每个神经元相连接，在经过激活函数后输出结果。全连接层作为整个网络的分类器，负责对卷积层学习到的特征给出相应的样本分类结果。

3.2.2　CNN 结构的发展

自从 CNN 的原始结构 LeNet 被首次提出以来，CNN 的结构得到不断创新，许多巧妙的 CNN 结构被设计出来，以解决传统网络的缺陷问题，极大地提升了 CNN 在识别准确率和计算速度等方面的性能。

1. LeNet-5

1998 年，计算机科学家 LeCun 等[46]提出的 LeNet-5 将卷积层和池化层交替堆叠起来，将输入图像转换成特征图，再通过全连接层对这些特征进行分类。感受野（receptive field）是 CNN 的核心，CNN 的卷积核则是感受野概念的结构表现。得益于 LeNet-5 网络的提出（图 3.3），CNN 首次成功应用于手写体识别，在混合国家标准与技术研究所（Mixed National Institude of Standards and Technology，MNIST）数据集上达到了约 99.2%的识别准确率，这引起了学术界对 CNN 的广泛关注。

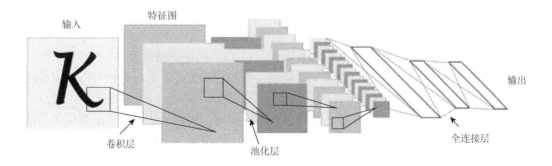

图 3.3　LeNet-5 的结构

2. AlexNet

2012 年，加拿大多伦多大学的 Krizhevsky 等[13]设计出 AlexNet，并在 ILSVRC 上荣获冠军。AlexNet 展现出了深度 CNN 在图像任务上的惊人表现，掀起了 CNN 研究的热潮，是如今深度学习和 AI 迅猛发展的重要原因。

如图 3.4 所示，AlexNet 共有 8 层网络，参数大约有 6 000 万个。相较于 LeNet-5，AlexNet

使用了 ReLU 函数,前两个全连接层的 Dropout 为 0.5,同时提出局部响应归一化(local response normalization,LRN)和重叠的池化操作。受限于单张显卡的计算能力,使用了多 GPU 同时训练的方式来更新权重。训练时,通过镜像和裁剪的方式来实现数据增强,并使用 PCA 对 RGB 像素降维的方式来缓解过拟合现象。AlexNet 实现了对 1 000 种图像的分类,在当年的 ILSVRC 中的表现远超其他模型,使神经网络再次获得关注。

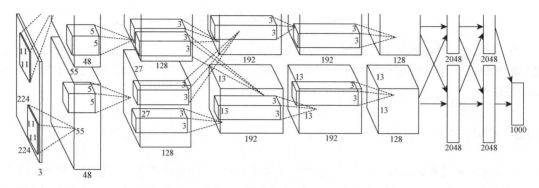

图 3.4　AlexNet 的结构

3. ZFNet

AlexNet 卓越的应用性能使得大型卷积网络逐渐流行起来。然而,人们对于这些网络究竟为何能有如此卓越的表现,以及如何使这些网络变得更好的机制尚不清楚。针对上述两个问题,一个新颖的可视化技术被提出,以一窥中间特征层的功能及分类的操作。

在此基础上,2014 年 Zeiler 和 Fergus[47]通过对 AlexNet 每一层的特征可视化,对网络结构进行了部分调整,并首次通过迁移来提升模型训练的速度与效果,最后提出了一种全新的 CNN 结构(Zeiler-Fergus convnet,ZFNet)。

作为 2013 年 ILSVRC 的冠军,ZFNet 创新性地使用反卷积对网络的中间特征进行可视化,通过分析特征提取的过程找到模型提升的方向,通过微调 AlexNet 提升了模型的最终表现。ZFNet 的结构如图 3.5 所示,与 AlexNet 一样,前两个全连接层后面加 0.5 的 Dropout。相比于 AlexNet,主要区别是使用了更小的卷积核和步长,11×11 的卷积核变成 7×7 的卷积核,步长从 4 变成了 2。另外,通过可视化发现第一层的卷积核影响大,于是对第一层的卷积核做了规范化,如果均方根值超过 0.1,那么将卷积核的均方根归一化为 0.1。总的来说,ZFNet 是对 AlexNet 的改进且改动不大,主要贡献是引入了可视化,使用了解卷积和反池化(无法实现,只能近似)的近似对每一层进行可视化,并采用一个GPU 进行训练。

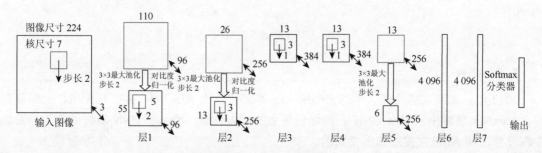

图 3.5　ZFNet 的结构

4. VGGNet

VGGNet 由牛津大学计算机视觉组和 DeepMind 公司共同研发。VGGNet 着重探索了 CNN 的深度和其性能之间的关系，通过重复堆叠 3×3 的小型卷积核和 2×2 的最大池化层，构建了深度达到 16~19 层的 CNN。在 2014 年 ILSVRC 中，VGGNet 获得了亚军和定位项目的冠军，该模型的 Top-5 错误率仅为 7.5%。在现有的研究中，VGGNet 凭借强大的特征提取能力，仍然被用作骨干网络。

VGGNet 在网络中全部使用 3×3 的卷积核和 2×2 的池化核，并通过不断加深网络结构来提升性能。由于网络的参数量主要集中在最后三个全连接层中，所以网络深度的增长并不会带来参数量的急剧爆炸。同时，两个 3×3 卷积层的串联相当于 1 个 5×5 的卷积层，3 个 3×3 的卷积层串联相当于 1 个 7×7 的卷积层。但是 3 个 3×3 的卷积层参数量只有 7×7 的卷积层的一半左右，同时前者可以有 3 个非线性操作，而后者只有 1 个非线性操作，这样使得前者对于特征的学习能力更强。这个做法产生了很大的影响，后续的很多 CNN 结构都采用了这种 3×3 卷积思想。

VGGNet 有两种版本，分别有 16 层和 19 层，图 3.6 展示的是 VGGNet-16 的结构，参数达到了惊人的 1.3 亿个以上。VGGNet 证明了加深网络可以提高模型的表现，但这也使得参数量快速增长，训练成本十分高昂。此外，该模型还不够深，只达到 19 层就出现饱和现象，而且没有探索卷积核宽度对网络性能的影响。

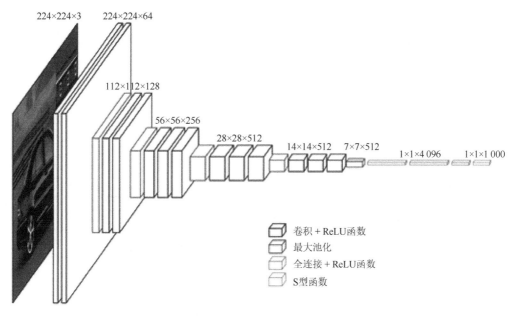

图 3.6 VGGNet-16 的结构

5. GoogleNet

根据 VGGNet 的经验，提升网络性能最直接的办法就是增加网络深度和宽度，即网络层数和神经元数。但这种方式存在一些问题：参数太多，如果训练数据集有限，很容易产生过拟合；网络越大、参数越多，计算复杂度越大，难以应用；网络越深，容易出现梯度消失、梯度爆炸问题，难以优化模型。解决这些问题的方法就是在增加网络深度和宽度的同时减少参数，Google 公司提出的 GoogleNet 提供了一种有效的解决方案。

作为 2014 年 ILSVRC 的冠军，GoogleNet 设计了执行模块（如 Inception）代替人工来选择卷积类型，然后堆叠 Inception 块形成 Inception 网络；同时去除了全连接层，并使用了全局平均池化，从而大大减小了参数量。这两个思想在 GoogleNet 发布后发表的一些论文中都有体现，一个是 Inception 块的自动选择网络结构，另一个是减小模型参数和计算资源。

GoogleNet 中 Inception 结构的 4 个版本如图 3.7 所示，整个网络总共有 22 层。虽然 GoogleNet 把全连接替换成了全局平均池化层，但是网络图中最后还是有一个全连接层，这是为了便于把网络迁移到其他数据集。Inception V1 虽然有 22 层，但参数总量却只有 500 万个，是同期 VGG16（1.38 亿个）的 1/27，是 AlexNet 中 6 000 万个参数的 1/12，而准确率却远胜 AlexNet，这主要得益于 Inception 块的巧妙结构。

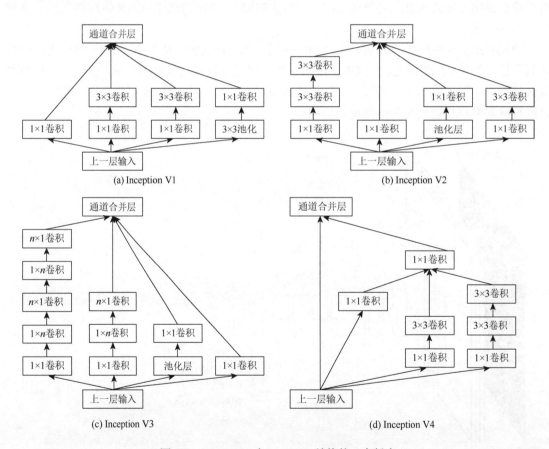

图 3.7　GoogleNet 中 Inception 结构的 4 个版本

在 Inception V1 结构中，采用不同大小的卷积核来获取不同大小的感受野，最后通过通道合并层来实现不同尺度特征的融合，之所以采用 1、3 和 5 大小的卷积核，主要是为了方便对齐。值得注意的是，网络越到深层，提取到的特征越抽象，而且每个特征所涉及的感受野也更大了，因此随着层数的增加，3×3 和 5×5 卷积的比例也要增加。但是，使用 5×5 的卷积核仍然会带来巨大的计算量。为此，在 Inception 结构中，大量采用了 11 的卷积，一方面是对数据进行降维，另一方面是引入更多的非线性，提高泛化能力。Inception 结构配合全局平均池化层来代替全连接层，这样就能大大减少模型的参数。

由于太深的网络容易发生梯度消失，Inception V1 中有两个辅助输出，就是在中间层接另两条分支来利用中间层的特征，可以增加梯度回传，还有附加的正则化作用。虽然这一想法在 Inception V3 中被证明可能是错的，但其还是强调了辅助输出的正则化效果。GoogleNet 历经多个版本的更新，主要是通过增加网络的宽度来提高网络性能，在 Inception V3 版本中，还使用了卷积因子分解的思想，将大卷积核分解成小卷积，节省了参数，降低了模型大小。在 Inception V4 版本中，使用了更加统一的 Inception 模块，并结合了 ResNet 的残差思想，能将网络做得更深。

6. ResNet

当网络进一步加深，模型会获得比浅层模型更好的表现，至少也应该和浅层模型表现接近。但实际上，当模型深度增加到一定层数，深层模型的表现反而会不如浅层模型。为了解决这一问题，微软亚洲研究院（Microsoft Research Asia，MSRA）的 He 等[15]在 2016 年提出残差神经网络，也就是 ResNet。ResNet 在传统 CNN 中加入残差学习（residual learning）的思想，解决了深层网络中梯度消失、梯度爆炸和精度下降的问题，使网络能够越来越深，既保证了精度，又控制了速度。

对于网络的加深，模型会出现梯度消失或梯度爆炸问题，这个问题可以通过正则化和批量归一化来解决。然而深层网络到了一定深度，准确率趋近饱和，而且继续加深的话会降低准确率，这称为退化（degradation）问题，而且这个问题并不是过拟合导致的（过拟合在训练集应该更好），也不是梯度消失造成的。为了解决退化问题，残差学习思想被提出。残差块结构如图 3.8 所示。

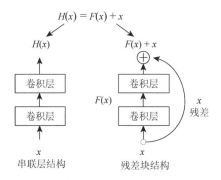

图 3.8　残差块结构

假设本来要学习 $H(x)$，加了一条恒等映射之后我们要学习的就是 $F(x) = H(x) - x$，假设要学习的映射是 x，那么在极端情况下让 $F(x)$ 为 0，这比学习到 $H(x)$ 为恒等映射时要容易。这种做法的动机是，如果增加的层能被构建成恒等映射层，那么一个更深的网络的准确率至少不会低于浅层网络。当残差块的输入和输出不是相同维度时，有两种方法来保证维度一致，一种是对输入特征图四周边缘进行零填充，另一种是使用 1×1 卷积将其映射成相同尺度。

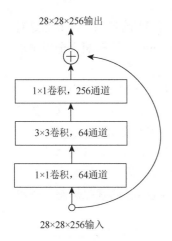

图 3.9　bottleneck 结构

ResNet 以 7×7 的卷积核开始，通过不断堆叠残差块结构来加深网络，同时定期加倍卷积核的数量，并使用步幅 2 的下采样使得每个维度的数据量减半，最后通过一个层来输出。对于更深层次的网络，ResNet 使用类似 GoogleNet 的瓶颈层（bottleneck）结构来提高效率，如图 3.9 所示。试验证明，ResNet 可以通过这样的结构训练出非常深的网络而无须担心性能下降问题，且深层网络的表现可以获得更低的训练损失。

3.2.3　不同结构的性能对比

不同的网络因为结构不同，在使用时的性能表现相差很大，需要针对实际的场景适当选择。

1. 复杂度比较

从图 3.10 中可以得到以下结论。

（1）Top-1 准确率最高的是 Inception V4，采用 ResNet + Inception 的设计使得其能够进一步提高分类表现。

（2）内存占用最大、计算量最多的是 VGGNet，远超其他模型，这与其较大的感受野和深层结构有关。

（3）效率最高的是 GoogleNet，在获得较高准确率的同时，有效地控制了参数规模和计算量。

（4）AlexNet 的计算量较小，但其内存占用很大，且准确率最低，这说明新结构的提出可以明显地提高模型的表现。

（5）ResNet 的准确率随着网络加深有明显提高，但当层数超过 100 层时，模型的提升十分有限。

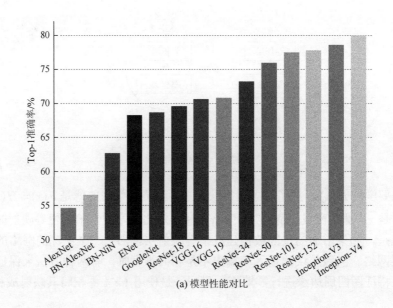

(a) 模型性能对比

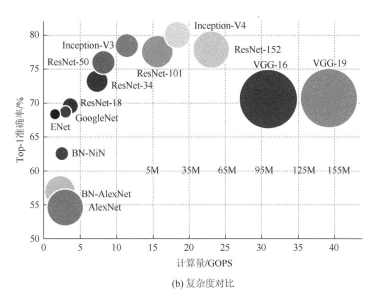

(b) 复杂度对比

图 3.10　多种常用 CNN 对比图

2. 正向传播的时间和功耗

图 3.11 展示了多种常用 CNN 结构在进行正向传播时的性能对比结果。从图中可以得到以下结论。

（1）随着训练的数据 Batch size 的增加，大部分模型的正向传播过程都有小幅下降并趋于平稳，其中引入 BN 层的 AlexNet 的提升最明显。

（2）当训练的数据 Batch size 一定时，AlexNet 最简单，所以正向传播时间最短；VGGNet 的感受野最大，结构相对原始，所以正向传播时间最长。

（3）模型结构和训练的数据 Batch size 对正向传播的功耗影响不大。

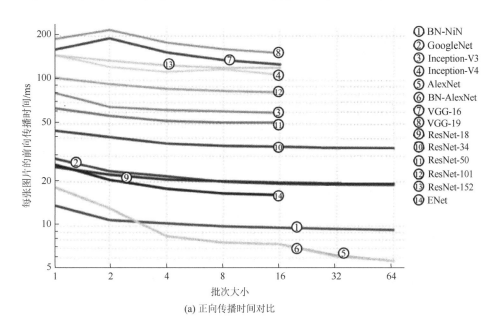

(a) 正向传播时间对比

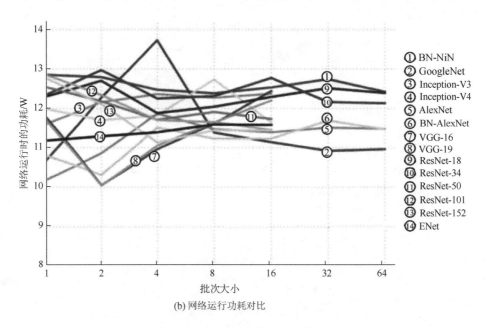

(b) 网络运行功耗对比

图 3.11　多种常用 CNN 结构在进行正向传播时的性能对比

3.3　基于卷积神经网络的损伤状态识别方法

本节介绍一种基于 CNN 的复合材料结构疲劳损伤诊断方法，并开展结构系统的重要构件的损伤状态识别。如图 3.12 所示，该方法主要包括传感器信号采集、信号预处理和疲劳损伤诊断。

（1）传感器信号采集。选取合适的传感器用于捕捉结构中的损伤信息，将传感器铺设在结构的表面或在加工时埋入材料内，然后利用采集卡等设备采集监测的信号数据。这里以航空结构中的大型复合材料蒙皮构件为例，将锆钛酸铅压电陶瓷元件按照一定的规律铺设在结构表面，覆盖需要检测损伤的区域。选择合适的频率和激励波形，按照一发一收的模式，定期接收传感器获取的 Lamb 波信号。

（2）信号预处理。传感器在采集信号时，除了会受到外部干扰源的影响，导致采集的信号出现随机的无规则分量，还会因为监测对象本身的特性导致采集信号的分析困难。以锆钛酸铅压电陶瓷元件为例，当采集 Lamb 波信号时，一般会受到环境因素的干扰，导致波形发生变化。此外，Lamb 波本身存在频散现象，这导致接收信号中的模态成分较多，需要进行预处理以避免模态混杂对后续分析的影响。

（3）疲劳损伤诊断。损伤信息在监测信号中的表征并不明显，需要采用合适的分析方法，抑制干扰信息并提取损伤信息。以 Lamb 波信号为例，其波形不仅记录了传播路径中疲劳损伤的信息，也包含了大量的边界反射分量。首先，通过连续小波变换将预处理后的信号转换成时频图，这样可以将导波这种听觉信号转换成视觉信号，方便后续的处理。其次，构建 CNN 模型并使用历史数据进行训练，让模型自动学习信号中的故障信息。最后，利用训练好的模型对在线数据进行检测，完成损伤诊断。

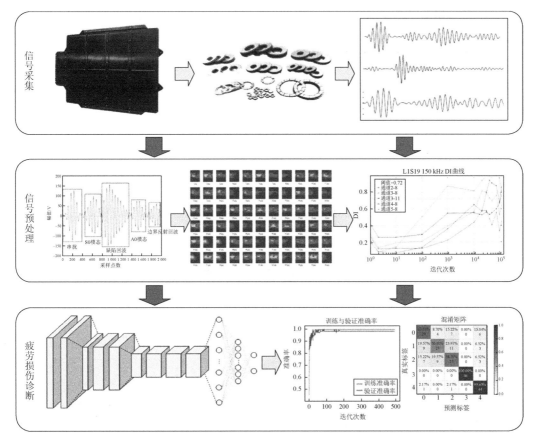

图 3.12　基于 CNN 的复合材料结构疲劳损伤诊断与定位流程

基于 CNN 的复合材料结构疲劳损伤诊断与定位方法以庞大的传感器数据为基础,不仅可以完成判断单个路径是否经过损伤区域,还可以定位损伤的区域,为后期维修提供了可靠的诊断结果,有效地提高结构损伤识别的智能化程度。

在工程场景的应用中,基于 CNN 的复合材料结构疲劳损伤诊断与定位算法在实现时,首先需要通过传感器、运算放大器和数据采集卡等硬件设备实时采集 Lamb 波数据并传输给服务器,其次通过深度学习框架和 MATLAB 在 Python、C++等环境下完成数据的处理与算法的设计,最后对数据采集、模型训练与校验、在线检测和用户交互等功能模块进行前后端交互设计,最终形成一个完整的结构在线损伤识别应用。碍于篇幅限制,这里仅对数据预处理、时频图绘制、模型构建、模型训练与校验、模型测试与评估进行阐述。

根据上述流程,需要算法实现的部分主要包含数据预处理和模型构建两部分。对于数据预处理部分,由于 Lamb 波的传播速度很快,需要很高的采样频率来满足数据采集的要求,这导致采集的信号量非常庞大。为了提高数据预处理的效率,缩短处理时间,选择在 MATLAB 中对信号进行预处理并绘制连续小波变换(continuous wavelet transform,CWT)时频图。而对于模型的构建、训练与校验,在 Python 环境中通过 TensorFlow 和 Keras 框架完成,并使用 GPU 加速训练。

采集的数据一般以结构体的形式保存为 mat 文件,包含激励信号、传感信号、激励电压、采样频率等关键信息,方便后续处理。对传感信号的预处理旨在去除干扰和提高信噪比,可以对信号进行简单分析后选定，这里采用的是幅值归一化和高斯平滑处理。预处理后的传感信号通过连续小波变换转换成时频图。MATLAB 在绘制时频图时会自动添加坐标轴和空白区域，这会对后续的模型处理增加难度，因此需要对图像进行分割，保留时频区域。

模型构建参照 AlexNet，修改部分层结构以适应 80×80 的时频图输入：将第一层卷积替换成 1×1 卷积以扩充数据，减少全连接层数量以减少数据计算量，使用批量归一化层代替 Dropout 层以缓解过拟合。此外，时频图数量较多，全部加载到内存中会导致内存溢出，算法无法运行。因此，这里一般需要定义两台发生器（generator）分批产生数据，同时对像素进行归一化处理加快收敛。训练过程中的准确率和损失函数被保存在历史（history）对象中，这里对两条曲线分别进行光滑处理并将输出作为最终结果。模型训练时首先生成 generator，然后定义损失函数和优化器，再对模型进行填充并开始训练。训练完成后，输出损失函数和准确率曲线，保存模型权重。

3.4　案　例　分　析

3.4.1　案例说明

复合材料是由多种不同性质的材料制备而成的一种新材料，它不仅拥有原材料的性能优势，而且获得超越单种原材料的综合性能。碳纤维增强聚合物（CFRP）是一种力学性能优异的新型复合材料。CFRP 原材料中的碳纤维是经过热处理制备的高性能无机纤维，兼具碳材料的原有性能和纺织纤维的易加工性能，是一种理想的增强纤维。相比其他的复合材料，CFRP 复合材料的比强度、比刚性、耐腐蚀、耐磨损及轻量化效果等具有更大的性能优势，符合船舶、航空等制造领域的严苛要求。目前，CFRP 复合材料被广泛地应用到航空飞行器、汽车、船舶等复杂系统中。

由于 CFRP 复合材料包含了各种性质不同的材料，CFRP 复合材料总体呈现较强的各向异性水平，加上制造工艺不同而引起的内部结构差异，在外部载荷作用下 CFRP 复合材料内部具有复杂的损伤破坏形式，难以用肉眼检测。据调查，CFRP 复合材料的内部破坏模式主要包括基体开裂、界面脱胶、分层、纤维断裂等，而这些损伤互相作用也会催生各种新的破坏模式。这导致 CFRP 复合材料的裂纹萌生、发展、失效及损伤积累等破坏规律远比传统的金属材料复杂。

当前，传统的损伤检测技术难以及时、准确地监测 CFRP 复合材料结构内部的损伤发展。这可能会导致 CFRP 复合材料毫无征兆地破坏失效，直接影响到复杂系统的可靠性与安全性。作为一种非破坏性监测技术，无损检测通过分析材料内部结构变化引起的热、声、光、电、磁等物理量变化，能够检测出复合材料的内部缺陷或异常。根据不同的物理现象划分，目前广泛地应用于复合材料的无损检测技术主要有红外热波检测、涡流检测、超声波检测、声发射检测和 X 射线检测。由于上述的无损检测技术存在诸多的不足与局限，无法满足 CFRP 复合材料无损检测方面日益迫切的需求。

Lamb 波作为超声导波的一种形式，是一种近年来快速发展的无损检测技术，主要针对大尺寸结构的低成本检测。相比常规无损检测技术，Lamb 波在传播中衰减很小，振动能够遍及整个结构，几秒钟就能简单地实现检测，且支持在线检测。斯坦福大学结构与复合材料实验室开展了 CFRP 复合材料加速寿命实验[48]，该实验通过施加不同的循环负载模拟试样的工作环境，实现了复合材料健康状态、损伤发展、完全损坏的全过程。该实验的目的是随着循环次数的增加，利用压电传感器定期采集试样中的 Lamb 波信号，作为 CFRP 复合材料结构疲劳损伤的研究数据。此外，实验还拍摄了复合材料在某些循环次数下的 X 射线图像，以此作为判断材料真实损伤程度的依据。

1. 复合材料结构加速寿命实验装置

实验装置采用的是由美特斯工业系统（中国）有限公司（MTS 公司）生产的 MTS 力学测试系统（图 3.13），可对不同形状和尺寸的高强度试样进行高精度、可靠的拉伸和压缩试验。测试系统集成了最新的 MTS 伺服液压技术、柔性材料与器件测试（FlexTest）控制系统、MTS 软件和丰富的附件，可配置各种静态和动态测试，包括疲劳寿命和断裂增长研究及张力、弯曲和压缩试验。实验正是利用 MTS 力学测试系统强大的环境模拟能力对 CFRP 复合材料结构进行了完整的加速寿命实验。

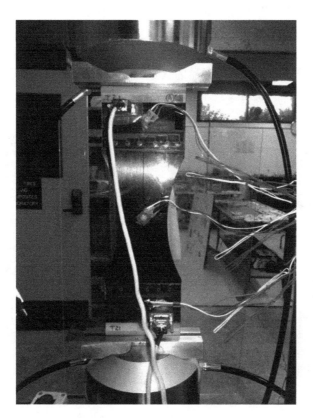

图 3.13　MTS 力学测试系统

2. 复合材料结构加速寿命实验过程

实验使用具有狗骨形状的 Torayca T700 G 单向碳预浸制材料，尺寸为 15.24 cm×25.4 cm，并在材料上开凹口（5.08 mm×19.3 mm）以诱导应力集中。为了反映夹板层片取向对实验结果的影响，这里选用了三种铺层（lay up）结构，即 L1：$[0_2/90_4]$、L2：$[0/90_2/45/-45/90]$ 和 L3：$[90_2/45/-45]_2$。

表 3.1 为试样的结构与命名。

表 3.1　试样的结构与命名

铺层类别	层结构	试样命名
L1	[0₂/90₄]	L1S11，L1S12，L1S18，L1S19
L2	[0/90₂/45/-45/90]	L2S11，L2S17，L2S18，L2S20
L3	[90₂/45/-45]₂	L3S11，L3S13，L3S18，L3S20

每个试样的表面都附有两组锆钛酸铅压电陶瓷传感器，每组传感器有 6 个，共 36 个传输通道，分布情况如图 3.14（a）所示。实验开始后，在 36 个路径上激励和接收结构中的 Lamb 波信号，激励传感器的激励频率为 150～450 kHz，间隔为 50 kHz，共 7 组，平均输入电压为 50 V，增益为 20 dB。这一激励频段可以有效地利用 Lamb 波两种模态的相速度差异，尽可能地区分这两种模态，削弱了各种高阶模态混杂对检测结果的影响。材料样本的加载条件包括 3 种：①装载并加载载荷；②装载但不加载载荷；③不装载，完全放松。在进行疲劳实验时，每 50 000 个循环停止疲劳循环测试，同时收集所有路径和频率下的锆钛酸铅压电陶瓷传感器数据，并使用染料渗透剂来辅助拍摄样品的 X 射线图像。图 3.14（b）展示了样本随循环次数增加而最终失效的过程，图 3.14（c）的 X 射线图像反映了真实发展过程。

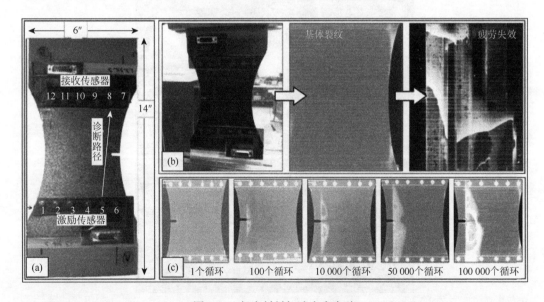

图 3.14　复合材料加速寿命实验

（a）复合材料样本，SMART Layers®位置及从激励传感器 5 到接收传感器 8 的诊断路径；（b）基体裂纹和分层的发展导致疲劳失效；（c）疲劳循环实验过程中分层区域的增长

3.4.2　数据集描述

实验获得的数据包括 mat 文件、csv 记录表格和 X 射线图像。

实验获取的 mat 文件格式如图 3.15 所示。Lamb 波信号数据以一维时间序列的形式保存在传感器数据中，是后续处理的主要数据。实验对 3 种铺层结构的 13 个试样采集了多组数据，最终获得了 1 495 组数据，包含 376 740 个接收信号，涵盖了多种加载状态下的监测数据，为复合材料结构疲劳损伤诊断技术的研究提供了丰富的实验数据。

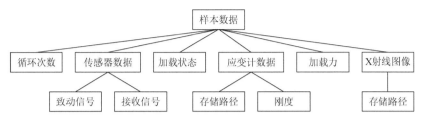

图 3.15　实验获取的 mat 文件格式

3.4.3　监测数据预处理

采集的 Lamb 波信号每组均为 2 000 个点组成的一维时序信号，采样频率为 1.2×10^6 Hz，采样时间为 1.7×10^3 s。研究表明，当 Lamb 波经过疲劳损伤区域时，由于复合材料内部结构和边界条件的影响，其信号会发生散射和能量衰减的变化。由图 3.16 可知，随着循环次数的增加，疲劳损伤逐渐发展，信号的第一波包为串扰，第二波包、第三波包和第四波包出现明显变化，表现大致为幅值减少且波峰右移。

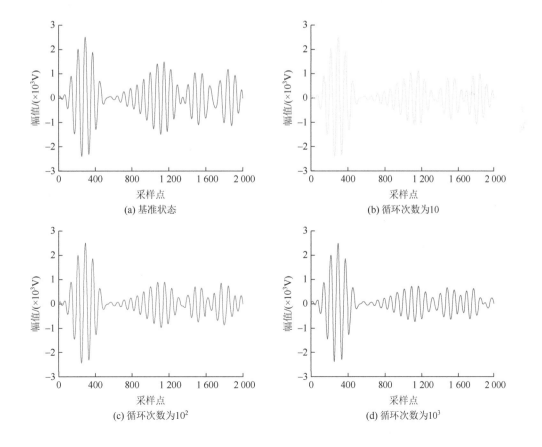

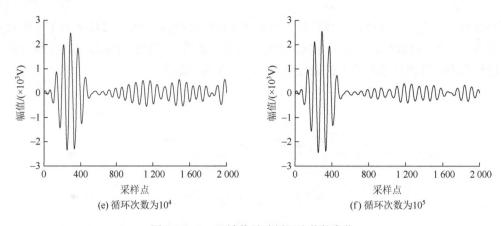

(e) 循环次数为10^4　　　　　　　　　　(f) 循环次数为10^5

图 3.16　Lamb 波信号随循环次数的变化

1. Lamb 波信号分析与筛选

根据现有的研究结果[49]，接收的 Lamb 波信号主要由以下几部分组成：串扰、S0 模态、缺陷回波、A0 模态和边界反射回波。

如图 3.17 所示，A0 和 S0 是两种基础模态，是最早出现的两种模态，随着频率的增大，高阶模态的 Lamb 波不断产生，对于 Lamb 波信号模态的纯净有很大的影响。因此，可以将激励的中心频率限制在截止频率以下，进而避免高阶模态的产生。如图 3.18 所示，随着频率增加，信号中的两个基础模态逐渐靠近，不利于分析。为此，在实验采用的 150～450 kHz 的 7 个频率中，最终确定采用最低的 150 kHz 频率下的信号。

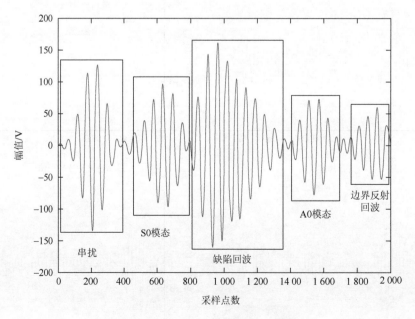

图 3.17　LS11 中 Lamb 波的组成部分

L1S11，200 kHz，通道 5～9，循环次数 = 100 000

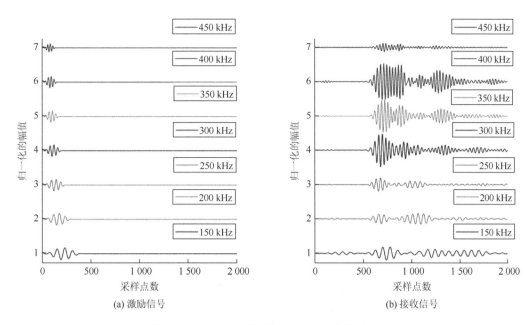

(a) 激励信号　　　　　　　　　　　　(b) 接收信号

图 3.18　L1S11 中不同频率的 Lamb 波信号对比

2. 幅值归一化

从实验数据可以发现：虽然各组传感器在测量时的平均电压为 50V，但是部分数据的电压会出现差异。电压上的差异会直接导致信号的幅值产生变化，进而使得在分析信号的特征指标时，同一状态的信号特征出现较大的差异，并最终影响分析结果。

从图 3.19 可以看出，由于激励电压的不同，基准状态下的两组信号波形相同，但幅值差异明显。为了消除激励电压的影响，对每组信号都进行了如下处理：

$$s' = \frac{s}{\mathrm{Amp}} \tag{3.4}$$

式中：s 为原始信号序列；Amp 为激励电压；s' 为处理后的信号。

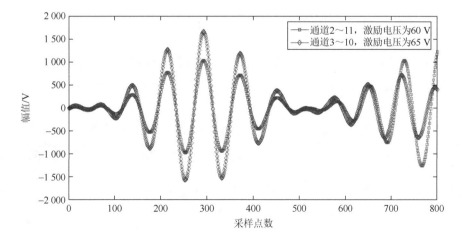

图 3.19　激励电压对信号的影响

3.4.4　时频图转换与自动标签

　　小波变换是一种积分变换，可以通过改变尺度因子对信号进行多尺度分析，并通过改变平移因子获得不同时刻的小波系数，能有效地刻画信号的时频特征变化。实验选取 cmor3-3 小波，对所有试样中处于状态 1（夹紧并加载）的信号绘制了 CWT 图。

　　图 3.20 展示了试样 L2S17 中通道 4~8 在 150 kHz 频段下的时频特征变化情况。从图 3.20 中直观地看出，循环次数的增加导致信号中频率成分随时间变化的趋势出现改变，且信号的总能量也在衰减，这与材料损伤发展的真实情况吻合。为了避免绘图格式变化给图像带来的影响，后续处理中将所有图像的大小、色标范围、显示频段都做了统一的规定（图 3.21）。

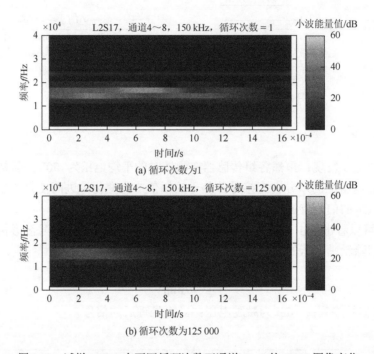

(a) 循环次数为1

(b) 循环次数为125 000

图 3.20　试样 L2S17 在不同循环次数下通道 4~8 的 CWT 图像变化

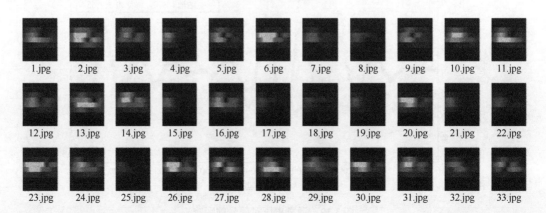

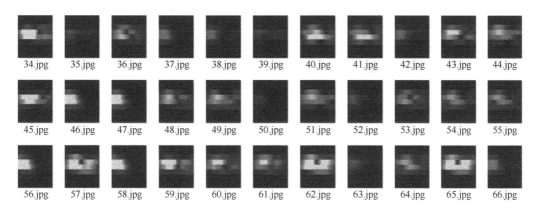

图 3.21　最终获得的 CWT 图像

此外，由于实验采集的数据量十分庞大，要想给所有数据都打上标签，不仅需要耗费大量的人工时间，而且会因为目测的差异导致标签有误，影响神经网络的训练。图 3.22 是试样 L1S11 在不同循环次数下采集的 X 射线图，图中的白色阴影区域表示检测到的分层损伤区域。可以看出，损伤区域总体上随着循环次数的增加而扩展，但当循环次数为 2×10^4 时，损伤区域缩小。造成这一情况的可能原因是渗透剂填充在分层区域，导致拍摄图像出现偏差，而这会对标注产生干扰。因此，提出利用损伤指数来自动打标签，可大幅度地缩短人工时间，并统一给出标签的标准，提高准确率。

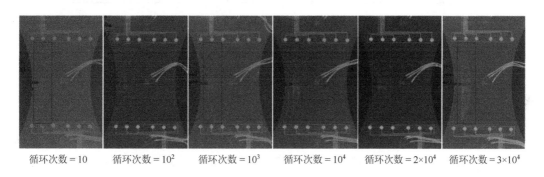

循环次数 = 10　　循环次数 = 10^2　　循环次数 = 10^3　　循环次数 = 10^4　　循环次数 = 2×10^4　　循环次数 = 3×10^4

图 3.22　试样 L1S11 在不同循环次数下采集的 X 射线图像

Bai 等[50]基于典型的相关分析，提出了路径 Lamb 波信号的损伤指数（damage index，DI），用于衡量通道路径附近的损伤情况。基于相关系数的 DI 可以定义为

$$\text{DI} = 1 - \text{Corr}^2 \tag{3.5}$$

式中：Corr 是健康信号和监测信号之间的相关系数。

假设试样中某条路径在基准状态下采集的信号 $B = B_1, B_2, \cdots, B_n$，损伤状态下采集的信号 $D = D_1, D_2, \cdots, D_n$，其中下标 n 表示一维时序信号中的第 n 个点。定义健康信号和监测信号间的 Corr 为

$$\text{Corr} = \sum_n (B_n - \bar{B})(D_n - \bar{D}) \sqrt{\sum_n (B_n - \bar{B})^2 \sum_n (D_n - \bar{D})^2} \tag{3.6}$$

式中：$\bar{B}$ 和 $\bar{D}$ 分别为健康信号和监测信号的平均值。

对于某一条路径而言，随着循环次数的增加，损伤逐渐发展，传感器接收的信号和基准信号之间的相关性会逐渐降低，而反映信号相关程度的 DI 可以衡量路径所在试样的损伤程度。DI 值越大，监测信号较健康信号的改变越大，表示相关区域的损伤发展水平越高。

图 3.23 列出了 L1S19 试样中部分通道的 DI 值随循环次数的变化曲线。从 DI 曲线可以得出，DI 值会随着实验循环次数的增加而增长，但在部分通道的循环后期，DI 值会出现波动，如通道 4～8；这容易导致当仅凭是否超过阈值来判断损伤状态时，将更高循环次数的数据误判为健康状态。为了防止这一情况发生，本节定义：当 DI 值第一次到达阈值（DI≥0.72）时，其与之后循环次数的数据均被视为损伤状态。这一判断标准与 X 射线图像反映的真实情况基本一致。

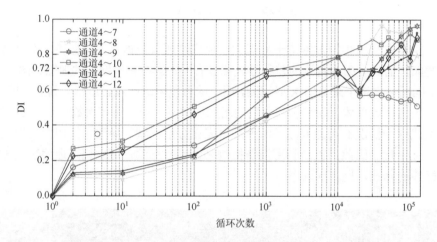

图 3.23　L1S19 在 150 kHz 频率下，部分通道的 DI 曲线变化

3.4.5　模型训练与评估

由于本节在对原始数据处理后进行的是一个二分类问题，所以对网络深度的要求不高，这里采用具有四个卷积层的网络结构，模型输出层将 Sigmoid 函数作为激活函数，卷积层将 ReLU 函数作为激活函数。

本节根据模型训练效果，不断地调整网络超参数，最终确定的网络结构如图 3.24 所示，网络具体参数如表 3.2 所示。其中，卷积层用 Conv 表示，池化层用 Pooling 表示，全连接层用 FC 表示。

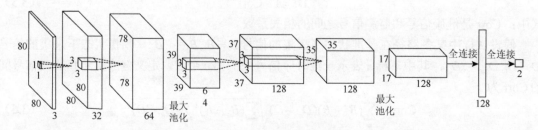

图 3.24　CNN 结构示意图

表 3.2　构建 CNN 网络结构

层名称	输入尺寸	核尺寸	步幅	卷积层的卷积核数量	参数量
Conv_1	$(227, 227, 3)$	$(11, 11)$	$(5, 5)$	16	5 824
Pooling_1	$(44, 44, 16)$	$(3, 3)$	$(2, 2)$		0
Conv_2	$(21, 21, 16)$	$(5, 5)$	$(2, 2)$	32	12 832
Pooling_2	$(9, 9, 32)$	$(3, 3)$	$(2, 2)$		0
Conv_3	$(4, 4, 32)$	$(3, 3)$	$(1, 1)$	96	27 744
Conv_4	$(4, 4, 96)$	$(3, 3)$	$(1, 1)$	128	110 720
FC_1	2048			256	524 544
FC_2	256			2	514
总的可训练参数					682 178

首先使用同一个模型对 7 个频率的信号进行 10 次训练,其测试结果如图 3.25 所示。从中可以看出,150 kHz 的准确率的均值最高且方差最小,而随着频率增加,模型的准确率出现明显波动且平均准确率大幅下降。这一结果验证了频率选取的合理性。

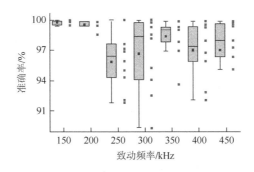

图 3.25　各频率信号的测试准确率

确定最佳的激励频率后,对所有的试样数据逐一训练并测试。由于 L3 的 L3S14 未提供可供处理的原始声波信号数据,这里对全部 13 个试样中的 12 个进行了处理。训练时将数据集按 7∶1∶2 的比例划分成训练集、验证集与测试集,在不断调整学习率等超参数后,12 个模型在训练 200 次后达到收敛,准确率趋于稳定。

每组数据同样重复 10 次,各组试样的测试准确率如图 3.26 所示,各实验样本的训练结果如表 3.3。由表 3.3 可知:该方法在每个样品上的测试准确率均超过 90%,其中,L1S11 和 L1S12 的测试性能最佳,结果最稳定,分别达到了 99.17% 和 99.28%。在 L2S18、L2S20 和 L3S18 上进行测试时,模型测试精度显著下降,并出现大范围的波动。造成模型性能差异的原因有很多:首先,试样 L2S17 提供的数据比其他样本少得多,这使得模型学习到的故障特征泛化性不足,容易陷入过拟合。其次,根据实验的载荷记录,试样 L2S18 在加速寿命实验的后期出现传感器故障,导致其在 9×10^5 个周期后无法获取信号数据。根据实验技术报告的描述,该 MTS 装置在对试样两端进行夹紧时会产生应力集中,这会加速附近锆钛酸铅压电陶瓷元件的疲劳失效,进而影响信号采集并干扰实验结果。最后,根据试样 L3S18 的加载记录,在拍摄 X 射线图像时观察到着色渗透剂的浸染不均匀,导致在 2×10^5 次循环后基线信号产生干扰,使得部分信号的 DI 不准确,生成了错误的数据标签。

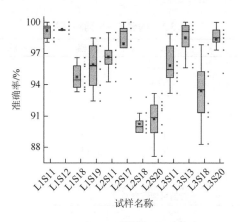

图 3.26   各组试样的测试准确率

表 3.3   各实验样本的训练结果

项目	L1				L2				L3			
	S11	S12	S18	S19	S11	S17	S18	S20	S11	S13	S18	S20
准确率/%	99.17	99.28	94.73	95.91	96.63	97.94	90.26	90.69	95.83	98.52	93.42	98.33

3.4.6   损伤定位结果与讨论

　　故障诊断模型训练好之后，将不同路径采集的 Lamb 波信号输入其中处理，获取诊断结果。基于路径的诊断结果，本节根据传感器阵列的拓扑结构，提出一种损伤定位方法，示意图如图 3.27 所示。由于在诊断时的标签依据是路径是否通过损伤区域，这里利用路径间的交点组成一个多边形轮廓，以此获取损伤区域的位置，见图 3.27（a）。根据这一规则，图 3.27（b）为该方法理论上的全部定位区域，主要集中在试样的中间，可有效地覆盖早期损伤的位置。

　　按照上面提出的定位方法，这里规定：1 表示该路径穿过损伤区域，0 表示该路径中没有损伤区域。然后将试样 L1S11 与 L1S12 的诊断结果和标签信息标注在 X 射线图像上，如图 3.28 所示。

　　从图 3.28 中可以看出，定位结果与真实损伤区域的重叠度较高，可以快速地定位损伤区域。此外，定位的结果十分依赖于路径的诊断结果，尤其是处在损伤区域边缘的路径，它们很大程度上决定了定位结果的最终形状。而本节提出的损伤诊断模型具有很高的诊断精度，可以有效地避免误判的发生。

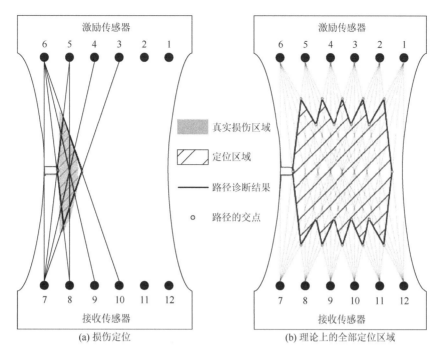

图 3.27　损伤定位方法示意图

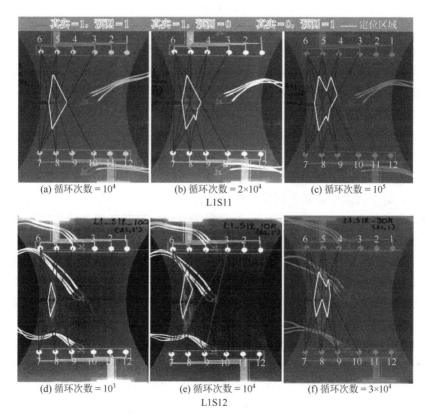

图 3.28　各组试样的定位结果

第4章 基于区域卷积神经网络的健康状态评估

本章详细阐述区域卷积神经网络（region-based CNN，R-CNN）及其扩展，并以 Faster R-CNN 模型为核心，提出基于更快速区域卷积神经网络的健康状态评估方法。该方法考虑应用场景特点，在数据标注、网络构建和模型评估等方面进行分析与改进，可以满足应用需求。为了验证该方法的可行性，开展金属板自然老化试验，并对实验数据的处理进行详细描述与分析。

4.1 问 题 描 述

健康状态主要用于表征系统（设备）执行设计功能的能力，可以分为正常、退化、恶化和故障等四个等级。当设备处于正常状态时，设备能够在未来一段时间稳定运行，且不需要任何维护；当设备处于退化或恶化状态时，设备管理员需要高度关注，适时开展预防性维护；当设备处于故障状态时，需要停机维修。健康度是衡量设备处于不同健康状态的定量指标。

为了发现设备健康状态变化趋势，需要开展设备健康状态评估。它一般是通过分析监测数据来完成的，若监测数据偏离标准值的程度越大，则表明其健康状态越差。因此，设备健康状态在一定程度上表现为监测数据偏离标准数据的程度。目前，健康状态评估研究主要分成两类，具体如下所示。

（1）两状态评估，即正常状态或故障状态。评定设备是否处于故障状态的最简单策略是基于管理人员的经验知识，对部分重要参数或退化特征设定阈值；当参数超过阈值时，将设备的健康状态判定为故障状态。这种方法虽然简单方便，但是严重依赖运维人员的经验知识，主观因素较大，故不适用于设备健康状态的实时评估。

（2）多状态评估。由于故障模式或运行条件的变化，设备在发生故障前的退化趋势并不唯一，所以应根据设备不同的退化趋势，将非健康状态进一步划分为不同的状态。传统的方法主要基于特征工程，即从数据中提取退化特征，利用统计学方法进行特征筛选与融合，并获取设备的健康状态。基于特征工程的方法能从监测数据中找到或构建可靠的退化特征，虽然对当前场景的健康状态评估效果很好，但是对不同场景的泛化性不足，一旦场景发生变化就需要重复这一过程，十分烦琐。

随着传感器技术的发展，监测数据的种类与数量不断提升，为数据驱动方法的发展提供了基础，越来越多的智能算法被应用到设备健康状态评估中。其中，以 CNN 为代表的深度学习方法，在航空发动机[51]、风力涡轮机轴承[52]等对象的健康状态评估中取得了良好的应用效果，证明了其实用价值。其中的 R-CNN 是一种基于目标区域建议，使用 CNN 自动提取图像特征，通过分类器和回归器对图像目标进行检测的算法，引领两阶段（two-stage）目标检测技术的发展。在对设备表面进行检测时，R-CNN 系列算法凭借其强大的检测能力，可以快速、准确地识别腐蚀、破损等损伤区域，为后续的评估过程提供定量标准，促进了设备健康状态评估流程的智能化与标准化。

4.2　区域卷积神经网络模型及其扩展

4.2.1　R-CNN

2014 年，加利福尼亚大学伯克利分校的 Girshick 等[53]将 CNN、区域建议策略和回归模型进行融合，提出了 R-CNN，并应用于目标检测领域，显著地改善了目标检测效果。不同于传统的可变形组件模型（deformable part model，DPM）与滑动窗口方法，R-CNN 抛弃了设计手工特征＋分类器的思想，通过预先提取一系列可能是物体的候选区域，使用 CNN 对候选区域进行自动提取特征，并用分类器对候选区域进行分类。R-CNN 是将深度学习应用于目标检测的开山之作，彻底改变了传统的目标检测思路[54]。

R-CNN 算法的基本流程如下所示。

（1）生成候选区域：采用选择性搜索方法，在一张图上生成 1 000～2 000 个候选区域。

（2）特征提取：对于每个候选区域，使用预训练的 CNN 自动提取特征。

（3）类别判断：将提取的特征输入到每一类对应的 SVM 分类器，判断是否属于该类。

（4）位置精修：使用回归器修正候选区域的位置。

由此可见，R-CNN 将目标检测任务转换成一个图像分类加坐标回归问题。这一方面使得所有类别的分类器共享相同的特征输入；另一方面也降低了深度特征的维度，从而使得目标检测的精度和速度都得到显著的提升。然而，由于候选区域不可避免地存在重复，CNN 在多个建议区域内进行特征提取时存在非常多的重复计算，导致 R-CNN 模型存在严重的速度瓶颈。此外，R-CNN 使用三个不同的模型来分别处理特征提取、对象识别和位置微调任务，需要大量的磁盘空间来存储中间数据，无法满足端到端的部署要求。

4.2.2　Fast R-CNN

针对 R-CNN 存在的上述问题，Li 等[55]提出了一种改进的 R-CNN，即 Fast R-CNN。其基本思想是每张图片只运行一次 CNN，在生成的特征图中提取 2 000 个建议区域，并用全连接层对这些区域进行分类与回归。考虑到候选区域的多尺度无法满足全连接层的输入要求，必须将其映射到统一尺度，而传统的裁剪与拉伸操作又会扭曲原始的图像特征，Fast R-CNN 在建议区域与全连接层之间引入空间金字塔池化（spatial pyramid pooling，SPP）的思想，设计出单层 SPP 网络结构，即感兴趣区域（region of interest，ROI）池化层。

Fast R-CNN 算法的基本流程如下所示。

（1）将图像输入到 CNN 中，提取出特征图，并使用选择性搜索方法生成感兴趣区域。

（2）在感兴趣区域上，应用 ROI 池化层，将其调整至统一尺寸，并输出到全连接层。

（3）并行使用 S 型函数（如 Softmax 函数）分类器与回归器进行对象识别与位置微调，输出预测种类与边界坐标。

　　由此可见，Fast R-CNN 使用一个模型完成了特征提取、分类与回归任务，实现了端到端训练，不需要额外的磁盘空间来存储中间数据。此外，Fast R-CNN 证明了分类与回归在一个网络中的联合训练可以有效地相互促进，使得网络在训练中提高了鲁棒性，效果更好。然而，Fast R-CNN 仍然存在诸多的问题。例如，Fast R-CNN 仍然使用选择性搜索作为查找感兴趣区域的提议方法，这是一个缓慢且耗时的过程，影响了模型的实时检测能力。

4.2.3　Faster R-CNN

　　如图 4.1 所示，Faster R-CNN 包括输入层、隐藏层和输出层。其中，隐藏层可以分成卷积层模块、区域建议网络（region proposal networks，RPN）模块、ROI 池化模块、分类与回归（classification and regression）模块。

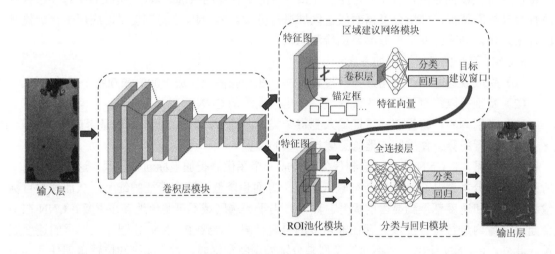

图 4.1　Faster R-CNN 的拓扑结构

1. 卷积层模块

　　卷积层模块是由 CNN 的卷积层和最大池化层叠加组成的，通过多层卷积操作从输入层的图像中提取特征图，这些特征图将共享给后续的 RPN 模块和 ROI 池化模块。需要指出的是，提取的特征图与原始的图像需要保持一定的整数比，以确保两者对应起来。为此，在图像边缘进行零填充操作，并将卷积核的大小固定为 3×3，步长固定为 1。以 VGG-16 为例，参考上述设置，尺寸 $M×N$ 的输入图像在通过卷积层模块后会得到（$M/16$）×（$N/16$）的特征图，这样可以使得预测框返回正确的坐标。在满足数据尺寸要求的情况下，Faster R-CNN 可以使用不同的 CNN 结构来匹配当前场景的需求，并通过对预训练网络进行微调的方式来缩短模型的训练时间，加快算法的部署速度。

2. 区域建议网络模块

　　提取的特征图在输入 RPN 模块后，会产生一系列大小不同的区域建议（region proposals）窗口，用于区分图像中的前景（foreground）或背景（background）区域。首先，RPN 模块遍历特征图上的所有像素点，并为每个点生成 9 个矩形锚定框（anchor box），作为初始检测框，这些锚定框的纵横比和大小由两组预设参数确定。为了评估锚定框与实际标注框（ground truth box）之间的重叠程度，这里将交并比（intersection over union，IOU）作为评价指标[56]。若锚定框的 IOU 值大于 0.7，则将其标记为正，即为前景；若锚定框的 IOU 值小于 0.3，则将其标记为负，即为背景。由于定位对象时锚定框的准确度不足（相较于后续模块），所以需要训练另一分支来对锚定框进行回归修正，形成较为精准的建议框，同时删除太小或超出边界的提案。在此模块中，模型已完成目标检测的初步功能。在这一步中，会产生一组分类损失函数和回归损失函数。

3. ROI 池化模块

按照 RPN 模块输出的建议框，ROI 池化层在卷积层模块输出的特征图中提取对应的区域，输入后续的分类与回归模块。由于 RPN 模块输出的建议框尺寸不同，而后续网络结构中又存在全连接层，全连接层的参数和输入图像大小有关，需要指定输入层神经元个数和输出层神经元个数，所以需要将提取的不同区域转换到固定尺寸，保证模型的顺利运行。传统的裁剪操作会破坏图像的完整结构，而图像仿射变换虽然保证直线之间的位置关系保持不变，但是也会破坏图像的原始状态信息。而 ROI 池化模块实际上是空间金字塔池化网络（spatial pyramid pooling network，SPP-Net）的一个精简结构，在多尺度特征图中提取出固定大小的特征向量，是一种非常有效的多分辨策略，目标形变结果具有很强的鲁棒性。

4. 分类与回归模块

固定大小的特征向量被输入分类与回归模块中，一个分支用于训练 Softmax 分类器以判断目标的类别，另一个分支用于训练回归器以修正预测框的坐标，进一步提高检测精度。在这一步中，将预测结果与实际标签进行比对，可以得到另一组分类损失函数与回归损失函数。

通过巧妙的结构设计，Faster R-CNN 模型将 Fast R-CNN 模型与 RPN 模块有效地结合起来，在不明显降低准确率的同时实现了便捷的检测，避免了区域建议阶段比实际对象检测还慢的尴尬场景。

为了训练一个共享卷积层的多任务网络模型，需要设计一种合理的权重更新策略，使各自卷积层内的卷积核朝着相同的方向改变，并使联合损失函数得到有效下降。为了实现上述目标，Faster R-CNN 采用了一种四步交替训练（4-step alternating training）的方法。具体过程如图 4.2 所示。

（1）使用在大型数据集上训练好的 CNN 模型对 RPN 模块进行初始化，独立训练出一个RPN1。

（2）使用在大型数据集上训练好的 CNN 模型对 Fast R-CNN 进行初始化，并将上一步得到的 RPN1 输出的区域提议作为输入，训练一个 Fast R-CNN。

（3）使用生成的 Fast R-CNN 的网络参数初始化一个新的 RPN 模块，将共享卷积层的权重的学习率设置为 0，也就是不更新，只更新 RPN2 特有的网络层。

（4）依然固定共享卷积层的参数，将 Fast R-CNN 的特有结构加入进来形成一个统一模型，通过训练微调 Fast R-CNN 特有结构的权重。此时，网络内部在提出区域建议的同时，也实现了最终的检测功能，达成了设定目标。

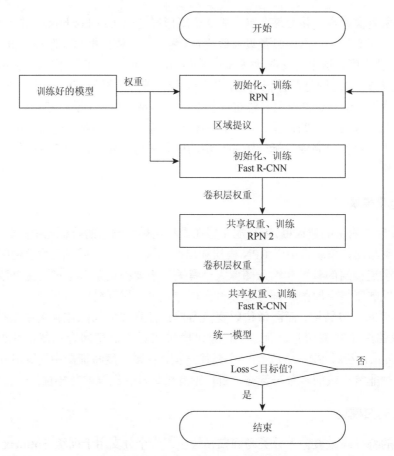

图 4.2　Faster R-CNN 的训练过程

　　Faster R-CNN 在 R-CNN 的基础上历经多次改进，兼顾检测的精度与速度，成为两阶段目标检测算法的代表。在计算资源允许的情况下，Faster R-CNN 模型可以完成对视频数据的实时检测。

4.3　基于 Faster R-CNN 的健康状态评估方法

4.3.1　基于 Faster R-CNN 的健康状态评估流程

　　设备在腐蚀性环境中长期服役时，其金属表面会逐渐发生腐蚀而遭受破坏，最终影响设备的安全运行。根据国际标准 ISO 12944-2：2007 中定义的"大气腐蚀性分类和典型环境案例"，腐蚀性级别从"很低"到"极端"可以分为 C1、C2、C3、C4、C5 和 CX 6 个级别[57, 58]。其中，在温性气候下的典型环境中，设备所处的各类工厂环境的腐蚀性等级集中在 C3（中）～CX（极端）。在此环境下，设备对金属外表的防护要求远高于日常环境中的其他设备，因此实施腐蚀检测和评级对维护设备的健康非常重要。可靠的腐蚀监测技术可以让设备运维人员掌握腐蚀的发展趋势，采取有效的防腐措施，修复设备外表的防护能力，将潜在的经济损失降到最低。此外，腐蚀监测技术能评估和检验腐蚀控制与防护技术的效能，为制定和调整防腐方案提供科学依据。

传统的腐蚀检测方法主要有机械法、无损检测法及电化学法。随着现代检测技术的不断发展，各种新型的检测技术在腐蚀检测领域中的应用越来越广泛[59]。其中：机械法主要包括表观检查法、挂片法和警戒孔监视法等；无损检测法以超声、射线、磁粉、渗透、涡流这五大常规检测方法为主，还包括声发射、激光全息、红外、磁阻探头、光纤腐蚀传感技术和拉曼光谱等新技术；电化学法包括与电化学有关的探针技术、场图像技术（电指纹法）、电化学阻抗谱技术和电化学噪声技术等。尽管这些检测技术从不同角度揭示了金属中的腐蚀发展，但是受限于各自方法的特点，对监测信号处理、传感器安装位置、金属基材特性等有一定的要求，无法直观、便捷地评估设备表面的腐蚀状态。

随着深度学习的飞速发展及其在机器视觉领域的应用，特定场景下对感兴趣对象进行目标检测引起了人们的广泛关注。通过网络摄像头，设备运维人员可以实时采集设备表面图像；目标检测算法对采集的图像进行识别，评定设备健康状态等级，给出设备维修保障建议。

作为一种目标检测的最新代表算法，Faster R-CNN 被应用于设备健康状态评估，具体过程如图 4.3 所示，包括图像采集、数据标注、模型训练与校验、健康状态评估等阶段。

（1）图像采集。利用摄像头实时采集设备表面图像。Faster R-CNN 需要足够多的图像数据，以保证模型获得正常的目标检测能力。这些图像数据既可以来自摄像机拍摄的画面，也可以是网络摄像头远程录制的视频，这极大地降低了数据的采集成本。

（2）数据标注。对采集图像的腐蚀区域进行标注，将腐蚀区域的类别与范围记录在标签文件中。为了适应不同环境的表面防护要求，不同设备会采用不同的金属基材与表面处理工艺，这就导致腐蚀在不同设备表面上的发展方式各不相同。按照《金属基体上金属和其他无机覆盖层经腐蚀试验后的试样和试件的评级》（GB/T 6461—2002）中的归纳，金属覆盖层破坏类型的分类包括：覆盖层发暗与斑点、覆盖层的腐蚀产物、表面点蚀、剥落、鼓泡、开裂、鸡爪状缺陷等[60]。因此，为了提高模型对不同腐蚀类别的识别能力，有必要按照上述分类进行标注，并保证每个类别拥有足够多的训练数据。

（3）模型训练与校验。依据应用场景需求，构建合理的 Faster R-CNN 模型。由于 Faster R-CNN 依赖卷积神经网络来提取输入图像中的腐蚀特征，可以根据数据集规模、计算资源大小和部署设备要求等选择合适的特征提取网络，并使用预训练的权重来加速训练过程。常用的特征提取网络包括在 ILSVRC 中超大数据集上训练的 VGG-16、ResNet-50、GoogleNet 和 ZFNet 等，以及更加快速、小巧的面向移动视觉应用的高效卷积神经网络（efficient convolutional neural networks for mobile vision applications，MobileNet）。

（4）健康状态评估。利用训练好的模型在线检测设备表面的腐蚀区域，评估设备的健康状态。在《金属基体上金属和其他无机覆盖层经腐蚀试验后的试样和试件的评级》（GB/T 6461—2002）中，规定从两方面对覆盖层的耐腐蚀性进行评级：一方面，覆盖层保护基体免遭腐蚀破坏的能力，对应保护评级（protecting rating，R_P）；另一方面，覆盖层保持其完整性和保持满意外观的能力，对应外观评级（appearance rating，R_A）。当模型自动标注出设备表面的腐蚀区域时，可以根据检测结果自动计算出腐蚀区域占整个面积的比例，而这正是上述两种评级方法给出评估等级的主要依据。

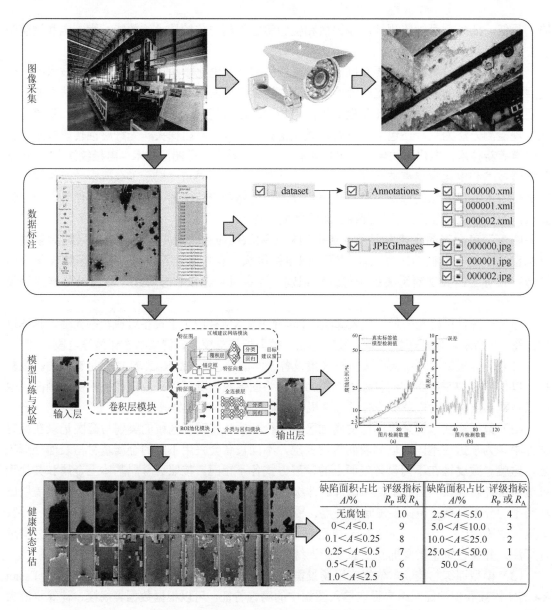

图 4.3　基于 Faster R-CNN 的健康状态评估流程

　　基于 Faster R-CNN 的健康状态评估方法以庞大的视频监控数据为基础，不仅可以完成对设备表面健康状态的评估，还可以在计算资源允许的情况下通过网络摄像头，实现远程的实时评估，有效地提高设备状态监测的智能化程度。

4.3.2　基于 Keras 的健康状态评估算法实现

　　根据上述流程，Faster R-CNN 可在训练过程中对各模块的参数进行更新，具体可以通过 TensorFlow、Keras、PyTorch 等深度学习框架来实现。在模型的训练阶段，为了保证有足够的数据量以避免过拟合，可以采用翻转、平移等数据增强方法来扩充数据集，同时学习率衰减机制可以避免训练后期损失函数发生振荡，获得校验效果更好的模型。

作为深度学习方法在工程场景中应用的实例，基于 Faster R-CNN 的健康状态评估算法在实现时，首先通过网络摄像头实现图像数据的实时采集与传输，其次借助 TensorFlow、Keras、PyTorch 等深度学习框架在 Python、C++等环境下完成算法的设计，然后对数据采集、模型训练与校验、在线检测和用户交互等功能模块进行前后端交互设计，最后形成一个完整的在线健康状态评估应用，达到实际应用效果。碍于篇幅限制，这里仅对 Faster R-CNN 模型在 Keras 框架下的实现过程进行阐述，涵盖模型构建、模型训练与校验、模型测试与评估。

1. 模型构建

由于模型的结构庞大，采用函数与类的方式分别定义 Faster R-CNN 的四个模块，然后在主函数中完成对四个模块的组装。值得注意的是，由于 Faster R-CNN 采用两步阶段目标检测，会产生四个损失函数，即 RPN 分类损失、RPN 回归损失、最终分类损失、最终回归损失。为此，使用了两个不同的优化器 optimizer、optimizer_classifier 分别对 Faster R-CNN 进行权重更新。此外，对于组装后的模型，采用随机梯度下降（stochastic gradient descent，SGD）优化器单独进行优化，以保证两个子网络之间实现相互促进。

2. 模型训练与校验

当模型训练时，采用四步交替训练法分别对 RPN 和 Fast R-CNN 的权重进行更新。因此，模型训练过程是一个多目标优化问题。在理想状态下，训练过程的目标是找到一组权重使得四个损失函数都能达到最小值，但是，由于各个损失函数之间相互制约，这种绝对最优解是几乎不可能实现的。为了解决这一问题，这里对多个损失函数采用加权累和处理，生成一个总的损失值 curr_loss，将多目标优化问题转变成单目标优化问题。

与其他神经网络模型的训练过程类似，使用随机梯度下降算法进行权重更新。由于加权求和方式只能逼近帕累托前沿（Pareto front）面为凸集的情况，而神经网络优化的帕累托前沿面一般为非凸集，所以这种方式只是对原多目标优化问题的近似等价。要想获得模型权重的非劣解，即帕累托最优解，还需要引进多目标优化的思想，设计其他的优化器，这里不过多赘述。

由于总损失值 curr_loss 在训练过程中不是单调下降的，只在总损失值 curr_loss 下降时才保存模型的权重，以避免非最优模型在训练过程中占用过多的磁盘空间。

3. 模型测试与评估

训练好的模型在测试集上进行测试，并计算模型的评价指标。由于模型固定了图像的输入尺度，不同的图片在输入前需要进行伸缩变换，并记录缩放比例，以还原预测结果。在 RPN 生成的 300 个区域建议中，需要剔除置信度低于 0.5 及重合度小于 0.5 的部分，剩下的部分按照类别生成最终的检测框。当计算评价指标时，需要读取 xml 文件中的标签信息，并转换成不同类别与对应框的坐标，然后利用 modified_roi 对单张图片的检测效果进行评估。根据评估结果，可以绘制查全率曲线（precision recall curve，PRC），曲线下的积分面积就是评价指标平均精度（average precision，AP）。

4.4　案例分析

4.4.1　案例说明

为了验证 Faster R-CNN 在健康状态评估中的有效性，开展了金属板自然老化试验。将不同材质的金属板暴露于各种试验环境，观察金属板腐蚀发展过程，使用 Faster R-CNN 并结合国家标准对金属板健康状态进行评估。

本节将一批金属板放置在不同环境中进行 36 个月的自然老化试验。试验条件如表 4.1 所示。试验样品是由常用的几种金属基材制成的，其表面覆盖无机涂层或经过电化学防腐操作，在腐蚀性环境下具有一定的防护能力。所有的试验样品都被加工成相同的尺寸，放置在户外和棚下进行自然老化试验。

表 4.1　试验条件

试验设置	说明
样品基材	LY12 铝，LF6 M 铝，20#钢，Q195 钢，A3 钢，08AL 钢，玻璃钢
表面工艺	无机涂层、阳极氧化、电镀
试验环境	海边户外、海边棚下
试验时间	0～36 个月
样品形状	穿孔矩形板、穿孔弯曲板

4.4.2　数据集描述

随着时间流逝，试验样品表面的涂层逐渐受到损坏，导致金属基材直接暴露在腐蚀性环境下，最终因腐蚀损伤而失效。图 4.4 所示的是 20#钢和无机涂层组成试样暴露在户外环境中 0～36 个月的图像。由图 4.4 可知，由于涂层的保护，试验样品的表面在试验早期没有遭受

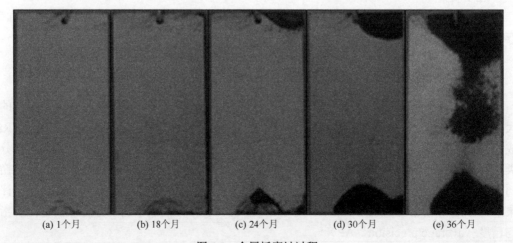

(a) 1个月　　　　(b) 18个月　　　　(c) 24个月　　　　(d) 30个月　　　　(e) 36个月

图 4.4　金属板腐蚀过程

明显的腐蚀破坏。不过，一旦涂层被腐蚀环境破坏，对部分区域的防护能力下降时，试验样品开始在基材上产生腐蚀点并迅速发展，最终形成了大规模的腐蚀区域，导致金属板的防护能力完全丧失。因此，需要尽早检测出在试件上产生的腐蚀区域，并对试件健康状况进行评估。

4.4.3　模型评价指标

最常用的目标检测评价指标是平均精度均值（mean average precision，mAP）。它的取值范围为[0, 1]；若 mAP 越大，则表明模型预测的腐蚀区域与真实的腐蚀区域重合度越高，预测效果越好。mAP 可以利用查准率（precision ratio）与查全率来有效地评估模型的物体分类和定位性能，在大多数情况下是一种非常客观的模型评价指标。在此案例中，模型的首要任务是尽早地、完整地检测出金属板样品表面的腐蚀区域，以保证在进行健康评估时存在足够的冗余量，避免发生漏判的情况。因此，需要对模型的评价指标 mAP 进行一定的改进，以适应案例需求。

本小节从评估目标检测模型的最基本概念 ROI 开始分析，其示意图如图 4.5 所示。

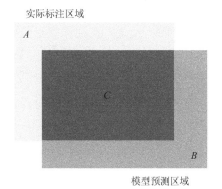

图 4.5　ROI 示意图

图 4.5 中用浅灰色表示实际标注区域（ground truth）A，用中灰色表示模型预测区域（detection result）B，两者重合的区域 C 用深灰色表示。根据定义，ROI 可以表示为

$$\text{ROI} = \frac{C}{A+B-C} \tag{4.1}$$

式中：ROI 的取值为[0, 1]。当 ROI 增大时，模型预测区域与实际标注区域的重合度上升，预测效果更好。然而，为了准确地计算腐蚀区域的占比以保证健康评级的可靠性，此案例允许模型预测区域出现重合以尽量地覆盖全部的腐蚀区域，为检测提供一定的容错率。但是这样会导致 ROI 大幅降低，无法有效地评价检测效果，因此对 ROI 进行了适当的修改，即

$$\text{Acc}_1 = \frac{C}{A} \tag{4.2}$$

$$\text{Acc}_2 = \frac{C}{B} \tag{4.3}$$

$$\text{Modified\_ROI} = \alpha \cdot \text{Acc}_1 + (1-\alpha) \cdot \text{Acc}_2 \tag{4.4}$$

式中：Acc_1 表示重合区域占实际标注区域的比例；Acc_2 表示重合区域占模型预测区域的比例。

α 取值为[0, 1]，可以通过调节 α 的大小来体现对不同指标的侧重，在本案例中，为尽量完整地检测腐蚀区域，将 α 取 0.7。

在对模型进行评估时，其指标基于整个图片数据集进行计算，而不是单独的一张图片。如表 4.2 所示，按照 IOU 和预测类别，一张图片的预测结果可以被划分成 TP、FP、TN 和 FN，然后整个数据集的预测结果可以计算 precision 和 recall：

$$\text{precision} = \frac{TP}{TP + FP} \tag{4.5}$$

$$\text{recall} = \frac{TP}{TP + FN} \tag{4.6}$$

表 4.2　预测结果的分类

IOU 范围	检测为目标	检测为背景
IOU＞0.5（真）	TP	TN
IOU＜0.5（假）	FP	FN

（1）对于每一张测试图片，分别计算预测区域、实际区域和重合区域的面积，得到 ROI；若 ROI 大于阈值，则视作真正例（TP）；反之，则视作假正例（FP）。

（2）对于整个数据集，分别计算 precision 和 recall，并按照平均置信度从高到低排序。

（3）以 recall 值为横轴，precision 值为纵轴绘制 PRC，对曲线与横轴围成的面积进行积分，积分值就是 mAP。

4.4.4　模型训练与评估

选择 538 张图片作为样本，并通过手动标记方式获得 10 528 个腐蚀区域，从而构建数据集。如表 4.3 所示，通过随机抽取方式，将数据集分为训练集、验证集和测试集。需要指出的是为了完成最终评级任务，需要尽可能准确地标记腐蚀区域，这里允许标注框重合。

表 4.3　数据集划分情况

训练集与验证集		测试集	
目标数量	图片数量	目标数量	图片数量
7 965	404	2 563	134

此外，为了扩充样本的数量以增强模型的泛化能力，在训练前对原始图像数据进行图像增强，获得了 4 889 张金属板腐蚀图片的样品、805 张连接件腐蚀图片的样品和 172 张天线腐蚀图片的样品。

由于图片的数量和目标区域的尺寸都很小，本节的卷积层模块使用 ResNet-50，而不是传统的 VGG-16。这一方面加快网络的运行速度，另一方面也避免了过拟合。此外，由于模型需要同时训练目标的类别和区域坐标，需要两个学习率，即 RPN 学习率和分类器学习率。经过多次测试，确定模型的超参数设置如表 4.4 所示。

表 4.4　模型的超参数设置

参数	值
RPN 学习率	0.000 1
分类器学习率	0.000 1
锚定框尺寸	[32, 256, 512]、[1, $\sqrt{2}$, 2]
判定阈值	0.5
预训练网络	ResNet-50

　　模型在完成训练之后，需要将测试集输入到已经训练好的 Faster R-CNN 模型中进行测试，通过与标签的对比来评价模型的表现。部分图片经过模型处理前后的效果如图 4.6 所示。

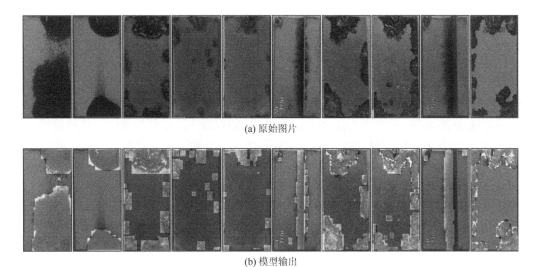

(a) 原始图片

(b) 模型输出

图 4.6　金属板表面的腐蚀检测

　　取评估指标平均值后，该案例下的 mAP 指标可以达到 91 以上，实现了对金属板表面腐蚀区域的准确识别。

4.4.5　金属板样品的健康评估

　　按照《金属基体上金属和其他无机覆盖层经腐蚀试验后的试样和试件的评级》（GB/T 6461—2002）的规定，基于缺陷区域在金属板表面的占比，可以利用保护评级 R_P 和外观评级 R_A 将健康状态分成 11 个等级，评级数字越小表示健康状态越差，样品越接近失效状态。评级指标的划分标准如表 4.5 所示。

表 4.5　评级指标的划分标准

缺陷面积占比 A/%	评级指标 R_P 或者 R_A
无	10
$0 < A \leqslant 0.1$	9

续表

缺陷面积占比 $A/\%$	评级指标 R_P 或者 R_A
$0.1 < A \leqslant 0.25$	8
$0.25 < A \leqslant 0.5$	7
$0.5 < A \leqslant 1.0$	6
$1.0 < A \leqslant 2.5$	5
$2.5 < A \leqslant 5.0$	4
$5.0 < A \leqslant 10.0$	3
$10.0 < A \leqslant 25.0$	2
$25.0 < A \leqslant 50.0$	1
$50.0 < A$	0

根据模型的预测结果，可以计算每个测试图片中腐蚀区域的比例，并将其与标签上的实际数据进行比较。图 4.7 根据实际腐蚀比例对图片进行排序，大多数试样的腐蚀比例为 2.5%～50%，这意味着 R_P 和 R_A 的范围为[1, 4]。从图 4.7 中可以看出，模型检测值计算的腐蚀比例始终略大于真实标签值，这与尽可能完整地检测腐蚀区域的观点是一致的。另外，随着实际腐蚀比例的增加，模型检测值与真实标签值之间的误差也会增加。总体的误差通常在 10%以内，这对大多数试样表面的最终评级影响很小，因此可以确保预测评级与实际评级基本一致。

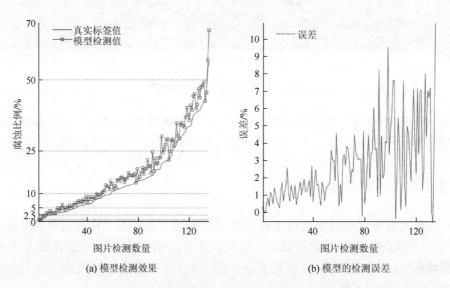

(a) 模型检测效果   (b) 模型的检测误差

图 4.7　预测腐蚀比例与实际值的比较

第5章　基于多融合卷积神经网络的故障诊断

本章基于设计的梅尔频率倒谱系数（Mel-frequency cepstral coefficients，MFCC）特征矩阵和构造的并行多融合卷积神经网络（multi-fusion CNN，MFCNN），开展系统故障诊断。本章设计的 MFCC 特征矩阵和 MFCNN 结构，可以消除背景噪声干扰的同时丰富高维故障特征信息。此外，自定义的结构集成操作可以集成多个 MFCNN，提高故障诊断模型的诊断性能和鲁棒性。

5.1　问　题　描　述

在工程实践中，系统多运行在复杂多变的环境之中，环境噪声无法避免且其变化程度无法提前预知。基于监督学习的故障诊断模型只能学习装备历史监测数据。然而，由于收集到监测数据无法涵盖所有噪声域，这导致诊断模型在强噪声或变化噪声环境下会有故障诊断失效、鲁棒性差等问题。

为了解决上述问题，人工智能技术被引入系统故障诊断之中，其提供了强大的特征提取能力，从而获取监测数据中蕴含的代表性特征。例如：Kang 等[61]提出了一种基于小波特征和 SVM 的低速轴承故障诊断方法；Zhou 等[62]提出了一种新的故障诊断方法，使用不变位移字典学习来提取和选择周期性脉冲特征，进而利用隐马尔可夫算法建立特征与故障模式之间的关系，来表示故障原因与特征之间或特征与故障模式之间的概率关系。上述方法提取到的特征在一定程度上消除了环境噪声的干扰。然而，将所选的特征直接用于故障诊断，并不能完全开发学习模型的性能，因为所选的特征往往决定了学习模型的上限性能，所以进一步改善所选特征质量是提高故障诊断模型性能的必要条件。

深度神经网络（deep neural network，DNN）为进一步学习目标对象特征提供了可行的方案，如 DNN 可以通过非线性拟合方式学习特征。然而，DNN 由于其网络参数众多，在实验应用中很难进行训练，过拟合时常发生，无法稳定学习特征。与 DNN 相比，CNN 具有较少神经元全连接，且由于引入了参数共享机制，网络更易训练，缓解了网络在训练过程中的过拟合现象，CNN 展现了比 DNN 更好地从输入中学习代表性特征的表现。然而，CNN 应用于故障诊断领域仍然存在两个问题：一是 CNN 的特征提取能力对输入数据质量具有强烈的依赖性，输入数据质量决定了 CNN 的最终性能；二是一个表现优异的 CNN 多采用更多卷积层以学习更好的特征提取，然而随着卷积层的增加，网络参数将呈指数增长，这导致在构建模型时需要权衡网络参数数量和过拟合后果，增加了构建故障诊断模型的复杂性。

针对上述问题，提高基于 CNN 的故障模型性能，可以从改善输入数据质量和增强 CNN 特征提取能力入手。本章为了改善输入数据质量，提出一种基于 MFCC 特征的数据矩阵。与基于滤波器的降噪处理不同，MFCC 使用傅里叶变换的梅尔间隔滤波器组进行处理，可在减少高频噪声的同时，增强低频信息。受此启发，将原始信号转换为 MFCC，以消除噪声成分，同时从不同差分计算中丰富 MFCC 特征。此外，为了增强 CNN 的特征提取能力，本章在传统 CNN 上开发了 MFCNN。与传统的 CNN 使用一种类型的激活函数来激活卷积输出不同，MFCNN 使用不同的激活函数来激活卷积输出，可在不增加网络参数的情况下，丰富高维图谱特征，以提高获取的代表性特征质量。与此同时，本章还基于集成学习的思想，通过集成多个 MFCNN 构造一种新的并行 MFCNN，在提高模型故障诊断性能的同时，还增强了故障诊断模型的稳定性和鲁棒性。从实验结果来看，基于 MFCC 特征矩阵和并行 MFCNN 的故障诊断方法能够适应不同噪声环境的故障诊断任务，同时其还具有在不同噪声域的诊断鲁棒性。此外，从对比结果来看，本章所提出的故障诊断方法具有优于其他机器学习的性能。

5.2　多融合卷积神经网络概况

本章在传统 CNN 的基础上，提出一种全新的 MFCNN。图 5.1 所示的是 MFCNN 的拓扑结构，其主要由三个多融合卷积层和两个池化层组成。

5.2.1　多融合卷积层

多融合卷积层内部包含多个卷积核，卷积核中的每个元素都包含权重系数和偏差量，它类似于前馈神经网络中的神经元。此外，卷积核也可以看作一个探测器，它可以在原始图像上以特定步长滑动，通过卷积运算来不断提取原始图像内的图像特征，并将这些特征图像传入下一层的网络。

在多融合卷积层中，每次卷积操作后都是采用激活函数进行数据转换的。常见的激活函数有 Softmax 函数、Sigmoid 函数、Tanh 函数、ReLU 函数。引入非线性激活函数的目的是使卷积神经网络学习到更光滑的曲线来分割分类面，而不是用复杂的线性组合逼近平滑曲线来分割分类面，该激活函数可以使得卷积神经网络的特征提取能力更强，能够更好地拟合目标函数。

然而，经过试验证明，使用不同的激活函数，对卷积神经网络的训练具有不同的意义。不同激活函数具有不同的优缺点。下面对三种常见的激活函数的优缺点进行分析。

Sigmoid 函数是一种常见的激活函数，经过它的数据输出值为[0, 1]。但是 Sigmoid 函数在工程应用时存在 3 个问题：①Sigmoid 函数饱和使得梯度消失。由于 Sigmoid 函数的导数都小于 0.25，所以在进行反向传播时网络梯度相乘结果会趋近于 0，进而使得梯度消失，前面层权值几乎没有更新。②经 Sigmoid 函数后的输出不以 0 为中心。一个多层的 Sigmoid 函数神经网络，如果输入 x 都是正数，那么当反向传播中 w 的梯度传播到网络的某一处时，权值要么全正要么全负。当梯度从上层向下传播时，w 的梯度都是用 x 乘以 f 的梯度，因此如果神经元输出的梯度是正的，那么所有 w 的梯度就会是正的，反之亦然。在这个例子中，会得到两种权值，权值范围分别位于二维坐标中的第一象限和第三象限。当输入一个值时，w 的梯度要么都是正的要么都是负的，当想要输入第一象限和第三象限区域以外的点时，将

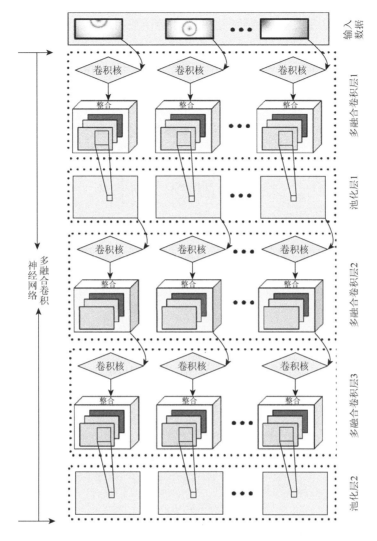

图 5.1　多融合卷积神经网络示意图

会得到并不理想的曲折路线。假设最优化的一个 w 矩阵位于二维坐标的第四象限，要将 w 优化到最优状态，就必须走 Z 字形路线，因为 w 要么只能往下走（负数），要么只能往右走（正的）。优化时效率十分低下，模型拟合的过程就会十分缓慢。③指数函数的计算是比较消耗计算资源的。

　　Tanh 函数是 Sigmoid 函数的变形。与 Sigmoid 函数不同的是，Tanh 函数输出的数据是以 0 为中心的。因此，Tanh 函数在实际应用中会比 Sigmoid 函数好一些。然而，Tanh 函数并没有真正地解决梯度消失问题。

　　近年来，ReLU 函数受到广泛关注。ReLU 函数的主要优点有：①解决了梯度消失的问题；②能够使得网络快速收敛；③数据激活计算速度快。然而，ReLU 函数也存在以下缺点：①ReLU 函数的输出数据不是以 0 为中心的。②会导致神经元的不可逆死亡，进而使权重无法更新。③当训练神经网络时，学习率设置敏感，学习率设置得太高，网络中的大部分神经元可能都会死掉。截至目前，为了解决神经元节点死亡的问题，Leaky ReLU 函数、P-ReLU 函数、R-ReLU 函数、ELU 函数等多种新型的变形激活函数相继被提出。

通过上述描述可知，三种激活函数各具有优缺点，在工程应用中更多地选择 ReLU 函数作为最终的激活函数。然而，这种单一激活函数往往无法给出最优的网络结构。因此，本章设计一种全新的卷积层，称为多融合卷积层。在该卷积层中，局部接受域和权重分配机制是核心。卷积核也是沿着水平轴和垂直轴在输入上滑动，在滑动过程中，卷积核与输入的局部接受域进行卷积运算并提取特征。在卷积核滑过整个输入数据的过程中卷积核参数不发生变化，卷积运算定义为

$$X_i^l = f\left(\sum_{j=1}^{J} W_{ji}^l * X_j^{l-1} + B_i^l\right) \tag{5.1}$$

式中：X_j^{l-1} 表示在 $l-1^{\text{th}}$ 运算中的第 j^{th} 个特征图；W_{ji}^l 表示权重；B_i^l 表示相应的偏置；$f(\cdot)$ 表示用于执行非线性运算的激活函数，最常见的激活函数是 ReLU 函数。

值得注意的是，在获得卷积输出后，同步使用三种非线性激活函数即 Tanh 函数、Sigmoid 函数和 ReLU 函数来激活卷积输出。

Tanh 函数：

$$X_{ijk}^T = \frac{\exp\left(X_{ijk}^{l-1}\right) - \exp\left(-X_{ijk}^{l-1}\right)}{\exp\left(X_{ijk}^{l-1}\right) + \exp\left(-X_{ijk}^{l-1}\right)} \tag{5.2}$$

Sigmoid 函数：

$$X_{ijk}^S = \frac{1}{1 + \exp\left(-X_{ijk}^{l-1}\right)} \tag{5.3}$$

ReLU 函数：

$$X_{ijk}^R = \max\left\{0, X_{ijk}^{l-1}\right\} \tag{5.4}$$

式中：X_{ijk}^{l-1} 表示第 k 个输入数据或特征图的组成部分，得到三个输出分别为 X_{ijk}^T、X_{ijk}^S 和 X_{ijk}^R。而后，采用串联技术融合这三个特征图，形成下一层的输入：

$$X_{ijk}^l = \text{concatenate}\left\{X_{ijk}^T, X_{ijk}^S, X_{ijk}^R\right\} \tag{5.5}$$

经过上述操作，可获得与传统卷积层不同的输出，拥有更加丰富的空间特征。此外，上述过程中没有引入任何新的卷积核，不会增加网络参数。

5.2.2　池化层

池化层是对提取的高维特征在空间维度上进行采样操作，其目的是进一步压缩数据和参数的量，减少过拟合现象。常用的池化方法包括最大池化（max-pooling）和平均池化（mean-pooling）。其中，最大池化采用的规则是选取窗口内的最大值做输出，而平均池化则是计算窗口内的元素均值做输出。两种池化方法均将原始图像尺寸缩小，减少了传入下层网络的数据量。由于池化层的具体数学描述在前面章节已经有了具体详细的描述，在本章中就不再赘述。

5.3　基于多融合卷积神经网络的故障诊断方法

5.3.1　基于多融合卷积神经网络的故障诊断流程

图 5.2 是基于多融合卷积神经网络的故障诊断流程图。首先，对采集的原始状态数据信号进行处理，提取状态信号的 MFCC 特征，从而获取 MFCC 特征矩阵。其次，将获得的 MFCC 特征矩阵样本随机划分为训练数据集，验证数据集和测试数据集。其中，训练数据集用于优化并行 MFCNN。具体为引入了小批量随机梯度下降算法，以最大限度减少一批训练样本产生的训练误差。在每个批次处理中，每个训练层中的损失函数逐渐减小。验证数据集用于验证并行 MFCNN，及时地阻止训练和防止可能的过拟合问题。测试数据集用于测试经过训练的并行 MFCNN 的诊断性能。

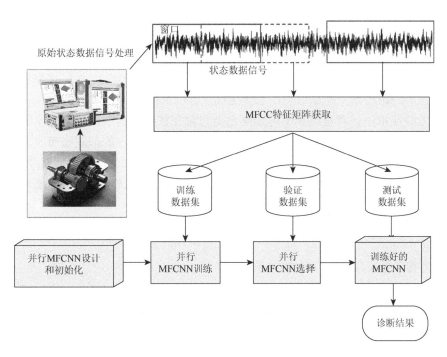

图 5.2　基于多融合卷积神经网络的故障诊断流程图

5.3.2　数据预处理

由于系统状态数据采集过程中易受到外部冲击，所以采集到的数据不可避免地会出现异常值。因此，为了提高数据的质量，需要对采集到的数据进行异常值剔除。

（1）拉依达方法。将某个数据点与采集数据的 3 倍标准差进行对比，如果数据点大于 3 倍标准差，那么该数据点为异常值，应当剔除。该过程的数学公式描述如下：

$$|x_i - \bar{x}| > 3S_x \tag{5.6}$$

式中：$\bar{x} = \dfrac{1}{n}\sum_{i=1}^{n}x_i$ 为所有数据点的均值；$S_x = \left[\dfrac{1}{n-1}\sum_{i=1}^{n}(x_i - x)^2\right]^{\frac{1}{2}}$ 为采集数据的标准差。

（2）一阶差分法。将前两个数据点的差值与前一数据点的值进行相加，并将得到的和作为当前数据点的估值。随后，将该估值与实际数据点进行比较，如果两者的差值大于设定的阈值，那么默认该值为异常值，应当利用估值进行替换。上述过程的数学公式描述如下所示。

预估值：

$$\hat{x}_n = x_{n-1} + (x_{n-1} - x_{n-2}) \tag{5.7}$$

比较判别：

$$x_n - \hat{x}_n > W \tag{5.8}$$

式中：W 为设定的阈值，通常将采集数据的 3 倍标准差作为该阈值。

5.3.3　MFCC 矩阵获取

MFCC 是一种新型的特征提取方法，它的作用与人耳听觉特性类似。具体为利用梅尔频率与赫兹频率呈非线性对应关系来实现对特定频率特征进行过滤。目前，MFCC 主要用于语音数据特征提取。由于人耳对低频信息更加敏感，对信号进行 MFCC 特征提取后可以获得相应的低频信息，同时过滤掉高频信息，达到强化声音信息的目的。

在实际工业应用中，背景噪声不可避免地会包含在状态数据中，这会严重影响一般模型的诊断性能。考虑到基于人类听觉的梅尔频谱滤波技术具有出色的抑制噪声能力，同时考虑到，系统故障信息多处于低频段。本章采用梅尔频谱滤波技术来处理状态数据并获得 MFCC，以提取低频故障信号和弱化高频噪声信息。对于梅尔频谱滤波技术，梅尔标度频率滤波器组是提取 MFCC 的关键。梅尔标度频率和信号的频率的关系为

$$f_{\text{Mel}} = 2\,595 \times \lg\left(1 + \dfrac{f}{700}\right) \tag{5.9}$$

式中：f_{Mel} 为梅尔标度频率；f 为数据采样频率。

获取 MFCC 矩阵步骤包括以下几步。

步骤 1：数据切分。使用海明窗将数据分为 K 帧。海明窗口的数学表达式可以表示为

$$w(k) = 0.54 - 0.46\cos\left(\dfrac{2\pi k}{K}\right), \quad k = 0, 1, \cdots, K-1 \tag{5.10}$$

步骤 2：离散傅里叶变换。对帧数据 $T(k)$ 进行离散傅里叶变换来获得频谱 $\tau(n)$。离散傅里叶变换的表达式描述为

$$T(k) = \sum_{n}^{N-1}\tau(n)\mathrm{e}^{-\frac{j2\pi nk}{N}}, \quad 0 \leqslant k \leqslant N \tag{5.11}$$

步骤 3：功率谱计算。由 S_k 计算能谱 $T(k)$。其计算公式为

$$S_k = T(k) \cdot T(k) \tag{5.12}$$

步骤 4：梅尔三角滤波。使用梅尔三角滤波器组对每个能量帧 S_k 进行滤波，然后在每个频率上计算梅尔频谱。其中，梅尔三角滤波器组由 M 个三角滤波器组成。三角滤波器在 $H_M(k)$ 中的频率响应公式为

$$H_M(k) = \begin{cases} 0, & k < f(m-1) \\ \dfrac{2 \times [k-f(m-1)]}{[f(m+1)-f(m-1)] \times [f(m)-f(m-1)]}, & f(m-1) \leqslant k \leqslant f(m) \\ \dfrac{2 \times f(m+1)-k}{[f(m+1)-f(m-1)] \times [f(m+1)-f(m)]}, & f(m) \leqslant k \leqslant f(m+1) \\ 0, & k \geqslant f(m+1) \end{cases} \tag{5.13}$$

式中：$f(m)$ 为中心频率，$m=1,2,\cdots,24$；$k=0,1,\cdots,N/2-1$。此外，$H_M(k)$ 满足以下公式：

$$\sum_M^{m-1} H_M(k) = 1 \tag{5.14}$$

步骤 5：对数频谱。通过对数运算获得功率谱的对数谱 $S(m)$。对数运算可以表示为

$$S(m) = \ln\left[\sum_{k=0}^{N-1} |S_k|^2 H_M(k)\right], \quad 0 \leqslant m \leqslant M \tag{5.15}$$

式中：$S(m)$ 为对数频谱；S_k 为分散功率谱；$H_M(k)$ 为三角形滤波器组。

步骤 6：离散余弦变换。利用离散余弦变换变化来计算不同频带的频谱分量，以使它们的维度矢量彼此独立。MFCC 计算如下：

$$c(n) = \sum_{m=0}^{N-1} S(m) \cos\left[\frac{n\pi(m-0.5)}{M}\right], \quad 0 \leqslant n \leqslant M \tag{5.16}$$

步骤 7：计算 MFCC 的一阶差分（Δ_1MFCC）。Δ_1MFCC 通过微分计算公式获得，其描述为

$$d_1(n) = \frac{1}{\sqrt{\sum_{i=-k}^{i=k} i^2}} \sum_{i=-k}^{i=k} i \times c(n+i) \tag{5.17}$$

步骤 8：计算 MFCC 的二阶差分（Δ_2MFCC）。Δ_2MFCC 通过相同的微分计算公式获得，其过程为

$$d_2(n) = \frac{1}{\sqrt{\sum_{i=-k}^{i=k} i^2}} \sum_{i=-k}^{i=k} i \times d(n+i) \tag{5.18}$$

步骤 9：MFCC 矩阵设计。MFCC、Δ_1MFCC 和 Δ_2 MFCC 串联起来形成 MFCC 矩阵，矩阵表示为

$$M_{\text{data}} = [c(n), d_1(n), d_2(n)] \tag{5.19}$$

5.3.4　基于多融合卷积神经网络的故障诊断

本小节基于 5.3.1 小节构造多个相同结构的 MFCNN，同时获取同一输入数据的高维特征图谱，然后将所有特征图谱通过结构集成操作进行连接，作为下游分类的输入。其中，结构集成操作描述为

$$Y = \text{ensemble}\left[\left(\sum_N X_n^1, \sum_N X_n^k, \cdots, \sum_N X_n^K\right), \text{axis}\right] \tag{5.20}$$

式中：ensemble(·) 为结构集成操作；$\left(\sum\limits_N X_n^1, \sum\limits_N X_n^k, \cdots, \sum\limits_N X_n^K\right)$ 为不同 MFCNN 的输出特征；K 为 MFCNN 的数量；X_n 为特征图谱。

如图 5.3 所示，并行 MFCNN 主要包括输入层、MFCNN 结构、结构集成操作、全连接操作和分类（如 Softmax）操作。在本章中，并行 MFCNN 的输入是 MFCC 矩阵。在 MFCNN 提取特征并集成后，全连接操作被用来对提取的代表特征进行非线性拟合，表示为

$$F(Y) = f(wY + b) \tag{5.21}$$

式中：$F(Y)$ 为全连接操作的输出；Y 为结构集成操作的输出；w 为权重参数；b 为加法偏置项；$f(·)$ 为 ReLU 非线性激活函数。

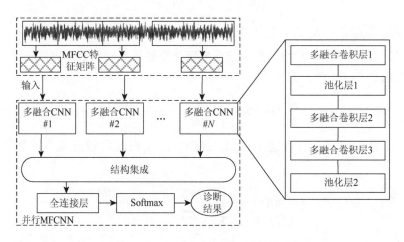

图 5.3　并行多融合卷积神经网络示意图

Softmax 操作通过转换输出神经元数量的对数来获得每种故障模式的概率分布信息，从而完成故障识别任务。Softmax 操作定义为

$$q(O_i) = \text{Softmax}(O_i) = \frac{e^{O_i}}{\sum\limits_j^K e^{O_j}} \tag{5.22}$$

式中：O_i 为其对应神经元的对数；K 为输出神经元的数量。

5.4　案例分析

5.4.1　案例说明和数据描述概述

本章采用凯斯西储大学轴承数据中心提供的轴承监测数据集来验证所提出的方法的有效性[63]。该数据集是世界公认的标准轴承故障诊断数据集，具有极强的代表性。

本案例试验平台主要包含电动机、加速度传感器、扭矩传感器、测功机和测试轴承。其中：电动机可以提供 0～3 hp（1 hp≈745.7 W）功率；测试轴承为深沟球轴承，其型号为 SKF6205；加速度传感器分别安装在靠近和远离电机轴承的位置来测量振动信号。在本试验中，轴承故障是通过电火花加工技术制造的，所有测试轴承的滚珠，外圈和内圈分别进行了尺寸大小为 0.007 in（1 in = 0.025 4 m）、0.014 in 和 0.021 in 的侵蚀。本案例进行了电动机负载从 0～3 hp 的轴承故障试验，每次试验都是利用 16 通道 DAT 记录仪收集所有故障轴承的振动信号，它们的采样频率为 12 kHz。

在该案例中，轴承数据集一共包含 12 个轴承状态标签。由于每个标签下的数据有限，采用数据增强技术对振动信号进行切片和采样，以增加训练样本的数量。具体为使用滑动窗口对各个负载条件下的振动信号进行采样，获得 255 个样本，每个样本包含 1 600 个新的数据点和 400 个重叠数据点，并获得 45 个具有 2 000 个非重叠数据点的样本。在本案例研究中，一共有 12 个轴承状态，因此总共获得 14 400 个样本。所有样本被随机划分到训练数据集（含 10 080 个样本）、验证数据集（含 2 160 个样本）和测试数据集（含 2 160 个样本）。训练数据集被用来优化所提出的并行 MFCNN 的网络参数，验证数据集被用来监视和验证训练过程。值得注意的是，在本案例中，测试数据集是不经过重叠切片获取的，测试数据集被用于评估所提出方法的诊断性能。

此外，为了验证提出的方法在强噪声环境下故障诊断性能，人为地在轴承状态信号中添加随机白噪声，模拟高噪声轴承状态信号，通过信噪比（signal-noise ratio，SNR）来衡量轴承状态信号噪声程度，SNR 的函数可以表示为

$$\mathrm{SNR} = 10\lg\left(\frac{P_s}{P_n}\right) \qquad (5.23)$$

式中：P_s 为信号功率；P_n 为噪声信号功率。图 5.4 显示的是原始振动信号在加入不同程度白噪声后，振动信号的振幅特性。需要说明的是这里的原始振动信号为 SNR 等于无穷大时的信号。从图 5.4 中的比较结果可以发现，随着噪声的加剧，原始振动信号的振幅特性越来越不明显，信号易被覆盖或干扰。

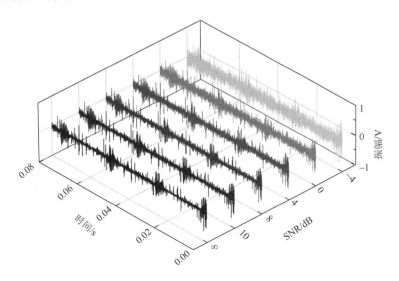

图 5.4 不同 SNR 下的信号振幅特性

5.4.2　模型训练与评估

本节所有案例的研究都是在处理器为 24 GB RAM 的 Intel@Core（TM）3.6 GHz 上和 Ubuntu 系统平台上进行的，并且使用开源 TensorFlow 框架编写的所有代码都在 Anaconda 环境中。核心算法主要包括 MFCC 特征矩阵的获取、MFCNN 和并行 MFCNN 模型训练、验证和测试。

1. MFCC 特征矩阵的获取

轴承振动信号通过梅尔频谱滤波器获取 MFCC 特征。该 MFCC 特征由四个特征向量组成，每个特征向量包含 20 个节点，可以表示为 20×4 的数值矩阵。本章对 MFCC 特征进行一阶求导和二阶求导，分别获得 MFCC 特征的一阶表征形式和二阶表征形式，它们的大小为 20×4，基于上述获得 MFCC 特征，最终设计的 MFCC 特征矩阵的大小为 20×12。

2. 基于 MFCNN 的故障诊断

MFCNN 是在传统 CNN 的基础上开发的，具有传统 CNN 相同的网络参数。表 5.1 显示了 MFCNN 的参数。首先，使用训练数据集对 MFCNN 进行训练。从训练结果可知，MFCNN 的训练准确性可达 100%，验证准确性可达 99.97%。训练结果表明，提出的 MFCNN 具有不错的网络训练表现。图 5.5 为训练好的 MFCNN 的一次试验结果。类别标签 0～11，分别表示在 4 种工况下不同轴承故障类型和正常状态。其中，标签 0～10 的轴承状态的测试准确性为 100%，标签 11 存在一个分类错误样本。

表 5.1　MFCNN 的参数

网络层	参数
第一个卷积层	卷积核大小：3×3；个数：64；步幅：1
第一个最大池化层	池化大小：2×2
第二个卷积层	卷积核大小：3×3；个数：32；步幅：1
第二个最大池化层	池化大小：2×2
第三个卷积层	卷积核大小：3×3；个数：24；步幅：1
其他超参数	参数省略比例：0.3；学习率：0.000 1；批次大小：16

3. 不同的噪声环境下，不同数量 MFCNN 集成的故障诊断模型性能

本小节比较了具有不同 MFCNN 数量的并行 MFCNN 故障诊断性能，并通过不同噪声环境的测试表现加以说明。本小节采用的白噪声程度为 –4～10 dB，一共得到 5 组训练数据，获得新的加噪训练数据集被用来训练 6 个并行 MFCNN，加噪声的测试数据集分别来评估这些并行 MFCNN 故障诊断性能。表 5.2 中给出基于不同训练数据集获取的并行 MFCNN 之间的测试比较结果。从测试比较结果可以发现，由 3 个 MFCNN 构成的并行 MFCNN 的性能是最佳的。

真实标签

预测标签	1	2	3	4	5	6	7	8	9	10	11	合计
1	180 / 8.33%	0 / 0.00%	0 / 0.00%	0 / 0.00%	0 / 0.00%	0 / 0.00%	0 / 0.00%	0 / 0.00%	0 / 0.00%	0 / 0.00%	0 / 0.00%	100.00% / 0.00%
2	0 / 0.00%	180 / 8.33%	0 / 0.00%	0 / 0.00%	0 / 0.00%	0 / 0.00%	0 / 0.00%	0 / 0.00%	0 / 0.00%	0 / 0.00%	0 / 0.00%	100.00% / 0.00%
3	0 / 0.00%	0 / 0.00%	180 / 8.33%	0 / 0.00%	0 / 0.00%	0 / 0.00%	0 / 0.00%	0 / 0.00%	0 / 0.00%	0 / 0.00%	0 / 0.00%	100.00% / 0.00%
4	0 / 0.00%	0 / 0.00%	0 / 0.00%	180 / 8.33%	0 / 0.00%	0 / 0.00%	0 / 0.00%	0 / 0.00%	0 / 0.00%	0 / 0.00%	0 / 0.00%	100.00% / 0.00%
5	0 / 0.00%	0 / 0.00%	0 / 0.00%	0 / 0.00%	180 / 8.33%	0 / 0.00%	0 / 0.00%	0 / 0.00%	0 / 0.00%	0 / 0.00%	0 / 0.00%	100.00% / 0.00%
6	0 / 0.00%	0 / 0.00%	0 / 0.00%	0 / 0.00%	0 / 0.00%	180 / 8.33%	0 / 0.00%	0 / 0.00%	0 / 0.00%	0 / 0.00%	0 / 0.00%	100.00% / 0.00%
7	0 / 0.00%	0 / 0.00%	0 / 0.00%	0 / 0.00%	0 / 0.00%	0 / 0.00%	180 / 8.33%	0 / 0.00%	0 / 0.00%	0 / 0.00%	0 / 0.00%	100.00% / 0.00%
8	0 / 0.00%	0 / 0.00%	0 / 0.00%	0 / 0.00%	0 / 0.00%	0 / 0.00%	0 / 0.00%	180 / 8.33%	0 / 0.00%	0 / 0.00%	0 / 0.00%	100.00% / 0.00%
9	0 / 0.00%	0 / 0.00%	0 / 0.00%	0 / 0.00%	0 / 0.00%	0 / 0.00%	0 / 0.00%	0 / 0.00%	180 / 8.33%	0 / 0.00%	0 / 0.00%	100.00% / 0.00%
10	0 / 0.00%	0 / 0.00%	0 / 0.00%	0 / 0.00%	0 / 0.00%	0 / 0.00%	0 / 0.00%	0 / 0.00%	0 / 0.00%	180 / 8.33%	0 / 0.00%	100.00% / 0.00%
11	0 / 0.00%	0 / 0.00%	0 / 0.00%	0 / 0.00%	0 / 0.00%	0 / 0.00%	0 / 0.00%	0 / 0.00%	0 / 0.00%	0 / 0.00%	179 / 8.29%	97.00% / 3.00%
合计	100.00% / 0.00%	100.00% / 0.00%	100.00% / 0.00%	100.00% / 0.00%	100.00% / 0.00%	100.00% / 0.00%	99.00% / 1.00%	100.00% / 0.00%	100.00% / 0.00%	100.00% / 0.00%	99.44% / 0.56%	99.95% / 0.05%

图 5.5　混淆矩阵

表 5.2　不同噪声环境下不同并行多融合卷积神经网络的故障诊断表现

模型		SNR/dB					
		−4	0	4	8	10	∞
1 个 MFCNN	最大值	97.13	99.40	100.00	100.00	100.00	100.00
	最小值	95.74	99.12	99.91	99.91	99.54	100.00
	平均值	96.45	99.22	99.97	99.96	100.00	100.00
	标准差	0.28	0.13	0.04	0.03	0.01	0.00
2 个 MFCNN	最大值	97.13	99.44	100.00	100.00	100.00	100.00
	最小值	95.60	99.07	99.12	99.91	99.95	99.54
	平均值	96.74	99.25	99.90	99.98	99.99	99.96
	标准差	0.50	0.12	0.26	0.03	0.02	0.02
3 个 MFCNN	最大值	97.13	99.49	100.00	100.00	100.00	100.00
	最小值	96.76	99.12	99.91	100.00	100.00	100.00
	平均值	96.92	99.22	99.99	100.00	100.00	100.00
	标准差	0.16	0.11	0.03	0.00	0.00	0.00
4 个 MFCNN	最大值	97.13	99.40	100.00	100.00	100.00	100.00
	最小值	95.05	98.38	99.86	99.81	100.00	100.00
	平均值	96.28	99.13	99.95	99.96	100.00	100.00
	标准差	0.82	0.28	0.04	0.06	0.00	0.00

4. 最佳并行 MFCNN 与传统 CNN 的结果比较

图 5.6 为在不同噪声干扰下的 10 次测试结果。可以发现,并行 MFCNN 优于传统的 CNN。即使当 SNR = −4 dB 时,预测精度也比传统的 CNN 好。

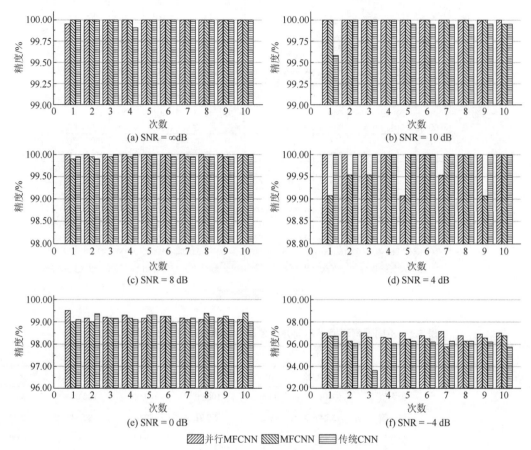

图 5.6　传统 CNN 与所提方法直接的对比结果

5. 所提出的方法与其他方法的比较

表 5.3 展示了 MFCNN 与不同特征提取方法结合得到的测试精度。除了本章提出的 MFCC,其他视频特征提取方法包括:经验模态分解[37]、完整集合经验模态分解[64]、变分模式分解方法[65]和连续小波变换[66]。从比较结果来看,本章所设计的 MFCC 特征矩阵比其他信号分析方法具有优异的抗噪声能力。此外,本章所提方法还与 6 种通用的机器学习方法进行了比较,表 5.4 列出了不同方法的测试结果。从训练时间与测试时间的比较结果和测试结果来看,本章所提出的并行 MFCNN 具有最佳的整体测试性能,并且训练时间和测试时间都令人满意。

表 5.3　不同特征提取方法的对比结果

诊断方法	测试精度/%
经验模态分解-MFCNN	74.44
完整集合经验模态分解-MFCNN	83.72

续表

诊断方法	测试精度/%
变分模式分解-MFCNN	62.50
连续小波变换-MFCNN	88.75
提出方法	96.92

表 5.4　与先进方法之间的对比结果

诊断方法	测试精度/%	训练时间/s	测试时间/ms
提出方法	96.92	113.80	1.18
1 个 MFCNN	96.45	60.56	0.85
CNN	94.63	42.26	0.35
CNN-LeNet5	78.24	275.44	0.11
复杂树	92.87	12.44	0.10
粗粒 KNN	94.12	28.57	1.15
粗粒高斯 SVM	95.84	28.02	0.30
增强树	95.14	172.56	0.45

6. 可变噪声域下的模型自适应性能

为了验证本章所提出的方法在变化的噪声环境下的适应性，使用训练数据集训练并行 MFCNN，然后使用来自其他测试域的数据集进行测试。表 5.5 显示了用于域适配方案设置的详细信息。并行 MFCNN，MFCNN 与传统 CNN 的比较结果如图 5.7 所示。在 9 个场景中，10 个试验的并行 MFCNN 的平均测试准确性分别为 98.85%、99.88%、98.04%、87.09%、68.85%、92.59%、97.22%、99.40%和 99.89%。从结果对比可以看出，本章提出的并行 MFCNN 比 MFCNN 及传统的 CNN 具有更好的域自适应性。

表 5.5　不同域适配情况

项目	训练域	测试域
描述	在一种噪声环境训练数据集	在另外一种噪声环境下测试数据集
域详情	训练数据集 A（SNR $= \infty$ dB）	测试数据集 B（SNR $= 10$ dB）
	训练数据集 B（SNR $= 10$ dB）	测试数据集 C（SNR $= 8$ dB）
	训练数据集 C（SNR $= 8$ dB）	测试数据集 D（SNR $= 4$ dB）
	训练数据集 D（SNR $= 4$ dB）	测试数据集 E（SNR $= 0$ dB）
	训练数据集 E（SNR $= 0$ dB）	测试数据集 F（SNR $= -4$ dB）
	训练数据集 F（SNR $= -4$ dB）	测试数据集 E（SNR $= 0$ dB）
	训练数据集 E（SNR $= 0$ dB）	测试数据集 D（SNR $= 4$ dB）
	训练数据集 D（SNR $= 4$ dB）	测试数据集 C（SNR $= 8$ dB）
	训练数据集 C（SNR $= 8$ dB）	测试数据集 B（SNR $= 10$ dB）
目标	测试模型在不同噪声环境下的性能	

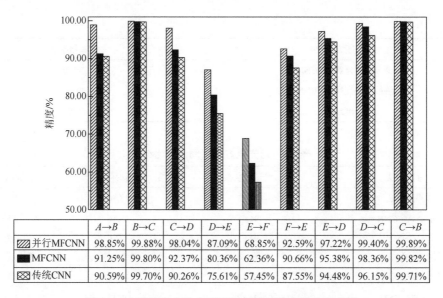

	$A{\rightarrow}B$	$B{\rightarrow}C$	$C{\rightarrow}D$	$D{\rightarrow}E$	$E{\rightarrow}F$	$F{\rightarrow}E$	$E{\rightarrow}D$	$D{\rightarrow}C$	$C{\rightarrow}B$
并行MFCNN	98.85%	99.88%	98.04%	87.09%	68.85%	92.59%	97.22%	99.40%	99.89%
MFCNN	91.25%	99.80%	92.37%	80.36%	62.36%	90.66%	95.38%	98.36%	99.82%
传统CNN	90.59%	99.70%	90.26%	75.61%	57.45%	87.55%	94.48%	96.15%	99.71%

图 5.7　本章提出方法在不同相邻域下的故障诊断表现

第6章 基于局部二值卷积神经网络的复合故障诊断

本章针对复杂系统部件故障相互关联的特点，构建一种新的局部二值卷积神经网络（local binary CNN，LBCNN）模型，并提出基于 LBCNN 模型的复杂系统故障诊断方法，实现对复合故障的有效诊断。

6.1 问 题 描 述

复杂系统通常是由众多零部件组成的，各个部件之间关联程度高，这意味着复杂系统的故障不仅仅有单一故障，更存在大量的复合故障。假设复杂系统存在 A 种类型的普通单一故障，则其可能的复合故障数量为 $2^A - A$。由此可见，复合故障诊断的复杂程度远高于单一故障诊断。

随着深度学习的飞速发展，近些年故障诊断新方法大多是基于深度学习模型提出的。深度学习强大的特征提取能力使得解决传统的故障诊断问题越来越容易。例如：Zhang 等[67]设计了一个流形稀疏自动编码器模型，并对齿轮箱故障开展了案例验证；Cheng 等[68]将时域、频域和时频域特征输入稀疏自动编码器，并采用 SVM 作为最终分类器以实现故障诊断；Chen 等[69]提出了一种基于 CNN 的诊断方法，实现了对带有振动信号的齿轮箱的高故障诊断精度；张立鹏等[70]基于注意力机制构建了门控循环单元神经网络，并将其应用于机械故障诊断。然而，这些故障诊断方法大多数是针对单一故障模式的，难以对复合故障样本进行特征捕捉和在线识别，这使得这些方法无法真正解决复合故障诊断问题。

为了实现复杂系统复合故障诊断，本章构建一种新的 LBCNN 模型，提出基于 LBCNN 模型的复合故障诊断方法。与传统的卷积神经网络不同，LBCNN 模型用新的局部二值卷积代替传统的卷积操作，具有更低的模型复杂度、更快的训练速度和较小的过拟合倾向。通过设计多标签分类策略及对复合故障样本进行多标签标注，LBCNN 模型可以有效地对复合故障样本进行特征捕捉和在线识别。所提出的故障诊断方法不仅适用于单一故障诊断场景，在复合故障诊断中也具有良好的性能。

6.2 局部二值卷积神经网络概况

6.2.1 局部二值模式

局部二值模式（local binary patterns，LBP）是机器视觉问题中的一种重要纹理特征[71]。通过比较中心像素点和邻近像素点，并将结果保存为二进制数，LBP 可以反映光照变化造成的图像灰度变化。

　　图 6.1 为局部二值模式原理。假设有一个大小为 3×3 的图像，其像素点分布如图 6.1（a）所示。将深灰色像素点称作中心像素点，它的值为 5。其余像素点称为邻近像素点。若邻近像素点的值大于或等于中心像素点，被标为浅灰色。然后，进行二值操作，即将这些大于或等于中心像素点的邻近点映射为 1，其余邻近点映射为 0，结果如图 6.1（b）所示。按顺序读取该二进制数，并通过以 2 为基数的权重来计算最终的结果，表示为 $\nu = [2^7, 2^6, 2^5, 2^4, 2^3, 2^2, 2^1, 2^0]$。按照顺时针的顺序，将每个邻近像素点对应的位置分别赋予权重，可以通过将这些矩阵的相应元素的乘积相加来获得最终的结果。图 6.1（a）所示图片对应的 LBP 值为

$$\text{LBP} = 4 \times 1 + 8 \times 1 + 32 \times 1 + 64 \times 1 = 108 \tag{6.1}$$

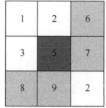
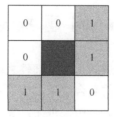
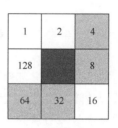

(a) 原始像素矩阵　　　　　　(b) 二值操作后的邻近元素　　　　　　(c) 基数权重

图 6.1　局部二值模式原理

6.2.2　LBCNN

　　基于传统的 CNN 模型和局部二值模式，本小节提出一种局部二值卷积神经网络模型。LBCNN 模型结构如图 6.2 所示，由五个重要部分组成，即卷积层、池化层、局部二值卷积（local binary convolution，LBC）层、全连接层和 Softmax 层。首先将复杂系统监测数据输入到卷积层中，通过卷积核自动捕捉隐藏特征，以生成新的特征映射。然后输入到池化层中，池化层用于在保持空间不变性下降低特征映射的分辨率。其次，利用 LBC 层实现特征映射的快速特征捕捉。全连接层用于提取特征的非线性拟合。最后，利用 Softmax 层获得不同故障状态的概率。

1. 卷积层

　　在卷积层中，输入数据由一组卷积核进行卷积以生成新的特征映射，此过程可以表示为

$$\boldsymbol{X}_{(l+1)}^{m'} = f\left[\sum_{m=1}^{M} \boldsymbol{W}_{(l)}^{mm'} * \boldsymbol{X}_{(l)}^{m} + \boldsymbol{B}_{(l)}^{m'}\right] \tag{6.2}$$

式中：$\boldsymbol{X}_{(l+1)}^{m'}$ 为第 l 个卷积层的输出，表示所获得的新特征映射，用于输入到下一层（第 $l+1$ 层）；$m = 1, 2, \cdots, M$ 与 $m' = 1, 2, \cdots, M'$ 分别为输入特征映射 $\boldsymbol{X}_{(l)}^{m}$ 和输出特征映射 $\boldsymbol{X}_{(l+1)}^{m'}$ 的索引，若该层为模型第一层，则 M 为 1；$\boldsymbol{W}_{(l)}^{mm'}$ 为第 m 个卷积核的权重矩阵；$\boldsymbol{B}_{(l)}^{m'}$ 为该层的偏置矩阵；*为卷积运算；$f(\cdot)$ 为 ReLU 非线性激活函数，公式为

$$f(\alpha) = \max\left[0, \lg(1 + e^{\alpha})\right] \tag{6.3}$$

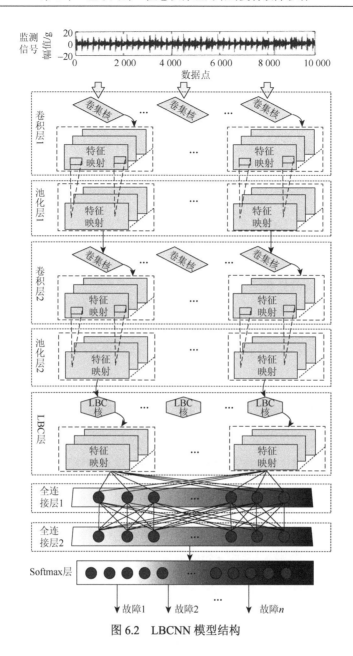

图 6.2　LBCNN 模型结构

2. 池化层

池化层主要执行池化操作，以减小特征映射的尺寸，优化神经元的数量，加快收敛速度并防止过拟合。

池化操作通过池化窗口将特征映射划分为许多非重叠的矩形区域，然后通过适当的池化操作（如最大池化和平均池化）获得每个区域的融合特征。池化窗口的大小可以人为设定。在 LBCNN 模型中，池化操作选用最大池化，表示为

$$\boldsymbol{X}^{m'}_{(l+1)}(a,b) = \max\left[\boldsymbol{X}^{m'}_{(l+1)}(i,j)\right], \quad a \leqslant i < a+p, \ b \leqslant j < b+q \tag{6.4}$$

式中：$\boldsymbol{X}^{m'}_{(l+1)}(i,j)$ 为 C_n 的第 (i,j) 元素；p 与 q 分别为池化窗口的长度和宽度。选择池化窗口中的最大值作为新特征映射的元素值。

3. LBC 层

在 LBC 层中，将 LBP 操作与卷积核结合，构建局部二值卷积核。采用类似于传统卷积核的重叠扫描方式进行运算。首先，在 LBC 层中，多个局部二值卷积核 $W_i^{mm'}$ 对输入特征映射 $X_{(n)}^m$ 进行卷积操作，其中 $i=1,2,\cdots,K$，产生 K 个特征矩阵。其次，通过非线性激活函数对这些特征矩阵进行计算。在 LBC 层中，ReLU 函数取代了传统 LBP 中的 Heaviside 阶跃函数。最后，将 K 个特征矩阵与 K 个可学习的权重 $V_{n,i}^{m'}$（$i=1,2,\cdots,K$）进行线性组合，以生成最终 LBC 层的输出。这个过程可以描述为

$$X_{(n+1)}^{m'} = f\left[\sum_{i=1}^{K}\sigma\left(\sum_m W_i^{mm'} * X_{(n)}^m\right)\cdot V_{n,i}^{m'}\right] \tag{6.5}$$

式中：$X_{(n+1)}^{m'}$ 为第 n 个 LBC 层的输出特征映射；m 与 m' 分别为输入特征映射和输出特征映射的索引；$f(\cdot)$ 为 ReLU 非线性激活函数。

在卷积核的大小相同及输入和输出维数相同的情况下，LBC 层的待学习参数比传统卷积层减少了很多。假设卷积核没有偏置项，则传统卷积层和 LBC 层中待学习参数的数量之比为 $(P\cdot H\cdot W)/K^{[72]}$，其中 H 和 W 代表卷积核的大小，P 为输入通道数。

4. 全连接层

LBCNN 中设置了全连接层，对特征映射进行非线性变换。该过程表述为

$$F = f(W_{fc}X_{fc} + b_{fc}) \tag{6.6}$$

式中：X_{fc} 为输入特征映射；W_{fc} 与 b_{fc} 为全连接层的权重和偏置项。

5. Softmax 层

在 LBCNN 模型中，引入 Softmax 回归进行多类别分类。给定一个包含 k 个类别和 m 个样本的训练数据集 $\{x^{(i)}\}_{i=1}^m$，其中 $x^{(i)}\in\mathbb{R}^n$。相应的标签是 $\{y^{(i)}\}_{i=1}^m$，其中 $y^{(i)}\in\{1,2,\cdots,k\}$。Softmax 层用于计算每个样本属于每个类别的概率，公式如下：

$$P\left(y^{(i)}=j|x^{(i)};\theta\right)=\frac{e^{\theta_j^T x^{(i)}}}{\sum_{l=1}^k e^{\theta_l^T x^{(i)}}},\quad j=1,2,\cdots,k \tag{6.7}$$

式中：$\theta=[\theta_1,\theta_2,\cdots,\theta_k]$ 为 Softmax 分类器的参数。

6.2.3 多标签分类策略

为了使得 LBCNN 有效地诊断出机械装备复合故障，本小节设计了多标签分类策略。

对于最简单分类问题，即单标签二分类问题，分类标签的取值只有两种，即每个实例可能的类别只有两种（A 或者 B）。此时的分类算法其实是在构建一个分类的边界，将数据划分为两个类别。

随着待分类的种类增多，产生了新的分类问题，即单标签多分类问题，是指待分类的

样本的标签只有一个，但是其标签的取值可能有多种情况，即每个实例的可能类别有 K 种。图 6.3 为单标签多分类问题的标签标注示意图。每种类型的数据只有一个唯一对应的标签。这种情况是目前故障诊断中最常用的标签标注方式。对于一个多分类的问题，可以利用神经网络等多分类模型直接输出不同类型数据的标签，也可以将待求解的多分类的问题转化为二分类问题的延伸，即将多分类任务拆分为若干个二分类任务的求解，具体策略包括一对一策略[73]和一对多策略[74]等。

区别于传统的单标签多分类问题，多标签分类问题更为复杂，适用于复合故障的标注。图 6.4 是多标签分类问题的标签标注示意图。从图 6.4 中可以看到，同一个样本可以有多个标签，或者被分为多个类。下面是数字化表达，假定 $\mathbb{R}$ 代表输入空间的维度，$\mathbb{Z} = \{y_i | i = 1, \cdots, N\}$ 代表样本对应的标签集，多标签学习的目的是得到一个映射 F，使得样本从输入空间 $\mathbb{R}$ 映射到输出空间 $2^{\mathbb{Z}}$，$\mathbb{Z}$ 为单标签多分类问题中的输出空间。

类型	标签					
	L1	L2	L3	L4	L5	L6
A1	1	0	0	0	0	0
A2	0	1	0	0	0	0
A3	0	0	1	0	0	0
A4	0	0	0	1	0	0
A5	0	0	0	0	1	0
A6	0	0	0	0	0	1

图 6.3　单标签多分类问题的标签标注示意图

类型	标签					
	L1	L2	L3	L4	L5	L6
A1	1	0	0	1	0	0
A2	0	1	0	0	0	0
A3	0	0	1	0	0	0
A4	0	0	0	1	0	0
A5	1	0	0	0	1	0
A6	0	0	1	0	0	1

图 6.4　多标签分类问题的标签标注示意图

6.3　基于 LBCNN 的复合故障诊断方法

6.3.1　复合故障诊断框架

基于 LBCNN 模型，本小节提出一种数据驱动的复杂系统复合故障诊断方法。这种端到端故障诊断方法具有自适应特征提取的能力，不需要人工提取故障特征。图 6.5 为复合故障诊断过程。

基于 LBCNN 的复合故障诊断方法流程如下所示。

（1）利用监测传感器从复杂系统采集不同故障状态下的监测数据，然后将采集到的监测数据进行样本切分，以形成多个样本。

（2）将每个一维监测信号样本进行小波变换，获取信号样本的二维小波时频图。

（3）对不同小波基函数转化的小波时频图进行筛选，选择出最优的小波时频图类型。

（4）对数据样本进行划分，以生成训练样本、验证样本和测试样本。

（5）对数据样本进行标签标注。

（6）设计 LBCNN 模型结构，并对 LBCNN 模型进行模型训练。

（7）LBCNN 模型训练完成后，将验证样本输入到训练好的 LBCNN 模型中进行模型校验。

（8）将测试样本输入到训练好的 LBCNN 模型中，进行实时故障诊断。

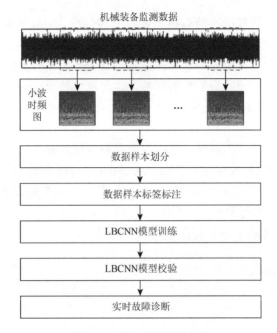

图 6.5　复合故障诊断过程

6.3.2　信号小波变换

　　传统的监测信号大多是一维序列，这些序列无法直观地反映出复杂系统的故障信息。不同于一维监测信号，二维图像矩阵可以携带更加丰富的信息，更容易表达出数据中蕴含的潜在信息。因此，将复杂系统一维监测信号转化成二维图像，可以便于深度学习模型去捕捉隐含的故障特征。时频图像是故障诊断领域最常用的数据转化技术，成熟的时频图像生成技术有傅里叶变换，小波变换和维格纳-威尔分布等。其中傅里叶变换虽然应用最广泛，但其也具有分辨率不变等缺点。小波变换是在短时傅里叶变换思想上提出的一种新的信号变换方法，其克服了短时傅里叶变换的缺点，设计了一个可以随着频率变化的时-频窗口。本章选择小波变换方法将复杂系统的一维监测信号转化成二维时频图。

　　这里首先介绍小波的概念。小波又可称为小波基函数，是小波母函数通过移位和伸缩产生的函数。它存在于一个较小区域内，其持续时间有限，频率和振幅是变化的，在持续时间内幅值均值为 0，在时域和频域上同时具有局部化特征。常见的小波基函数包括 Haar、Daubechies、Symlets、Coiflets、Biorthogonal、Reverse biorthogonal、Morlet、Mexican hat、Meyer、Gaussian、Dmeyer、Complex Gaussian、Complex Morlet 等。其中，Haar、Morlet、Mexican hat、Meyer、Dmeyer 表示一个固定的小波基函数，其余的表示一个小波基函数家族，如 Daubechies 小波基函数家族包含了 db1～db10 共 10 个小波基函数。图 6.6 为经典小波基函数图。

　　信号小波变换可以解释为将 $L^2(R)$ 空间的任意信号函数 $x(t)$ 在小波基函数下进行展开。$L^2(R)$ 空间表示实数域上的平方可积函数空间。具体过程可以表示为

$$\mathrm{WT}(a,\tau) = \frac{1}{\sqrt{|a|}} \int_{-\infty}^{\infty} x(t)\Phi\left(\frac{t-\tau}{a}\right) \mathrm{d}t = <x, \Phi_{a,\tau}> \tag{6.8}$$

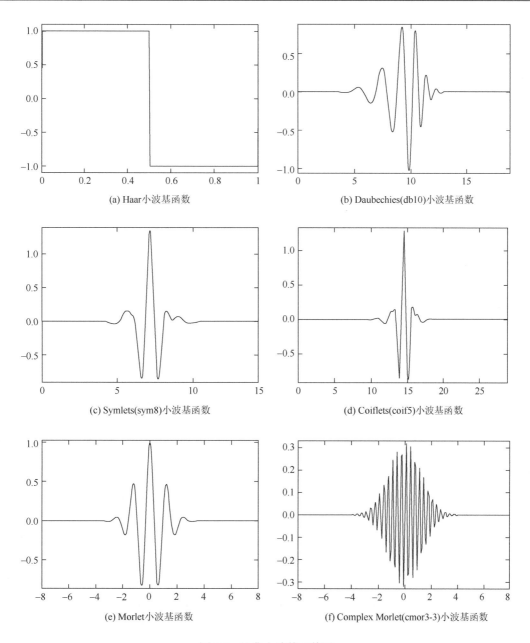

图 6.6　经典小波基函数图

横坐标为 t，纵坐标为频率

式中：$\Phi(t)$ 为小波母函数，可以是实数函数或复数函数；τ 为时移系数；a 为 $\Phi(t)$ 到 $\Phi(t/a)$ 的伸缩系数，$a \neq 0$。$\Phi_{a,\tau}(t) = \dfrac{1}{\sqrt{|a|}}\Phi\left(\dfrac{t-\tau}{a}\right)$ 为小波基函数；$<\bullet, \bullet>$ 为内积运算。式（6.8）中的连续小波变换可以看作信号 $x(t)$ 和小波基函数 $\Phi_{a,\tau}(t)$ 的内积。

6.3.3　最优小波时频图选择

图像质量评价是图像处理领域的基本技术之一，用于评估图像的失真程度、噪声、信息丰富度[75]。图像质量评价可以分为主观评价和客观评价。主观评价是基于人类对图像的真实评价，追求真实反映人的具体感知；客观评价是通过数学模型的计算，给出数字形式的评价结果。本章采用信息熵（information entropy，IE）和布伦纳梯度（Brenner gradient，BG）两种客观评价方法选择小波时频图。

首先介绍信息熵。熵的概念来自热力学第二定律的表述。在信息论中，熵代表信源不确定性的度量。对于一组离散型随机变量 X，信息熵 $IE(X)$ 的定义由式（6.9）给出。

$$IE(X) = -\sum_{x \in X} p(x)\ln\left[p(x)\right] \tag{6.9}$$

式中：x 为 X 中的元素；$p(x)$ 为 x 在 X 中出现的概率。为了二进制运算方便，通常转化为以 2 为底的对数形式，表示为

$$IE(X) = -\sum_{x \in X} p(x)\ln\left[p(x)\right]/\ln(2) \tag{6.10}$$

目前流行的计算机图像表示方法通常用 8 位表示一个像素，即一张图像共有 256 个灰度等级（像素值是 0~255 内的整数），每个像素等级都代表不同的亮度。因此，如果将一张大小为 $m \times n$ 的灰度图 I 视为像素点 p 的集合，那么灰度图的信息熵 $IE(I)$ 定义如下：

$$IE(I) = -\sum_{i=0}^{255} p(i)\ln\left[p(i)\right]/\ln(2) \tag{6.11}$$

$$p(i) = \frac{num(p = i)}{m \times n} \tag{6.12}$$

式中：$num(p = i)$ 为图片中像素值为 i 的点的个数。RGB 彩图的信息熵 $IE(I)$ 是对图片的三层分别求熵，取平均值。由式（6.11）和式（6.12）中可以明显地看出，图像的像素点分布越均匀，图像的信息熵越高，图片的质量也越好。

接着介绍 Brenner 梯度。Brenner 梯度算法以 Brenner 算子为基础，通过计算相邻 2 单位的像素的灰度等级差值来评价图像的清晰度。Brenner 梯度算法具有简洁实用、计算量小等特点。对于一张大小为 $m \times n$ 的图像 I，Brenner 梯度指标定义由式（6.13）给出。

$$BG(I) = \sum_{i=1}^{m-2}\sum_{j=1}^{n}\left[I(i+2,j)-I(i,j)\right]^2 \tag{6.13}$$

式中：$I(i,j)$ 为灰度图 I 中第 i 行，第 j 列的像素点的灰度等级。指标 BG 越大，图像的质量越好。

综合信息熵和 Brenner 梯度，本小节构造了一个质量指数（quality index，QI）指标来评价转换后的时频图，QI 的公式如下：

$$QI = (IE + BG)/2 \tag{6.14}$$

6.3.4　LBCNN 模型训练与诊断

LBCNN 模型训练与诊断流程图如图 6.7 所示，具体流程如下所示。

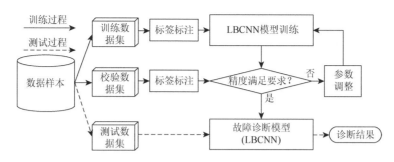

图 6.7　LBCNN 模型训练与诊断流程图

（1）按照一定比例将信号样本随机划分到训练数据集、校验数据集和测试数据集中，以生成训练样本、验证样本和测试样本。

（2）针对不同故障类型设计不同的故障标注方式，对不同故障类型数据样本进行标签标注。

（3）设计 LBCNN 模型结构。

（4）将所有训练样本输入到 LBCNN 模型中并进行模型训练。

（5）模型训练完成后，将验证样本输入到训练好的 LBCNN 模型中并进行模型校验。若校验精度满足要求，则保存故障诊断模型；否则，重新调整模型参数，继续利用训练样本训练 LBCNN 模型，直到模型的校验精度满足要求。

（6）将测试样本输入到训练好的 LBCNN 模型中，得到诊断结果。

6.4　案　例　分　析

6.4.1　案例 1

1. 案例说明与数据集描述

本案例利用机械故障预防技术协会（Machinery Failure Prevention Technology Society，MFPTS）发布的 MFPTS 轴承数据集来验证提出方法在多类别单一故障诊断问题上的有效性[76]。监测数据从轴承试验台采集，试验台测试轴承的参数如表 6.1 所示。MFPTS 轴承数据集包含了三种故障状态的试验轴承数据，分别为正常状态、内圈故障和外圈故障。故障轴承照片如图 6.8 所示。

表 6.1　试验台测试轴承的参数

参数	值
滚子直径	0.235 in
节圆直径	1.245 in
滚子数量	8
接触角	0°

注：1 in = 25.4 mm。

对轴承施加不同的载荷，收集了不同工况下的故障数据。因此，MFPTS 轴承数据集中包含

20 组数据,其中:3 组为正常状态的轴承测试数据,3 组为恒定负载下的轴承外圈故障数据,7 组为不同负载下的轴承外圈故障数据,7 组为不同负载下的轴承内圈故障数据。本小节将这些数据划分为 16 个故障状态用于诊断,表示为 C1~C16。不同故障状态下信号的详细信息见表 6.2。不同故障状态下的滚动轴承振动信号如图 6.9 所示。此外,有关 MFPTS 轴承数据集的更多详细信息请参考文献[76]。

为了扩充每种故障类型下的样本数,对振动信号进行重叠切片操作。重叠切片是一种流行的数据样本扩充技术[77]。利用该技术,在所有故障状态下共获得 16 000 个样品。对于每种故障状态,随机抽取训练样本、验证样本和测试样本,比率分别设置为 80%、10% 和 10%。采集所有训练样本和验证样本,组成训练集和验证集,用于模型训练、参数调整和优化。利用测试样本对所构建的 LBCNN 模型的诊断性能进行评价。每次计算运行 10 次,以平均精度作为最终结果。

(a) 轴承内圈故障　　　　　　　　　　　　(b) 轴承外圈故障

图 6.8　故障轴承照片

表 6.2　不同故障状态下信号的详细信息表

状态序号	故障类型	负载/lb	频率/Hz	采样时间/s	数据点数	样本数(训练/验证/测试)
C1	正常	270	97 656	6	585 936×3	800/100/100
C2	外圈故障	270	97 656	6	585 936×3	800/100/100
C3	外圈故障	25	48 828	3	146 484	800/100/100
C4	外圈故障	50	48 828	3	146 484	800/100/100
C5	外圈故障	100	48 828	3	146 484	800/100/100
C6	外圈故障	150	48 828	3	146 484	800/100/100
C7	外圈故障	200	48 828	3	146 484	800/100/100
C8	外圈故障	250	48 828	3	146 484	800/100/100
C9	外圈故障	300	48 828	3	146 484	800/100/100
C10	内圈故障	0	48 828	3	146 484	800/100/100
C11	内圈故障	50	48 828	3	146 484	800/100/100
C12	内圈故障	100	48 828	3	146 484	800/100/100
C13	内圈故障	150	48 828	3	146 484	800/100/100
C14	内圈故障	200	48 828	3	146 484	800/100/100
C15	内圈故障	250	48 828	3	146 484	800/100/100
C16	内圈故障	300	48 828	3	146 484	800/100/100

注: lb 为英制单位磅, 1 lb≈453.59 g。

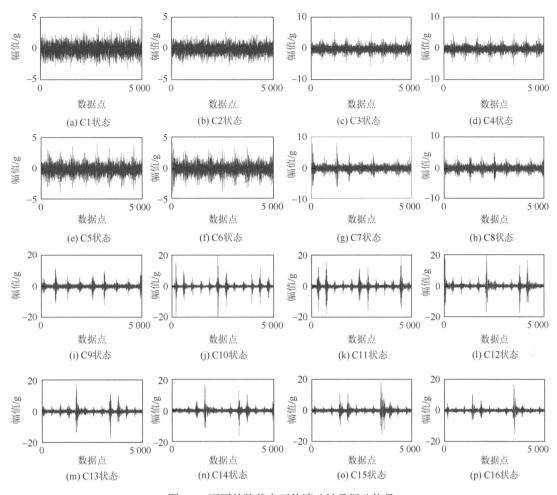

图 6.9　不同故障状态下的滚动轴承振动信号

2. 实验结果与讨论

　　首先，利用连续小波变换将滚动轴承监测信号转化成时频图。为了选择最优的小波基函数，共选择 75 种候选小波基函数，具体如表 6.3 所示。接着，计算基于不同小波基函数转化的时频图的 QI 值。图 6.10 所示的是 75 个小波基函数转化时的小波时频图的 QI 指标值。为了便于比较，图中展示了归一化后的结果。结果表明，与其他小波基函数相比，Complex Morlet（cmor3-3）小波基函数转化的时频图的 QI 指标值最高，因此选择 Complex Morlet 小波基函数对监测信号进行小波变化，将原始监测信号转化成时频图，生成的小波时频图如图 6.11 所示。

表 6.3　所有候选小波基函数列表

序号	小波基函数家族	小波基函数
1	Haar	haar
2～11	Daubechies	db1～db10
12～18	Symlets	sym2～sym8
19～23	Coiflets	coif1～coif5

序号	小波基函数家族	小波基函数
24～38	Biorthogonal	bior1.1、bior1.3、bior1.5、bior2.2、bior2.4、bior2.6、bior2.8、bior3.1、bior3.3、bior3.5、bior3.7、bior3.9、bior4.4、bior5.5、bior6.8
39～53	Reverse Biorthogonal	rbio1.1、rbio1.3、rbio1.5、rbio2.2、rbio2.4、rbio2.6、rbio2.8、rbio3.1、rbio3.3、rbio3.5、rbio3.7、rbio3.9、rbio4.4、rbio5.5、rbio6.8
54	Morlet	morlet
55	Mexican Hat	mexh
56	Meyer	meyr
57～64	Gaussian	gaus1～gaus8
65	Dmeyer	dmey
66～73	Complex Gaussian	cgau1～cgau8
74	Complex Morlet	cmor3-3
75	Complex Shannon	shan3-3

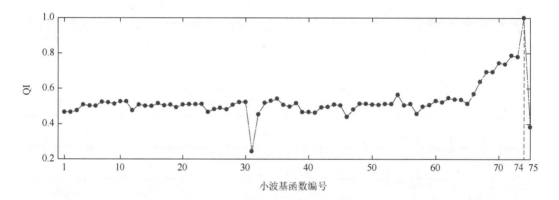

图 6.10　案例 1 中 75 个小波基函数转化时小波视频图的 QI 指标值

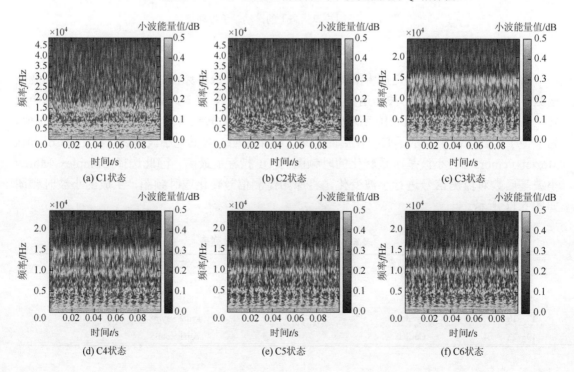

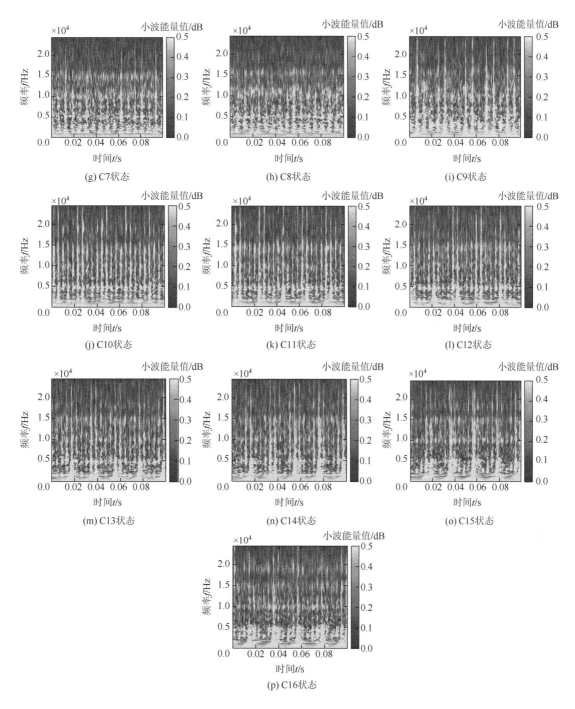

图 6.11　不同故障状态下监测信号的小波时频图

其次，建立 LBCNN 模型，开展轴承故障诊断。表 6.4 为构建的 LBCNN 模型的超参数。在标签标注上，由于所有故障均是单一故障，本案例采用多分类单标签策略标注所有训练样本。

表 6.4　组建的 LBCNN 模型的超参数

层序号	类型	超参数
1	卷积层	6 个卷积核，卷积核尺寸为 5×5
2	最大池化层	池化尺寸为 2×2
3	卷积层	16 个卷积核，卷积核尺寸为 5×5
4	最大池化层	池化尺寸为 2×2
5	局部二值卷积层	120 个卷积核，卷积核尺寸为 5×5
6	全连接层	神经元数目为 1 600
7	全连接层	神经元数目为 16
8	Softmax 层	—

为了探索不同优化器对 LBCNN 模型的优化效果，本小节尝试使用不同优化器来优化 LBCNN 模型，包括 Adam 优化器、SGD 优化器、自适应增量（adaptive delta，AdaDelta）优化器和自适应子梯度（adaptive gradient，AdaGrad）优化器。不同优化器的训练过程如图 6.12 所示。从图 6.12 中可以看到 4 个优化器均能实现 LBCNN 模型的优化。与其他优化算法相比，Adam 算法具有更快的收敛速度和训练效率。因此，在 LBCNN 模型中将 Adam 作为优化器。

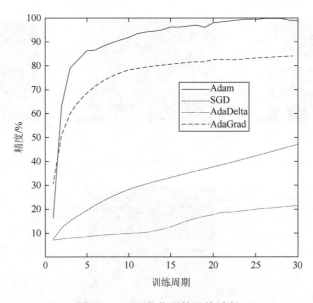

图 6.12　不同优化器的训练过程

为了防止模型过拟合，早停技术被运用于 LBCNN 模型中。图 6.13 显示了一次试验的训练和验证结果。从图 6.13 中可以看出，本小节所提出的 LBCNN 模型可以在训练过程中快速收敛。训练和验证的准确率在 30 个周期后就接近最高水平。为了验证模型的稳定性，共开展了 10 次实验，最终平均验证准确率为 99.60%，标准偏差为 0.39%。

一旦 LBCNN 模型完成训练，就开始测试过程。MFPTS 数据集测试结果的混淆矩阵图如图 6.14 所示，测试结果令人满意，只有 6 个样本被误判。测试结果的宏/微观精度值为 99.63% 和 99.57%，宏/微观召回率为 6.26% 和 6.23%，宏/微观 $F1$ 值为 0.117 7 和 0.117 2。

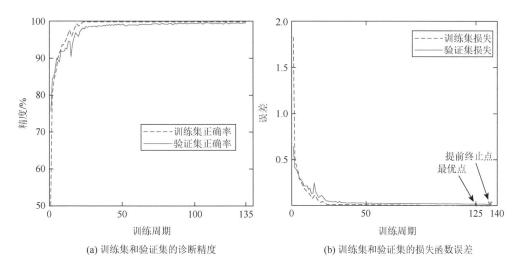

(a) 训练集和验证集的诊断精度　　　　(b) 训练集和验证集的损失函数误差

图 6.13　LBCNN 训练过程图

实际状态

预测状态	C1	C2	C3	C4	C5	C6	C7	C8	C9	C10	C11	C12	C13	C14	C15	C16	汇总
C1	100 / 6.25%	0 / 0.00%	0 / 0.00%	0 / 0.00%	0 / 0.00%	0 / 0.00%	0 / 0.00%	0 / 0.00%	0 / 0.00%	0 / 0.00%	0 / 0.00%	0 / 0.00%	0 / 0.00%	0 / 0.00%	0 / 0.00%	0 / 0.00%	100.00% / 0.00%
C2	0 / 0.00%	100 / 6.25%	0 / 0.00%	0 / 0.00%	0 / 0.00%	0 / 0.00%	0 / 0.00%	0 / 0.00%	0 / 0.00%	0 / 0.00%	0 / 0.00%	0 / 0.00%	0 / 0.00%	0 / 0.00%	0 / 0.00%	0 / 0.00%	100.00% / 0.00%
C3	0 / 0.00%	0 / 0.00%	100 / 6.25%	0 / 0.00%	0 / 0.00%	0 / 0.00%	0 / 0.00%	0 / 0.00%	0 / 0.00%	0 / 0.00%	0 / 0.00%	0 / 0.00%	0 / 0.00%	0 / 0.00%	0 / 0.00%	0 / 0.00%	100.00% / 0.00%
C4	0 / 0.00%	0 / 0.00%	0 / 0.00%	100 / 6.25%	0 / 0.00%	0 / 0.00%	0 / 0.00%	0 / 0.00%	0 / 0.00%	0 / 0.00%	0 / 0.00%	0 / 0.00%	0 / 0.00%	0 / 0.00%	0 / 0.00%	0 / 0.00%	100.00% / 0.00%
C5	0 / 0.00%	0 / 0.00%	0 / 0.00%	0 / 0.00%	100 / 6.25%	0 / 0.00%	0 / 0.00%	0 / 0.00%	0 / 0.00%	0 / 0.00%	0 / 0.00%	0 / 0.00%	0 / 0.00%	0 / 0.00%	0 / 0.00%	0 / 0.00%	100.00% / 0.00%
C6	0 / 0.00%	0 / 0.00%	0 / 0.00%	0 / 0.00%	0 / 0.00%	100 / 6.25%	0 / 0.00%	0 / 0.00%	0 / 0.00%	0 / 0.00%	0 / 0.00%	0 / 0.00%	0 / 0.00%	0 / 0.00%	0 / 0.00%	0 / 0.00%	100.00% / 0.00%
C7	0 / 0.00%	0 / 0.00%	0 / 0.00%	0 / 0.00%	0 / 0.00%	0 / 0.00%	99 / 6.19%	0 / 0.00%	0 / 0.00%	0 / 0.00%	0 / 0.00%	0 / 0.00%	0 / 0.00%	0 / 0.00%	0 / 0.00%	0 / 0.00%	100.00% / 0.00%
C8	0 / 0.00%	0 / 0.00%	0 / 0.00%	0 / 0.00%	0 / 0.00%	0 / 0.00%	1 / 0.06%	100 / 6.25%	0 / 0.00%	0 / 0.00%	0 / 0.00%	0 / 0.00%	0 / 0.00%	0 / 0.00%	0 / 0.00%	0 / 0.00%	99.00% / 1.00%
C9	0 / 0.00%	0 / 0.00%	0 / 0.00%	0 / 0.00%	0 / 0.00%	0 / 0.00%	0 / 0.00%	0 / 0.00%	100 / 6.25%	0 / 0.00%	0 / 0.00%	0 / 0.00%	0 / 0.00%	0 / 0.00%	0 / 0.00%	0 / 0.00%	100.00% / 0.00%
C10	0 / 0.00%	0 / 0.00%	0 / 0.00%	0 / 0.00%	0 / 0.00%	0 / 0.00%	0 / 0.00%	0 / 0.00%	0 / 0.00%	100 / 6.25%	0 / 0.00%	0 / 0.00%	0 / 0.00%	0 / 0.00%	0 / 0.00%	0 / 0.00%	100.00% / 0.00%
C11	0 / 0.00%	0 / 0.00%	0 / 0.00%	0 / 0.00%	0 / 0.00%	0 / 0.00%	0 / 0.00%	0 / 0.00%	0 / 0.00%	0 / 0.00%	99 / 6.19%	2 / 0.12%	1 / 0.06%	0 / 0.00%	0 / 0.00%	0 / 0.00%	97.00% / 3.00%
C12	0 / 0.00%	0 / 0.00%	0 / 0.00%	0 / 0.00%	0 / 0.00%	0 / 0.00%	0 / 0.00%	0 / 0.00%	0 / 0.00%	0 / 0.00%	1 / 0.06%	98 / 6.13%	0 / 0.00%	0 / 0.00%	0 / 0.00%	0 / 0.00%	99.00% / 1.00%
C13	0 / 0.00%	0 / 0.00%	0 / 0.00%	0 / 0.00%	0 / 0.00%	0 / 0.00%	0 / 0.00%	0 / 0.00%	0 / 0.00%	0 / 0.00%	0 / 0.00%	0 / 0.00%	99 / 6.19%	1 / 0.06%	0 / 0.00%	0 / 0.00%	99.00% / 1.00%
C14	0 / 0.00%	0 / 0.00%	0 / 0.00%	0 / 0.00%	0 / 0.00%	0 / 0.00%	0 / 0.00%	0 / 0.00%	0 / 0.00%	0 / 0.00%	0 / 0.00%	0 / 0.00%	0 / 0.00%	99 / 6.19%	0 / 0.00%	0 / 0.00%	100.00% / 0.00%
C15	0 / 0.00%	0 / 0.00%	0 / 0.00%	0 / 0.00%	0 / 0.00%	0 / 0.00%	0 / 0.00%	0 / 0.00%	0 / 0.00%	0 / 0.00%	0 / 0.00%	0 / 0.00%	0 / 0.00%	0 / 0.00%	100 / 6.25%	0 / 0.00%	100.00% / 0.00%
C16	0 / 0.00%	0 / 0.00%	0 / 0.00%	0 / 0.00%	0 / 0.00%	0 / 0.00%	0 / 0.00%	0 / 0.00%	0 / 0.00%	0 / 0.00%	0 / 0.00%	0 / 0.00%	0 / 0.00%	0 / 0.00%	0 / 0.00%	100 / 6.25%	100.00% / 0.00%
汇总	100.00% / 0.00%	100.00% / 0.00%	100.00% / 0.00%	100.00% / 0.00%	100.00% / 0.00%	100.00% / 0.00%	99.00% / 1.00%	100.00% / 0.00%	100.00% / 0.00%	100.00% / 0.00%	99.00% / 1.00%	98.00% / 2.00%	99.00% / 1.00%	99.00% / 1.00%	100.00% / 0.00%	100.00% / 0.00%	99.56% / 0.44%

图 6.14　MFPTS 数据集测试结果的混淆矩阵图

　　LeNet-5 模型作为一个经典的 CNN[78]模型，用来与 LBCNN 模型进行比较。图 6.15 中展示了两种模型的前 30 个训练周期。很明显，LBCNN 模型的收敛速度比 LeNet-5 模型快。这证明了 LBCNN 模型具有较快的训练速度。通过详细比较两个网络的结构和参数，可以发现 LBCNN 模型只包含 1 925 个可学习参数，而 LeNet-5 模型包含 48 120 个可学习参数[78]。

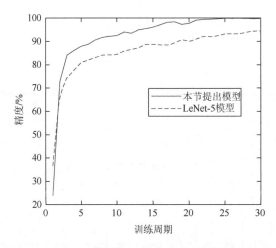

图 6.15　LBCNN 模型与 LeNet-5 模型训练过程对比

　　为了进一步说明 LBCNN 模型的优越性，本小节将提出的 LBCNN 模型的诊断性能与不同的深度学习和机器学习模型进行比较，包括 CNN（LeNet-5）模型、SVM 模型、K 近邻（K-nearest neighbor，KNN）模型、极限学习机（extreme learning machine，ELM）模型和 S-变换 CNN（S-transform CNN，ST-CNN）模型[77]。SVM 模型采用一对一策略进行多类别分类，采用网格搜索法对惩罚系数和径向基函数（radial basis function，RBF）RBF 核参数进行优化。在 KNN 模型中，经过网格搜索优化后，k 被设置为 64，距离度量采用欧氏距离。在 ELM 模型中，隐藏层神经元数被设置为 32。表 6.5 比较了不同方法的精度。除了 ST-CNN 模型，表 6.5 中的其他模型的结果均为 10 次试验的平均准确度和标准差。本章提出的 LBCNN 模型的平均测试精度为 99.56%，标准差为 0.97%。结果表明，与其他 5 种模型相比，本章提出的模型具有最高的精度，这表明提出的 LBCNN 模型比其他模型具有更好的诊断性能。

表 6.5　不同模型的精度对比

模型	精度/%
LBCNN	99.56±0.97
CNN（LeNet-5）	99.06±1.04
SVM	91.88±3.74
KNN	86.69±4.53
ELM	79.75±9.44
ST-CNN[77]	99.50

6.4.2　案例 2

1. 案例说明与数据集描述

在本案例中，采用风电齿轮箱振动信号数据对本章提出的 LBCNN 模型进行验证。数据集是从风电齿轮箱实验台上收集的。该实验台由两台电机、一个齿轮箱、一个飞轮、数据采集板和一台计算机组成。实验中使用的两台电机型号为 ABB mv1008-225（1.2 kW）。其中：一台作为原动机驱动多级齿轮箱；另一台作为异步发电机模拟各种阻力矩，通过联轴器与驱动轴相连。实验中，该装置的输入转速设定为 1 400 r/min，齿轮箱中两个啮合齿轮组的转速分别为 1 184 r/min 和 840 r/min。通过改变控制伺服电机驱动的变频器的输出，得到不同负载下的振动信号。图 6.16 显示了实验装置的照片。

图 6.16　风电齿轮箱实验台示意图

采集到的振动信号包括 17 种故障状态，即 1 种正常状态、7 种单一故障状态和 9 种复合故障状态。此外，本数据集涉及的 7 种常见单一故障（C1～C7）如图 6.17 所示，包括破齿、齿片脱落、齿轮裂纹、轴承外圈磨损、轴承滚动体磨损、轴向不平衡等。所有的故障都是人工设计的故障，如齿轮齿片脱落是将完整的齿轮进行机械加工削去一个齿，轴向不平衡是将偏心块加在轴上实现的。齿轮箱滚动轴承的故障特征频率如表 6.6 所示。

(a) 破齿

(b) 齿片脱落

(c) 齿片裂纹

(d) 轴承外圈磨损　　　　　　　(e) 轴承滚动体磨损　　　　　　　(f) 轴向不平衡

图 6.17　部分故障图片

表 6.6　齿轮箱滚动轴承的故障特征频率

故障类型	特征频率/Hz
内圈故障	83
外圈故障	123
滚动体故障	42

　　齿轮箱振动信号是由两个型号为 NI-cDAQ-9174/9234 的振动传感器采集的，采样频率为 10 240 Hz，采样持续时间设置为 100 s，这意味着每种故障状态下可以获得 4 096 000 个数据点（即 2 个传感器×100 s×10 240 Hz）。每种故障状态下的数据点被分成 1 000 个样本，其中训练样本/验证样本/测试样本的数量比为 800∶100∶100。采用多标签分类策略，为复合故障样本标记多个标签。所有故障类型及对应标签如表 6.7 所示。

表 6.7　所有故障类型及对应标签

状态编号	状态名称	标签
C0	正常状态	0
C1	破齿	1
C2	齿片脱落	2
C3	齿轮裂纹	3
C4	轴承外圈磨损	4
C5	轴承滚动体磨损	5
C6	齿轮箱固定盘松动	6
C7	轴向不平衡	7
CC1	破齿 + 齿片脱落	1，2
CC2	破齿 + 齿轮裂纹	1，3
CC3	破齿 + 轴承外圈磨损	1，4
CC4	破齿 + 轴承滚动体磨损	1，5
CC5	破齿 + 齿轮箱固定盘松动	1，6
CC6	齿片脱落 + 轴承外圈磨损	2，4
CC7	齿片脱落 + 轴承滚动体磨损	2，5
CC8	齿片脱落 + 齿轮箱固定盘松动	2，6
CC9	齿轮箱固定盘松动 + 轴向不平衡	6，7

2. 实验结果与讨论

首先，利用连续小波变换将监测信号转换到时频域。图 6.18 展示了本案例中所有 75 个小波基函数转化的小波时频图的归一化 QI 指标值，最终选择 Complex Morlet（cmor3-3）小波基函数转化的时频图。生成的小波时频图如图 6.19 所示。

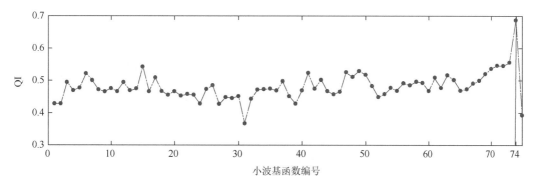

图 6.18　案例 2 中 75 个小波基函数转化时频图的 QI 指标值

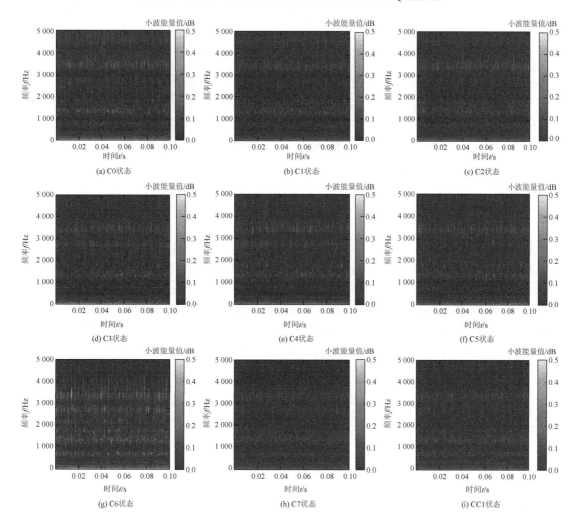

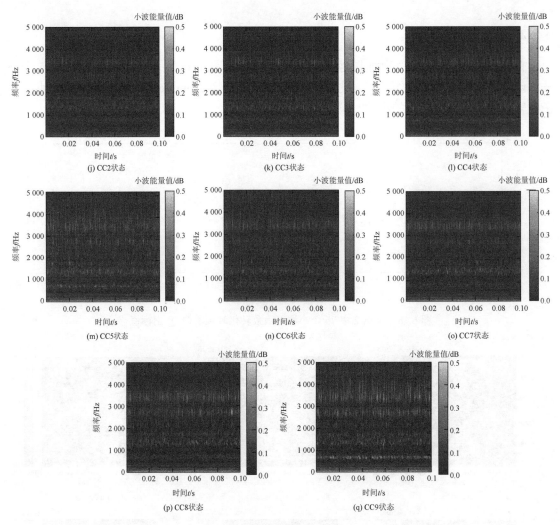

图 6.19　不同故障状态下监测信号的小波时频图

其次，构建一个 LBCNN 模型，其超参数与案例 1 相同。在模型训练阶段，采用 13 600 个不同故障状态下的样本进行模型训练。LBCNN 模型将 Adam 作为优化程序。图 6.20 展示了一次实验的训练和验证结果，包括精度的变化和收敛曲线。最终，10 次实验的平均验证准确率为 95.76%，标准偏差为 0.58%。表 6.8 展示了不同故障的诊断准确率，从表中可知单一故障的诊断精度要略高于复合故障的诊断精度。

表 6.8　不同故障的诊断准确率

模型	诊断准确率/%			
	单一故障		复合故障	
LBCNN	C0	100	CC1	97
	C1	99	CC2	100
	C2	99	CC3	96
	C3	98	CC4	88

续表

模型	诊断准确率/%			
	单一故障		复合故障	
LBCNN	C4	97	CC5	98
	C5	98	CC6	95
	C6	99	CC7	94
	C7	100	CC8	96
	—	—	CC9	98

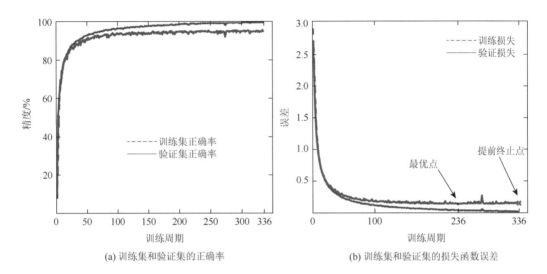

(a) 训练集和验证集的正确率　　　　　　(b) 训练集和验证集的损失函数误差

图 6.20　LBCNN 训练过程图

最后，将 LBCNN 模型的诊断结果与 LeNet-5 模型和文献[79]中其他 19 种模型的诊断结果进行对比，这些方法应用了小波包变换（wavelet packet transform，WPT）、时域统计特征（time-domain statistical features，TDSF）、核主成分分析（kernel principal component analysis，KPCA）、EMD、概率神经网络（probabilistic neural network，PNN）、相关向量机（relevance vector machine，RVM）、SVM、ELM、自编码器（auto-encoder，AE）、希尔伯特-黄变换（Hilbert-Huang transform，HHT）、能量模式(energy pattern，EP)、成对耦合 PNN(pairwise-coupled PNN，PCPNN)、成对耦合 RVM（pairwise-coupled RVM，PCRVM）、概率决策机器（probabilistic committee machine，PCM）等模型或方法。表 6.9 总结了不同方法的测试精度。从表 6.9 可以看出，LBCNN 模型的平均测试精度为 94.76%，标准偏差为 0.69%。相比于其他方法，LBCNN 模型具有更好的诊断精度，这证明了本章提出的 LBCNN 模型的有效性。

表 6.9　LBCNN 模型与不同模型的比较结果

模型	诊断精度/%
LBCNN	94.76±0.69
LeNet-5	92.41±1.22
WPT + TDSF + KPCA + PNN[79]	91.43

续表

模型	诊断精度/%
WPT + TDSF + KPCA + RVM[79]	83.76
WPT + TDSF + KPCA + SVM[79]	81.21
WPT + TDSF + KPCA + ELM[79]	90.78
EMD + TDSF + PNN[79]	90.89
EMD + TDSF + RVM[79]	84.52
EMD + TDSF + SVM[79]	83.21
EMD + TDSF + ELM[79]	94.35
LMD + TDSF + PNN[79]	94.32
LMD + TDSF + RVM[79]	84.52
LMD + TDSF + SVM[79]	83.21
LMD + TDSF + ELM[79]	93.27
ELM + AE + PNN[79]	94.44
ELM + AE + RVM[79]	84.52
ELM + AE + SVM[79]	83.21
ELM + AE + ELM[79]	93.27
HHT + EP + PCPNN[80]	85.63
HHT + EP + PCRVM[80]	86.42
HHT + EP + PCM[80]	89.24

第 7 章 基于深度子域残差自适应网络的故障诊断

本章详细阐述残差、最大均值差异函数及局部最大均值差异函数，并提出基于深度子域适应网络的故障诊断方法。该方法首次将源域学习到的故障知识应用在多目标域的故障诊断中。无论工况如何变化，只执行一个转移任务即可实现对时变工况下轴承进行故障诊断。

7.1 问 题 描 述

近年来，深度学习被广泛地应用到系统故障诊断领域中，这是因为深度学习能够快速有效地分析系统监测信号，准确地实现系统故障诊断。例如：Lee 等[81]提出了一个基于深度卷积神经网络的故障诊断方法，该方法可以诊断齿轮箱的故障类型；Xiong 等[82]构建了基于深度残差网络的故障诊断方法，该方法可以诊断旋转机械的故障状态。

基于深度学习的故障诊断方法应用需要满足两个条件：一是有足够的带有标签的故障数据；二是训练与测试的数据需映射到相同特征分布空间。然而，在工程应用中，故障数据的获取比较困难，且成本高。若故障数据不足，则会严重影响深度学习模型的性能。此外，因系统装备常常运行在变工况的环境下，使得监测数据难以服从同一概率分布，这会降低深度学习模型的泛化性。这些问题很大程度上限制了深度学习在系统故障诊断领域的应用。

作为机器学习领域的分支，迁移学习可以将已学习过的领域知识迁移到新的领域中。迁移学习的核心问题在于寻找新领域（目标域）问题和原领域（源域）问题之间的相似性，并利用这些相似性实现知识的迁移，将源域的知识用来处理目标域的相关任务。许多学者将迁移学习应用到系统故障诊断领域中。例如：Xie 等[83]提出基于传递分量分析的故障诊断方法，实现不同工况下的齿轮箱故障诊断；Wen 等[84]将深度学习与最大平均差异方法结合，建立故障诊断方法，实现不同载荷条件下的轴承故障诊断。如图 7.1（a）所示，目前大部分的研究主要集中在一种工况下收集系统的数据集并进行模型训练，对处于另一种工况下的系统进行故障诊断。然而，在实际工程应用中，工况时刻在变化，导致不可避免地需要执行多次转移任务，这在工程上是不太适用的。此外，目前基于迁移学习的故障诊断方法大部分都是采用传递分量分析方法和最大平均差异方法等域自适应机制去评估两个不同数据集之间的全局域分布差异。但是，这些域自适应机制并没有考虑两个域中相关子域之间的分布，这里的子域表示两个域中的同一类别。从图 7.1（a）可以看出，这些域自适应机制方法混淆了两个域中相关子域的分布，致使子域之间分布间距较小，导致模型的误诊断。

为了解决上述的问题，本章将通过融合残差网络和子域自适应技术，提出一种深度子域残差自适应网络（ResNet deep subdomain adaptive network，RDSAN）。如图 7.1（b）所示，该网络首先将一种工况下已知状态的监测数据作为源域，将多种工况下未知状态的监测数据作为多个目标域。然后，引入子域自适应机制精确地对齐同一类中相关子域在不同域中的分布，使得残差网络挖掘出每个类别的细粒度信息，实现多种工况下的系统故障精准诊断。

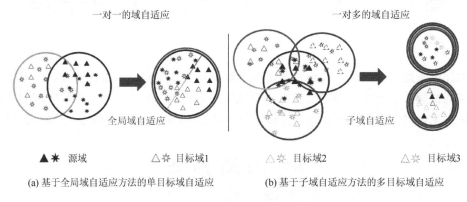

(a) 基于全局域自适应方法的单目标域自适应　　　(b) 基于子域自适应方法的多目标域自适应

图 7.1　不同方法的域适应问题

7.2　深度子域残差自适应网络概况

7.2.1　残差网络

随着卷积神经网络的快速发展，各种不同的网络模型不断衍生，如 AlexNet、GoogleNet 和 VGGNet 等。这些网络在图片识别取得不错的效果，也成功地应用于系统故障诊断领域。但是这些网络的局限性是当网络层数加深时，会导致模型出现过拟合等问题。

针对以上问题，2016 年，He 等[15]对卷积神经网络进行改进，设计出 ResNet，并在图像识别竞赛中取得优越的性能。一般残差网络由多个残差块组成，其中每个残差块包括卷积层、非线性激活函数层、批处理归一化层和全连接层。本小节将详细介绍残差网络各模块的基本理论。

卷积层中最核心的是卷积核，其能够从数据中提取高维特征。在数学上，卷积核的运算可以表示为

$$C_{\ln} = f(Wx_l + B) \tag{7.1}$$

式中：x_l 为卷积的输入数据；W 与 B 分别为权值和偏差；$f(\cdot)$ 为非线性映射的激活函数。

非线性激活函数对于卷积后实现非线性变换具有重要意义。目前流行的激活函数有很多，如 Sigmoid 函数、逻辑 Sigmoid 单元、ReLU 函数等。目前采用 ReLU 函数比较多，因为它简单有效，且能够加速模型训练和缓解梯度消失现象，ReLU 函数的数学运算描述为

$$F(C_{\ln}) = \max(C_{\ln}, 0) \tag{7.2}$$

式中：$F(\cdot)$ 为 ReLU 函数。

批量归一化层的作用是为了缓解网络训练过程中的方差漂移和过拟合现象。通过计算训练数据的均值 μ_D 和方差 μ_D^2，然后以均值和方差为单位对每批训练数据进行处理。批量归一化层的计算过程见式（7.2）～式（7.5），则有

$$\mu_D = \frac{1}{n}\sum_{i=1}^{n}x_i \qquad (7.3)$$

$$\mu_D^2 = \frac{1}{n}\sum_{i=1}^{n}(x_i - \mu_D)^2 \qquad (7.4)$$

$$\hat{x}_i = \frac{x_i - \mu_D}{\sqrt{\mu_D^2 + \epsilon}} \qquad (7.5)$$

$$y_i = \gamma\hat{x}_i + \beta \qquad (7.6)$$

式中：γ、β 由训练学习得到。

全连接层的作用是将前一层网络的特征与现在的网络进行连接。全连接层在网络中常常作为分类器。

基于上述相关基础，图 7.2 给出了一个残差块示例。已知残差块的输入 X 和输出 Y，则有

$$Y = F(X, W_0) + X \qquad (7.7)$$

式中：$F(\cdot)$ 函数为模型要学习的残差映射，包括卷积层、批量归一化层和 ReLU 函数；W_0 为对应参数。$F(\cdot) + X$ 以元素形式在全连接层进行执行操作。残差网络结构通常由两个池化层、多个残差块和全连接层构成。若想得到更深的网络，可以堆叠多个残差块，目前较为常见的残差网络有 ResNet-18、ResNet-34、ResNet-50、ResNet-101 等[85]。下面将详细介绍 ResNet-18 残差网络和 ResNet-34 残差网络。

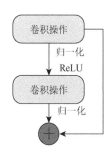

图 7.2　残差块示例

1. ResNet-18 残差网络

ResNet-18 残差网络结构如图 7.3 所示。当网络的前后层通道数相同时，残差网络的连接为恒等映射，在图中用实线标出。

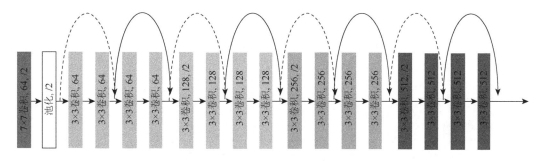

图 7.3　ResNet-18 残差网络结构

当网络的前后层通道数相同时，残差块的输出为

$$y = F(x, W_0) + x \qquad (7.8)$$

当网络的前后层通道数不一样时，残差块之间的连接采用 1×1 的卷积使得两个残差块之间的维度相同，在图 7.3 中用虚线标出，此时残差块的输出为

$$y = F(x, W_0) + W_0 x \qquad (7.9)$$

通过式（7.8）和式（7.9）残差块的输出，可以得到残差网络第 i 层的输出：

$$y_i = x_i + F(x_i, W_i) \tag{7.10}$$

假设 $h(x_i)$ 表示输入 x_i 的映射函数，可以得到 $i+1$ 的输入为

$$x_{i+1} = h(x_i) + F(x_i, W_i) \tag{7.11}$$

对于映射函数 $h(x_i)$，可以先将其等价为 $h(x_i) = x_i x_i$，那么将 i 层展开后，可以得到以下公式：

$$x_L = \left(\prod_{i=1}^{l-1} \lambda_i \right)_{X_i} + \sum_{i=1}^{L-1} F(x_i, W_i) \tag{7.12}$$

式中：x_L 为残差网络的第 L 层的输入，其中输入包括了浅层的输出和恒等映射输出。基于式（7.12），残差网络的反向传播公式被定义为

$$\frac{\partial z}{\partial x_l} = \frac{\partial_E}{\partial x_L} \frac{\partial x_L}{\partial x_l} = \frac{\partial z_C}{\partial x_L} \left[\prod_{i=1}^{l-1} \lambda_i + \frac{\partial}{\partial x_i} \sum_{i=1}^{L-1} F(x_i, W_i) \right] \tag{7.13}$$

通过式（7.13）可知，网络中任意每一层的梯度受前层和恒等映射层的影响。当 $x_i = 1$ 时，$h(x_i)$ 为恒等映射，$\prod_{i=1}^{l-1} \lambda_i = 1$，此时网络层数增加不会改变该项的值。当 $\lambda_i \neq 1$ 时，$h(x_l)$ 不为恒等映射；当 $\lambda_i > 1$ 时，网络的层数增加，$\prod_{i=1}^{l-1} \lambda_i$ 的值随之增大，会出现模型的梯度爆炸问题；当 $\lambda_i < 1$ 时，网络的层数增加，$\prod_{i=1}^{l-1} \lambda_i$ 的值随之减小，会出现模型的梯度消失问题。因此残差神经网络中恒等映射对网络起到了至关重要的作用。

2. ResNet-34 残差网络

图 7.4 展示了 ResNet-34 残差网络的结构，其经过一个 7×7 的卷积操作和一个 3×3 最大池化操作。然后再经过 4 个残差块操作。当存在残差块之间的通道不一致时，采用 1×1 的卷积来匹配。最后经过池化操作和全连接操作输出分类结果。ResNet 残差网络采用跨层连接机制将输入信息进行分支传到输出，能够较好地保存信息的完整性。ResNet 残差网络快速地学习输入特征和输出特征之间的差别性，使得整个训练学习被简化，降低了网络学习的复杂度。

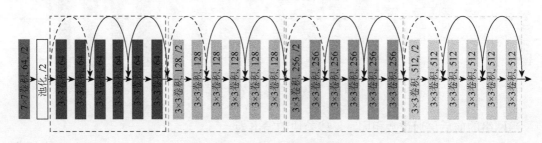

图 7.4　ResNet-34 残差网络结构

3. 深层次的残差网络

深层次的残差网络组成结构如表 7.1 所示，该结构包括了 5 种不同深度的 ResNet，分别是 ResNet-18、ResNet-34、ResNet-50、ResNet-101 和 ResNet-152。这 5 种 ResNet 都包括卷积

1_x、卷积 2_x、卷积 3_x、卷积 4_x 和卷积 5_x 5 个卷积操作。以 ResNe-101 为例，其首先经过 64 个 7×7 的卷积核。然后经过 3 + 4 + 23 + 3 = 33 个残差块，其中每个残差块有 3 层，共有 33×3 = 99 层。最后构建一个全连接层作为分类器。因此 ResNe-101 的层数为 1 + 99 + 1 = 101 层。这里的 101 层仅代表卷积操作与全连接操作。

表 7.1　深层次的残差网络组成结构

输入层	输出参数	ResNet-18	ResNet-34	ResNet-50	ResNet-101	ResNet-152
卷积 1_x	112×112	7×7, 64, 步长：2				
卷积 2_x	56×56	7×7, 最大池化层, 步长：2				
卷积 2_x	56×56	$\begin{bmatrix}3\times3,64\\3\times3,64\end{bmatrix}\times2$	$\begin{bmatrix}3\times3,64\\3\times3,64\end{bmatrix}\times3$	$\begin{bmatrix}1\times1,64\\3\times3,64\\1\times1,256\end{bmatrix}\times3$	$\begin{bmatrix}1\times1,64\\3\times3,64\\1\times1,256\end{bmatrix}\times3$	$\begin{bmatrix}1\times1,64\\3\times3,64\\1\times1,256\end{bmatrix}\times3$
卷积 3_x	28×28	$\begin{bmatrix}3\times3,128\\3\times3,128\end{bmatrix}\times2$	$\begin{bmatrix}3\times3,128\\3\times3,128\end{bmatrix}\times4$	$\begin{bmatrix}1\times1,128\\3\times3,128\\1\times1,512\end{bmatrix}\times4$	$\begin{bmatrix}1\times1,128\\3\times3,128\\1\times1,512\end{bmatrix}\times4$	$\begin{bmatrix}1\times1,128\\3\times3,128\\1\times1,512\end{bmatrix}\times8$
卷积 4_x	14×14	$\begin{bmatrix}3\times3,256\\3\times3,256\end{bmatrix}\times2$	$\begin{bmatrix}3\times3,256\\3\times3,256\end{bmatrix}\times6$	$\begin{bmatrix}1\times1,256\\3\times3,256\\1\times1,1024\end{bmatrix}\times6$	$\begin{bmatrix}1\times1,256\\3\times3,256\\1\times1,1024\end{bmatrix}\times23$	$\begin{bmatrix}1\times1,256\\3\times3,256\\1\times1,1024\end{bmatrix}\times36$
卷积 5_x	7×7	$\begin{bmatrix}3\times3,512\\3\times3,512\end{bmatrix}\times2$	$\begin{bmatrix}3\times3,512\\3\times3,512\end{bmatrix}\times3$	$\begin{bmatrix}1\times1,512\\3\times3,512\\1\times1,2048\end{bmatrix}\times3$	$\begin{bmatrix}1\times1,512\\3\times3,512\\1\times1,2048\end{bmatrix}\times3$	$\begin{bmatrix}1\times1,512\\3\times3,512\\1\times1,2048\end{bmatrix}\times3$
	1×1	平均池化, 全连接层, Softmax				
参数量		1.8×10^9	3.6×10^9	3.8×10^9	7.6×10^9	11.3×10^9

7.2.2　域自适应机制

本小节介绍域自适应机制的定义及目前常用的域自适应机制的度量准则。

1. 域自适应机制的定义

假设一个已知标签的源域 $D_s = \{x_i, y_i\}_{i=1}^{n}$ 和一个未知标签的目标域 $D_t = \{x_j\}_{j=n+1}^{n+m}$，它们的数据分布空间不一致，即它们的特征空间 $X_s \neq X_t$，但是它们具有相同类别，即 $Y_s = Y_t$。此外，它们的条件概率分布也不同，即 $Q_s(y_s|x_s) \neq Q_t(y_t|x_t)$，相应的边缘分布也不同，即 $P_s(x_s) \neq P_t(x_t)$。迁移学习的目的是利用已知标签的源域 D_s 去训练一个分类器 f，能够去预测目标域 D_t 的样本。表 7.2 为迁移学习形式化表示常用符号。

表 7.2　迁移学习形式化表示常用符号

符号	含义
下标 s/t	源域/目标域
D_s / D_t	源域数据/目标域数据

符号	含义
x/X/X	向量/矩阵/特征空间
y/Y	类别向量/类别空间
(n, m)[或(n_1, n_2)或(n_s, n_t)]	（源域样本数，目标域样本数）
$P(x_s)$/$P(x_t)$	源域数据/目标域数据的边缘分布
$Q(y_s|x_s)$/$Q(y_t|x_t)$	源域数据/目标域数据的条件分布
$f(\cdot)$	要学习的目标函数

2. 度量准则

度量用于评估两个数据域之间的差异，常常被迁移学习使用去衡量特征之间的分布差异。其度量函数就是度量源域和目标域这两个领域的特征距离：

$$\text{DISTANCE}(D_s, D_t) = \text{DistanceMeasure}(\cdot, \cdot) \tag{7.14}$$

域自适应机制采用的度量方法是最大均值差（maximum mean discrepancy，MMD）。MMD是度量两个分布在希尔伯特空间中的距离。两个随机变量的 MMD 平均距离为

$$\text{MMD}^2(X, Y) \triangleq \left\| \sum_{i=1}^{n_1} \phi(x_i) - \sum_{j=1}^{n_2} \phi(y_j) \right\|_{\mathcal{H}}^2 \tag{7.15}$$

式中：$\phi(\cdot)$ 为将两个域的特征映射到再生核希尔伯特空间（reproducing kernel Hilbert space，RKHS）。RKHS 具有再生性 $\{K(x,), K(y,)\}_{\mathcal{H}} = K(x, y)$ 的希尔伯特空间。RKHS 中的内积可以转换成核函数，MMD 就可以通过核函数来计算两个域之间的距离。

3. 域自适应机制

目前常用的域自适应机制有迁移成分分析（transfer component analysis，TCA）方法、局部最大均值差异方法等。

1）TCA 方法

边缘分布自适应的方法称为 TCA 方法。TCA 方法假定一个特征映射 ϕ，能够使得映射后的数据的分布 $P[\phi(x_s)] \approx P[\phi(x_t)]$。如果两个域的边缘分布接近，那么两个领域的条件分布也接近，即条件分布 $P[y_s | \phi(x_s)] \approx P[y_t | \phi(x_t)]$。总的来说，TCA 的目标是找到合适的 ϕ。

TCA 在 MMD 的基础上引入核矩阵 K：

$$K = \begin{bmatrix} K_{s,s} & K_{s,t} \\ K_{t,s} & K_{t,t} \end{bmatrix} \tag{7.16}$$

及一个 MMD 矩阵 L，它的每个元素的计算方式为

$$l_{ij} = \begin{cases} \dfrac{1}{n_1^2}, & x_i, x_j \in D_s \\ \dfrac{1}{n_2^2}, & x_i, x_j \in D_t \\ -\dfrac{1}{n_1 n_2}, & \text{其他} \end{cases} \tag{7.17}$$

然后直接把距离简化为

$$\text{tr}(KL) - l\text{tr}(K) \tag{7.18}$$

式中：$\text{tr}(\cdot)$ 操作表示求矩阵的迹。最后 TCA 的优化目标为

$$\min_N \text{tr}(W^\text{T} KLKW) +_{Hr} (W^\text{T} W)$$
$$\text{s.t.} \quad W^\text{T} KHKW = I_m \tag{7.19}$$

式中：H 为一个中心矩阵，$H = I_{n_1+n_2} - 1/(n_1+n_2)11^\text{T}$。

TCA 方法首先计算两个输入的特征矩阵 L 和 H，然后采用核函数将其映射到高维空间计算得到 K，接着依据公式 $(KLK + MI)^{-1}KHK$ 计算前 m 个特征值。

2）局部最大均值差异方法

TCA 方法已被广泛地应用于测量源和目标分布之间的非参数距离差异。以前基于 TCA 的方法主要专注于全局分布的一致性，忽略了同一类别的两个子域之间的关系。考虑到相关子域之间的关系，对齐源域和目标域中同一类别中相关子域的分布是很重要的。为了对齐相关子域的分布，本小节提出了局部最大均方差（local maximum mean discrepancy，LMMD），表示为

$$d_\mathcal{H}(X,Y) \triangleq E_c \left\| E_{p^{(c)}} \left[\phi(X^s) \right] - E_{q^{(c)}} \left[\phi(X^t) \right] \right\|_\mathcal{H}^2 \tag{7.20}$$

式中：X^s 与 X^t 分别为 D_s 和 D_t 的实例。不同的 MMD 用来计算不同的全局差异，而式（7.20）计算的是局部分布差异。通过最小化式（7.20）使得相同子域（相同类别）的分布差异减少。假设每个样本属于每个类的权重 w^c，然后无偏估计量为

$$\hat{d}_\mathcal{H}(X,Y) = \frac{1}{C}\sum_{c=1}^c \left\| \sum_{x_i^s \in D_s} w_i^{sc}\phi(x_i) - \sum_{x_j^t \in D_t} w_j^{tc}\phi(x_j) \right\|_\mathcal{H}^2 \tag{7.21}$$

式中：w_i^{sc} 与 w_j^{tc} 分别为属于 C 类的 X_i^s 和 X_i^t 的权重；$\sum_{x_i \in D} w_i^c \phi(x_i)$ 为 C 类的加权和。计算样本 x_i 的 w_i^c：

$$w_i^c = \frac{Y_{ic}}{\sum_{(X,Y_j)\in D} Y_{ic}} \tag{7.22}$$

式中：Y_{ic} 是第 C 类的向量 Y_i，例如，在源域，将真正的标签 Y_i^s 作为向量去计算每个样本的 w_j^c。但是在无监督方法中，目标域是没有标签的数据，因此不能直接用 Y_j^t 计算上面的公式。可以将深度学习的输出作为 Y_j^t，然后通过式（7.22）计算出目标域的 w_j^{tc}。

为了目标域更好地去适应特征，需要去激活深度学习的特征层 L。设定标签为 n_s 的源域 D_s 并从 p 和 q 提取无标签 n_t 的目标域 D_t。D_s 和 D_t 在特征层 L 中被激活后，分别被定义为 $\{A_i^{sc}\}_{i=1}^{n_s}$ 和 $\{A_j^{tc}\}_{i=1}^{n_t}$，然后重新定义式（7.20）：

$$\hat{d}_\mathcal{H}(p,q) = \frac{1}{C}\sum_{c=1}^c \left[\sum_{i=1}^{n_s}\sum_{j=1}^{n_s} w_i^{sc}w_j^{sc}k\left(A_i^{sc},A_j^{tc}\right) + \sum_{i=1}^{n_t}\sum_{j=1}^{n_t} w_i^{tc}w_j^{tc}k\left(A_i^{tc},A_j^{tc}\right) \\ -2\sum_{i=1}^{n_s}\sum_{j=1}^{n_t} w_i^{sc}w_j^{tc}k\left(A_i^{sc},A_j^{tc}\right) \right] \tag{7.23}$$

7.2.3　深度子域残差自适应网络

如图 7.5 所示，RDSAN 主要由域的构建、特征提取器、深度子域自适应模块和诊断器组成。

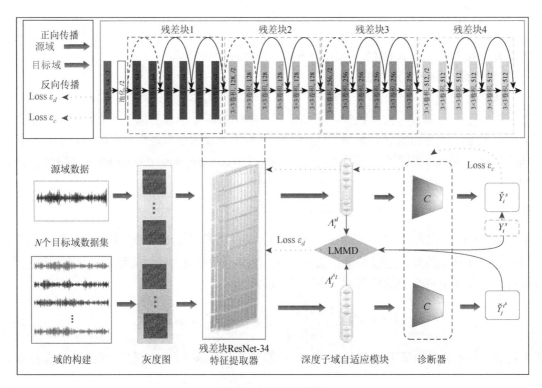

图 7.5　RDSAN 框架

训练 RDSAN 之前，需要对域进行构建。其中源域是由一个带有标签的域数据集构成的，目标是由 N 个未带有标签的目标域数据集组成的。需要注意的是，这个源域和 N 个目标域都处于不同的数据分布。将源域和目标域的原始数据集直接转化为灰度图，不需要任何的预处理操作。

特征提取器用于提取数据中的高维特征，由于不同源域和 N 个目标域中的数据具有不同的数据分布，这对特征提取器的要求很高。这里采用了 ResNet-34，捕获源域和目标域中数据的内在相关联的有用信息，提取出具有代表性的特征。由于训练一个 ResNet-34 特征提取器需要大量的标签数据和计算资源，可以选择下载 2012 年 ILSVRC 中数据集已经预训练好的 ResNet-34 并对其进行微调，从而减少网络的初始化时间。

深度子域自适应模块采用了 LMMD 域自适应机制，精确地减小源域和目标域中同一类别内相关子域的分布距离，进而能够使得网络挖掘出各类别中的更细粒度特征，减少源域和目标域的数据分布差异，精准地使得源域和目标域的相同类别聚合及不同类别分类。

诊断器用于诊断系统的故障类型。该模型由全连接层组成，输出是系统的故障类型。

RDSAN 主要优化目标由诊断器的损失误差和 LMMD 的损失误差组成。

1. 诊断器的损失误差

诊断器的损失误差是在源域中产生的，其将全连接层的 Softmax 作为分类任务。

$$Y_i = \frac{\exp(u_i)}{\sum\limits_{i=1}^{n} \exp(u_i)} \tag{7.24}$$

式中：Y_i 为系统故障类别；u_i 为域特征的输出。根据 Softmax 的输出，使用交叉熵损失测量网络输出之间的误差，相应的操作可以表示为

$$\varepsilon_c = -\sum\limits_{i=1}^{n} \sum\limits_{k=1}^{K} \log p_i(Y_i) \tag{7.25}$$

式中：K 为故障健康状态数；p 为真实的标签；ε_c 为健康状态类别分类损失误差。

2. LMMD 的损失误差

LMMD 的损失误差的目的是最小化源域数据特征和目标域数据特征之间的分布差异。

$$\begin{aligned}
\varepsilon_d = \gamma\,\alpha \sum\limits_{k=1}^{k} \hat{d}_{\mathcal{H}}(p,q) = \gamma\,\alpha\frac{1}{C}\sum\limits_{k=1}^{k}\sum\limits_{c=1}^{c}\Bigg[& \sum\limits_{i=1}^{n_s}\sum\limits_{j=1}^{n_s} w_i^{sc} w_j^{sc} K\left(\varLambda_i^{sl}, \varLambda_j^{tl}\right) \\
& + \sum\limits_{i=1}^{n_k}\sum\limits_{j=1}^{n_k} w_i^{t^k l} w_j^{t^k l} K\left(\varLambda_i^{t^k l}, \varLambda_j^{t^k l}\right) - 2\sum\limits_{i=1}^{n_s}\sum\limits_{j=1}^{n_k} w_i^{sc} w_j^{t^k c} K\left(\varLambda_i^{sl}, \varLambda_j^{t^k l}\right) \Bigg]
\end{aligned} \tag{7.26}$$

式中：k 为目标域的数据量；γ 为值等于 0.3 的系数；$\hat{d}_{\mathcal{H}}$ 基于式（7.21）计算得到；$\varLambda^{sl}$ 为源域的高级特征；$\varLambda_j^{t^k l}$ 为 k 个目标域的高级特征；Y_i^s 为源域的实标签；$\check{Y}_j^{t^k}$ 为目标域的特征输入到诊断器的输出值；w_i^{sc} 和 $w_j^{t^k l}$ 通过式（7.22）计算得到。α 的表达公式为

$$\alpha = \frac{2}{\left[1+\mathrm{e}^{\left(-10\times\frac{e}{\mathrm{es}}\right)}-1\right]} \tag{7.27}$$

式中：e 为当前的迭代次数；es 为总的迭代次数。

RDSAN 的损失误差为

$$\varepsilon(\theta_c,\theta_d) = \varepsilon_c + \varepsilon_d \tag{7.28}$$

RDSAN 的训练主要采用 SGD 算法，学习率设置与每次迭代次数有关，相应操作如下：

$$\beta = \frac{l}{0.75^{\left[\frac{1+10\times(e-1)}{\mathrm{es}}\right]}} \tag{7.29}$$

式中：l 为初始的学习率，初始学习率为 0.01。

根据总体优化目标，RDSAN 需要寻找出最优的参数 $\hat{\theta}_c$ 和 $\hat{\theta}_d$，如下：

$$(\hat{\theta}_c, \hat{\theta}_d) = \mathrm{argmin}_{\theta_c, \theta_d}(\varepsilon_c + \varepsilon_d) \tag{7.30}$$

在此过程中，RDSAN 以最小诊断器的损失误差和 LMMD 的损失误差为目标，不断训练出性能最佳的故障诊断模型。

7.3 基于深度子域残差自适应网络的故障诊断方法

基于 RDSAN 的系统故障诊断流程如图 7.6 所示，主要包括模型训练和在线诊断两个阶段。

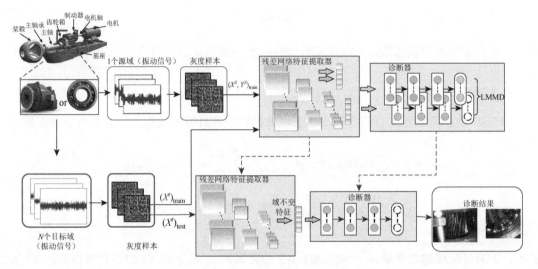

图 7.6 基于 RDSAN 的系统故障诊断流程

在模型训练阶段中：首先，将一种工况下采集的数据作为源域，该源域的数据是带有故障标签的数据；将其他工况下采集的数据作为目标域，该目标域的数据是无故障标签的数据。将源域的数据和目标域的数据都转化为灰度图，接着将源域的数据和目标域的数据一起输入到 ResNet-34 特征提取器中，提取相应的高维特张量，并输入到自适应层中待激活。其次，在自适应层中，通过 LMMD 自适应方法计算出自适应层中目标域特征与源域特征之间的局部最大均值差异的误差 ε_d，然后通过训练 ResNet-34 特征提取器和自适应层的权重来减少 ε_d，训练后的自适应层可以将源域与目标域特征映射到共同的特征子空间。同时，通过共享分类层只对源域的自适应层输出进行故障状态预测，采用交叉熵损失函数测量预测值与真实值之间的误差 ε_c。最后，以 ε_d 与 ε_c 之和 ε 为优化对象，不断地训练 ResNet-34 提取器、自适应层和共享分类层的权重使得 ε 最小化来获得 RDSAN，使得目标域能够从源域中学到故障知识，实现自适应的故障诊断。

在测试过程中，RDSAN 模型的输入包括两个部分：来自源域的大量标记样本，以及来自 N 个目标域的少量未标记样本。通过深度子域残差自适应学习的过程，RDSAN 模型将自动地从两个领域中提取域之间的不变特征，并最小化它们各自的数据概率分布，能够自适应地对目标域的数据进行故障诊断，从而完成多工况故障诊断。

在线诊断阶段，RDSAN 模型的输入是来自目标域的未标记在线监测数据样本。首先，训练好的特征提取器将从这些数据中提取域不变特征。然后，健康状态识别器根据提取到的域不变特征来诊断系统当前的健康状况。

7.4　案 例 分 析

7.4.1　案例 1

1. 案例说明与数据集介绍

帕德博恩（Paderborn）数据集由帕德博恩大学提供[86]。该数据集是在图 7.7 所示的实验装置上采集的。该实验装置主要由电动机、联轴器、滚动轴承、飞轮和负载电机组成，如图 7.7 所示。这 4 种工况包括电机转速为 900 r/min 或 1 500 r/min、负载扭矩为 0.7 N·m 或 0.1 N·m、轴承上的径向力为 1 000 N 或 4 000 N。该数据包含正常（N）、内圈故障（IF）和外圈故障（OF）3 种健康状况，如表 7.3 所示。每种工况下的数据集由 3 000 个数据样本组成，每个数据样本包含 4 096 个采样点，然后都转换为 224×224 的灰度图像。针对这 4 种工况分别构建 4 个转移任务，即 $A1$、$A2$、$A3$ 和 $A4$，如表 7.4 所示。例如，任务 $A1$ 意味着工况 $P1$ 是源域，工况 $P2$、$P3$ 和 $P4$ 是目标域。将所有带标记的源域数据集和一半不带标记的目标域数据集作为训练数据集，其余的目标域数据集用于测试域数据集。

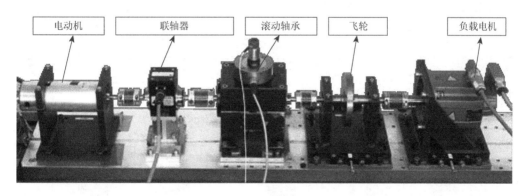

图 7.7　实验装置

表 7.3　Paderborn 数据集描述

数据集	故障类型	运行工况	数据样本数量
Paderborn 数据集	N IF OF	$P1$：0.7 N·m 1 000 N（1 500 r/min）	3×1 000
		$P2$：0.7 N·m 1 000 N（900 r/min）	3×1 000
		$P3$：0.1 N·m 1 000 N（1 500 r/min）	3×1 000
		$P4$：0.7 N·m 4 000 N（1 500 r/min）	3×1 000

表 7.4　故障迁移任务

数据集	任务	源域 → 目标域	训练数据集	测试数据集
Paderborn 数据集	$A1$	$P1{\to}P$（2，3，4）	带有标签数据集 $D1$：100% 无标签数据集 D（2，3，4）：50%	数据集 D（2，3，4）：50%
	$A2$	$P2{\to}P$（1，3，4）	带有标签数据集 $D2$：100% 无标签数据集 D（1，3，4）：50%	数据集 D（1，3，4）：50%
	$A3$	$P3{\to}P$（1，2，4）	带有标签数据集 $D3$：100% 无标签数据集 D（1，2，4）：50%	数据集 D（1，2，4）：50%
	$A4$	$P4{\to}P$（1，2，3）	带有标签数据集 $D4$：100% 无标签数据集 D（1，2，3）：50%	数据集 D（1，2，3）：50%

2. 实验结果讨论

对于表 7.4 中列出的所有迁移任务，在 2012 年 ILSVRC 数据中通过预训练获得的 ResNet-34 被视为特征提取器。域共享分类器是从头开始训练的，其学习率是其他层的 10 倍。RDSAN 模型采用 SGD 算法进行训练，动量为 0.9，学习率为 $0.01/(1+10\times\theta)^{0.75}$，其中 θ 是 0～1 线性变化的训练进度[87]。批量大小设置为 32，训练时间设置为 200。Paderborn 数据集的 4 个迁移任务的混淆矩阵如图 7.8 所示。

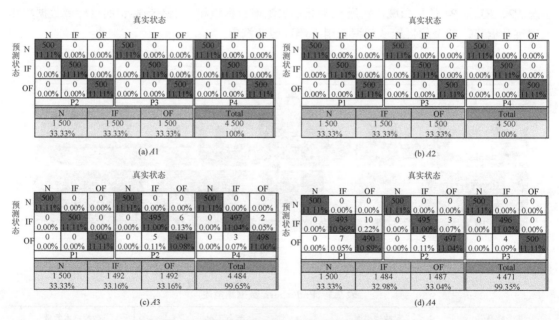

图 7.8　Paderborn 数据集的 4 个迁移任务的混淆矩阵

从图 7.8 可以看出，这 4 个迁移任务的分类准确率都达到了 99%以上，并且这 4 个迁移任务下各工况的分类准确率都很高。这意味着 RDSAN 在轴承故障诊断方面取得了优越的传输性能。同时，证明了 RDSAN 在源域训练精度、目标域训练精度和目标域测试精度方面的收敛性。以转移任务 $A2$ 为例。由图 7.9 可以看出，在迭代次数为 50 次之后，目标域测试的准确率达到 95%。结果表明，RDSAN 模型具有更快的收敛速度和均衡性。

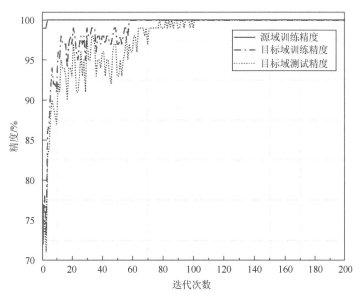

图 7.9　任务 A2 中模型的收敛性

3. 不同方法对比分析

将本章所提方法与几种流行的迁移学习方法进行比较，其中包括深度域混淆（deep domain confusion，DDC）方法[88]、改进的深度适应网络（deep adaptation networks，DAN）方法[89]、神经网络的域对抗训练（domain-adversarial neural network，DANN）方法[90]和深度域自适应的相关对齐方法（correlation alignment for deep domain adaptation，D-CORAL）自适应方法[91]。同时也将 ResNet-34 残差网络作为比较的基线方法。所有方法都使用与特征抽取器相同的 ResNet-34 残差网络，以保证比较的公平性。不同的是，每种方法使用不同的迁移学习技巧。在 ResNet-34 残差网络实验中没有采用迁移学习策略。DDC 方法使用 MMD 迁移学习技巧。在 DANN 方法中在输出分类层的前一层加入了域对抗分类器。在改进的 DAN 方法中采用了 MMD。D-CORAL 方法采用 CORAL 迁移学习技巧。值得注意的是，每种方法都进行了 10 次试验，平均值和比较结果见表 7.5。从表 7.5 的结果来看，在没有任何迁移学习技巧的情况下，基线 ResNet-34 残差网络在 4 项迁移任务上的表现相对较差，平均为 69.14%。DAN 方法得到了第二好的结果。本章提出的 RDSAN 方法获得了最好的分类性能，与第二好的结果相比平均提高了 7.62%。

表 7.5　在 Paderborn 数据集上不同故障诊断方法在 4 种迁移任务中的实验结果　　　（单位：%）

方法	任务 A1	任务 A2	任务 A3	任务 A4	平均
ResNet-34	71.93±3.655	70.23±3.465	68.88±4.564	65.53±5.124	69.14±2.54
D-CORAL	93.02±1.564	78.53±2.654	90.18±2.32	91.56±2.654	88.33±3.32
DDC	88.55±2.365	81.02±3.105	89.88±2.564	75.04±4.512	83.62±2.52
DAN	93.53±1.023	91.8±2.105	89.91±2.984	88.89±3.175	91.53±2.54
DANN	91.536±1.512	92.45±1.985	88.564±3.456	85.648±4.842	89.54±2.95
RDSAN	99.6±0.4	99.61±0.39	99.28±0.72	98.12±1.65	99.15±0.85

　　此外，采用 t-分布随机邻域嵌入方法对不同方法的学习迁移特征进行可视化。以转移任务 $A1$ 为例。可视化结果如图 7.10 所示。这里，S-$D1$ 代表在源域中的工况 $D1$ 的外座圈故障，T-$D2$ 表示在目标域中工况 $D2$ 的内座圈故障。其余符号以此类推。从图 7.10（a）可以看出，RDSAN 可以将同一类别的特征在不同的工作条件下进行聚合，从而实现准确的分类，使不同类别的特征得到有效的分离。从图 7.10（b）～（f）可以看出，这些方法混淆了源域特征和目标域特征，不能很好地区分不同健康状况类别的特征，这也同样揭示了分类结果较差的原因。这些结果表明，RDSAN 方法不仅可以学习类别特征并进行准确的健康状况分类，而且在减少局部区域差异方面具有很强的可转移性。

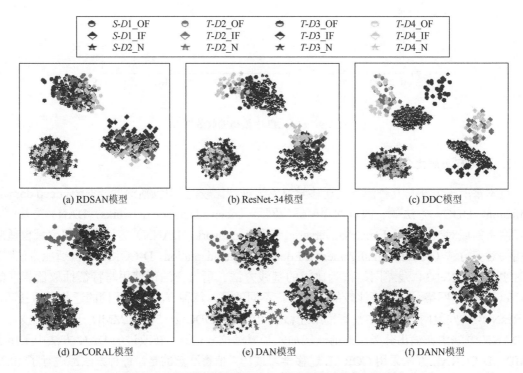

图 7.10　不同模型在 Paderborn 数据集的迁移特征可视化

7.4.2　案例 2

1. 案例说明与数据集介绍

　　为了进一步地验证本章所提方法的有效性，采用 MFPTS 轴承数据集进行验证。具体数据描述如表 7.6 所示。为了确保训练数据集和测试数据集之间不存在重复点，原始数据集的前半部分用于训练，其余部分用于测试。一个样本中有 4 096 个采样点。不同的操作条件会导致数据分布的变化，可以用该数据集构造 7 个迁移实验任务，如表 7.7 所示。

2. 实验结果分析

　　同样将本章所提方法与案例 1 中的对比方法进行对比，结果见表 7.8。从表 7.8 的结果来看，没有任何迁移学习技巧的 ResNet-34 残差网络在 7 个迁移任务上的诊断性能最差，准确率

表 7.6　数据集描述

数据集	故障类型	工况数量	数据样本
MFPTS	N IF OF	$M1$：25 Lb	3×1 000
		$M2$：50 Lb	3×1 000
		$M3$：100 Lb	3×1 000
		$M4$：150 Lb	3×1 000
		$M5$：200 Lb	3×1 000
		$M6$：250 Lb	3×1 000
		$M7$：500 Lb	3×1 000

表 7.7　故障迁移任务

任务	源域 → 目标域	训练数据集	测试数据集
$B1$	$M1{\rightarrow}M(2, 3, 4, 5, 6, 7)$	带有故障标签数据集 $M1$：100% 无故障标签数据集 $M(2, 3, 4, 5, 6, 7)$：50%	$M(2, 3, 4, 5, 6, 7)$：50%
$B2$	$M2{\rightarrow}M(1, 3, 4, 5, 6, 7)$	带有故障标签数据集 $M2$：100% 无故障标签数据集 $M(1, 3, 4, 5, 6, 7)$：50%	$M(1, 3, 4, 5, 6, 7)$：50%
$B3$	$M3{\rightarrow}M(1, 2, 4, 5, 6, 7)$	带有故障标签数据集 $M3$：100% 无故障标签数据集 $M(1, 2, 4, 5, 6, 7)$：50%	$M(1, 2, 4, 5, 6, 7)$：50%
$B4$	$M4{\rightarrow}M(1, 2, 3, 5, 6, 7)$	带有故障标签数据集 $M4$：100% 无故障标签数据集 $M(1, 2, 3, 5, 6, 7)$：50%	$M(1, 2, 3, 5, 6, 7)$：50%
$B5$	$M5{\rightarrow}M(1, 2, 3, 4, 6, 7)$	带有故障标签数据集 $M5$：100% 无故障标签数据集 $M(1, 2, 3, 4, 6, 7)$：50%	$M(1, 2, 3, 4, 6, 7)$：50%
$B6$	$M6{\rightarrow}M(1, 2, 3, 4, 5, 7)$	带有故障标签数据集 $M6$：100% 无故障标签数据集 $M(1, 2, 3, 4, 5, 7)$：50%	$M(1, 2, 3, 4, 5, 7)$：50%
$B7$	$M7{\rightarrow}M(1, 2, 3, 4, 5, 6)$	带有故障标签数据集 $M7$：100% 无故障标签数据集 $M(1, 2, 3, 4, 5, 6)$：50%	$M(1, 2, 3, 4, 5, 6)$：50%

不超过 50%。其余 4 种迁移学习方法的诊断精度均低于基于 RDSAN 的故障诊断方法，这也进一步证明了该方法的有效性和优越性。为了更加直观显示该方法的优越性，选用迁移任务 $B1$ 的特征分布进行 T-SNE 可视化，如图 7.11 所示。从图 7.11 （a）可以看出，没有任何迁移学习技巧的 ResNet-34 残差网络在健康状况类别中严重混淆，导致分类结果不佳。从图 7.11 （b）～（e）可以看出，两个领域中不同健康状况类别的特征没有有效分离，导致多个目标域中的分类结果较差。相反，从图 7.11 （f）可以看出，RDSAN 模型可以很好地聚合源域和多个目标域中的同一类别的特征，并且有效地分离不同类的特征。结果表明，在工况经常变化的情况下，RDSAN 模型能够实现对轴承故障的自适应诊断。

表 7.8　不同故障诊断方法在 7 种迁移任务中的实验结果　　　（单位：%）

方法	任务 $B1$	任务 $B2$	任务 $B3$	任务 $B4$	任务 $B5$	任务 $B6$	任务 $B7$
ResNet-34	33.33±6.845	33.33±7.512	39.66±8.431	39.76±6.871	37.29±7.814	38.46±6.941	38.66±7.143
D-CORAL	88.01±5.678	90.05±5.841	91.18±4.795	92.01±4.148	91.05±4.913	92.21±5.735	93.51±5.634

续表

方法	任务 $B1$	任务 $B2$	任务 $B3$	任务 $B4$	任务 $B5$	任务 $B6$	任务 $B7$
DDC	81±6.874	82.01±4.157	83.33±3.924	88.21±5.914	86.897±5.112	84.93±4.991	85.04±4.913
DAN	90.13±6.945	91±5.967	92.55±4.193	92.13±5.821	91.65±5.136	91.11±5.258	88.89±6.125
DANN	91.48±5.713	92.85±5.715	89.54±5.61	93.48±5.112	92.18±5.428	93.24±5.912	91.548±4.952
RDSAN	99.5±0.5	98.6±1.4	99.6±0.4	97.6±0.3	98.7±1.3	98.5±1.5	99.6±0.4

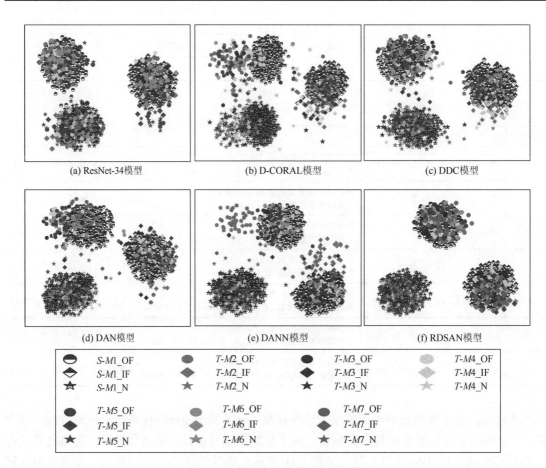

图 7.11　数据集迁移特征的可视化

第8章 基于深度类别增量学习的新生故障诊断

本章针对目前故障诊断领域中的样本数据不全、模型重复训练费时费力等问题，设计一种深度类别增量学习网络模型，提出一种基于该模型的故障诊断方法的自适应训练更新策略。该策略使用交叉蒸馏损失，能够在原有的故障诊断模型的基础上，直接根据新的故障类别对原有模型进行修正，得到能够对新故障类别进行精准地诊断的新的模型。此外，该模型可以缩短模型训练的消耗时间及减少所需计算资源。

8.1 问 题 描 述

复杂系统部件众多，结构繁杂，且各部件之间关联程度高，这使得系统任意部件的故障都会传递到其他部件，从而影响整个系统运行的安全性和可靠性[92]。通常对复杂系统进行故障梳理时，往往根据历史经验概括复杂系统的故障类型，无法梳理出复杂系统所有可能发生的故障。智能故障诊断模型在对复杂系统进行实时监测时，新生故障类型的出现会超出智能诊断模型的认知范围，从而导致智能诊断模型对新生故障进行误诊断[93]。

现有的智能故障诊断方法通常要求待诊断的故障类型与训练数据中故障类型保持一致。例如：Kong 等[94]提出了基于自动编码器的深度神经网络的滚动轴承的智能故障诊断方法，并将该方法在包含 12 种故障类型的数据集上进行了验证；Tan 等[95]运用多种机器学习方法对船舶推进轴系进行故障诊断，研究数据共包含 15 种故障类型；Xia 等[96]利用深度迁移学习对三缸泵开展了故障诊断，其中训练和测试阶段均包括泄漏故障、堵塞故障和轴承故障共 3 种主要故障。虽然这些方法可以实现对复杂系统的高精度故障诊断，但是这些方法均要求训练数据和测试数据拥有相同的故障类型，如果测试数据中出现了不属于当前所有故障类型，那么智能模型无法进行诊断，这严重限制了这些智能方法在实际工程中的应用。

为了解决上述问题，本章提出一种基于深度类别增量学习的故障诊断模型，通过采用知识蒸馏技术，使模型获得对新故障类别的自学习能力，实现故障诊断模型知识的自增长。

8.2 深度类别增量学习概况

8.2.1 增量学习概述

增量学习是指一个学习系统在不断地从新样本中学习新的知识的同时，也能够保存大部分之前已经学习到的知识不被遗忘[97]。增量学习的主要关注点在于灾难性遗忘，如何平衡新知识与旧知识之间的关系，在成功学习到新知识的情况下保证旧知识不被遗忘是实现增量学习的关键[98]。

增量学习具有以下特点。

（1）在实际工程运用中，模型的训练样本并不是充足的，而是随着复杂系统的运行而不断增加的。增量学习方法能够帮助模型在出现新的训练样本时，直接在原有模型上进行调整和修正，使调整后的模型吸收新训练样本的知识并获得更全面的诊断能力。

（2）调整和修正原有模型所需要的时间远远低于重新训练一个新模型。当复杂系统出现新故障类型时，如果重新训练诊断模型，那么需要消耗大量时间。但是采用基于增量学习的模型自适应更新方法，对原有模型进行调整和修正，可以显著地减少模型训练时间，从而更快地在相关装备上实现实时监测和诊断。

根据学习类型的不同，增量学习方法可以分为样本增量学习、类别增量学习和特征增量学习[99]。样本增量学习是让模型学习新产生的训练样本，通过修正原有模型，使新模型在不过多舍弃已有知识的基础上，将新样本知识容纳进来。类别增量学习是让模型具有对新类别的分类能力，通过模型对新分类样本数据的学习，实现修正后的模型在保持对旧类别识别能力的基础上学习对新类别的识别。特征增量学习是让模型学习新的特征，通过修正原有模型使其获得对新特征的处理能力，从而能够同时利用新旧特征实现更高精度的分类或诊断任务。

目前，增量学习正越来越受到学者的关注，已有许多相关研究成果的发布，包括基于 SVM、神经网络、分类决策树、贝叶斯预测模型及基于实例的模型等方法的增量学习研究。其中，基于 SVM 的增量学习方法除了支持向量机还保留了数量有限的实例，通过判断新增样本是否为支持向量并对其进行更新来实现增量学习，增量 SVM 是目前最流行的基于 SVM 的增量算法[99]。基于决策树的增量学习方法利用新增样本的信息对原有决策树模型的节点数据进行更新，以实现增量学习目的。基于神经网络的增量学习方法一般通过对模型结构和参数进行微调的方式来实现对新样本或类别的学习，这种方式普遍会遇到灾难性遗忘的难题，导致对旧类别数据的识别效果的降低。

本章考虑到复杂系统故障发生的特点采用类别增量学习。复杂系统在运行过程中容易出现新的故障类别，通过类别增量学习的方法可以较好地针对复杂系统及重要部件的新增故障类别进行识别诊断。该方法采用了一种新的交叉蒸馏损失函数[100]，能够最大限度地避免灾难性遗忘的难题，帮助故障诊断模型在保持原有故障诊断任务精度的情况下学习并适应新的故障诊断任务。

该方法的基本假设如下所示。

（1）不同故障类别的数据是分批次提供给深度类别增量学习模型进行学习的，且每批次提供的新训练数据样本全部来自新故障类别。

（2）模型系统的存储空间有限，至多只能保存一部分历史数据，无法保存全部历史数据。

该方法面临的难点如下所示。

（1）样本不均衡。由于每次对模型的参数进行更新时，只能用大量的新类别的样本和少量的旧类别的样本，所以会出现新旧类别数据量不均衡的问题，导致模型在更新完成后，更倾向于将样本预测为新增加的类别。

（2）灾难性遗忘。由于旧类别样本保存数量有限，这些旧类别的样本不一定能够覆盖足够丰富的变化模式，所以随着模型的更新，一些罕见的变化模式可能会被遗忘，导致新的模型在遇到一些旧类别的样本时，不能正确地识别诊断。

8.2.2　深度类别增量学习网络结构

本章设计的深度类别增量学习网络结构如图 8.1 所示,主要包括特征提取器和分类层两个部分,另外还附带一个计算机存储单元,即案例样本库。其中:特征提取器用来提取输入样本的高维度特征,将输入图像转换为特征向量;分类层用来对高维特征进行空间变换以实现样本状态的诊断分类,其输出为故障类型数量;案例样本库用来存储和管理旧类别中的代表性样本,以帮助自训练模型保留从旧类别中获得的知识。在模型的更新训练过程中,使用交叉蒸馏损失函数来计算并更新网络权重参数。

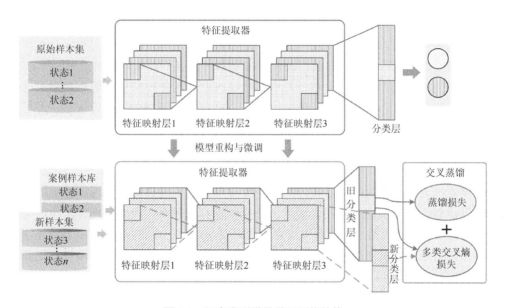

图 8.1　深度类别增量学习网络结构

交叉蒸馏损失函数主要结合了蒸馏损失和多类交叉熵损失,蒸馏损失的作用是最大限度地保留模型对已有的故障类别的诊断相关知识,而多类交叉熵损失的作用是学习对新故障类别的诊断知识。因此,蒸馏损失主要针对旧分类层,而多类交叉熵损失用于所有的分类层。如图 8.1 所示,交叉蒸馏损失函数 $L(\omega)$ 为

$$L(\omega) = L_C(\omega) + \sum_{f=1}^{F} L_{D_f}(\omega) \tag{8.1}$$

式中: $L_C(\omega)$ 为新旧类别的样本的交叉熵损失; $L_{D_f}(\omega)$ 为旧分类层的蒸馏损失; F 为已有的故障类别的分类层的总数。

交叉熵损失函数为

$$L_C(\omega) = -\frac{1}{N} \sum_{i=1}^{N} \sum_{j=1}^{C} p_{ij} \log q_{ij} \tag{8.2}$$

式中: q_{ij} 为通过第 j 个故障类别中第 i 个样本的分类层的分类概率标签; p_{ij} 为第 j 个故障类别中第 i 个样本的真实概率标签; N 与 C 分别为样本和类别的数量。

蒸馏损失函数 $L_{D_f}(\omega)$ 定义为

$$L_{D_f}(\omega) = -\frac{1}{N}\sum_{i=1}^{N}\sum_{j=1}^{C}F\left(\frac{p_{ij}}{T}\right)\log F\left(\frac{q_{ij}}{T}\right) \tag{8.3}$$

式中：$F(\cdot)$ 为 Softmax 函数；T 为弱化分类概率标签 q_{ij} 和真实概率标签 p_{ij} 的蒸馏参数，用来控制增量模型对旧有知识的弱化程度。当 $T=1$ 时，概率最高的故障类型对交叉蒸馏损失函数值影响较大，而其余概率较低的类别对交叉蒸馏损失函数值的影响较小。当 $T>1$ 时，概率较低的故障类型对交叉蒸馏损失函数值影响较大，概率较高的故障类型对交叉蒸馏损失函数值的影响较小。为了让增量模型学习不同概率标签之间细粒度的差异性，从而得到更具区分性的诊断结果，本小节将交叉蒸馏参数值设置为 $T=1.5$。

如图 8.1 所示，每当模型进行再训练更新前，需要先增加一个新分类层，用来诊断新的故障类型，因此新分类层的分类数与新增加的故障类型数量相等。新分类层和旧分类层一样，直接与特征提取器相连。其与旧分类层的区别在于新分类层不会参与蒸馏损失的计算。

需要注意的是，模型在训练更新过程中，特征提取器的整体结构始终不会发生改变，更新的只是其模型参数（如神经元权值等）。因此，对于特征提取器的选择有很多种类型，只需要将新的分类层与其连接即可。由于特征提取器的选择并非本章重点，本章采用了常见的卷积神经网络作为特征提取器的主要结构。理论上讲，只需添加增量分类层和交叉蒸馏损失函数，任何架构都可以与本章提出的方法结合。

案例样本库为独立于故障诊断模型的一个储存单元，目的是储存管理已有故障类型的数据样本，以供模型增量训练时使用。设置上该样本库容量有限，设定案例样本库内可储存样本的最大容量为 K。对于案例样本库内储存的故障类别量 c，可得每类故障的样本量 $n=K/c$。当将一组新的复杂系统故障类别添加到当前模型时，案例样本库也会相应地进行更新，更新机制如下所示。

（1）旧样本剔除。假设新增的故障类型数量为 c'，计算可得每类故障的新样本量 $n'=K/(c+c')$，需要剔除的样本量 $m=n\cdot n'$。然后针对每种旧故障类型从其故障样本序列表中选择 m 个样本删除，为新故障类型的样本腾出储存空间。

（2）新样本添加。旧样本剔除后，首先建立新故障类型对应的故障样本序列表，列表容量为 n'；然后从每种新故障类型的数据样本中随机选择 n' 个样本，将这些样本填入对应的故障类型列表中，达到更新案例样本库的目的。更新后的案例样本库的故障类别增加为 $c+c'$，每类故障类型对应的列表内的样本量减少为 $n'=K/(c+c')$，而样本容量大小 K 保持不变。在不增加数据库负担的情况下保证了各故障类型样本数量的均衡。

8.3 基于深度类别增量学习的新生故障诊断方法

8.3.1 基于深度类别增量学习的复杂系统故障智能诊断流程

基于深度类别增量学习的复杂系统故障智能诊断流程如图 8.2 所示，主要包括线上实时诊断和线下模型更新两个阶段。

在线上实时诊断阶段中，装备的故障诊断流程与通常的智能诊断流程类似，流程如下所示。

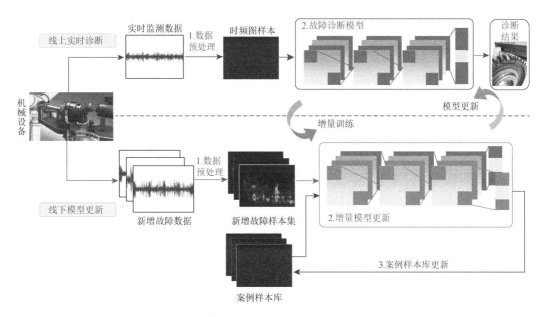

图 8.2　基于深度类别增量学习的复杂系统故障智能诊断流程

（1）从复杂系统采集监测数据。

（2）对监测数据进行预处理。

（3）选用不同小波基函数对一维信号样本进行转化，获取信号样本的二维小波时频图，并对不同小波基函数转化的小波时频图进行筛选，选择出最优的小波时频图类型。

（4）利用训练样本对模型进行训练并使用验证样本验证模型的诊断性能。

（5）获取复杂系统实时监测数据，将实时监测数据按步骤（2）和步骤（3）处理后，输入训练好的诊断模型中，得到对应的复杂系统运行状态的故障智能诊断结果。

在线下模型更新阶段中，一共包括三个主要步骤，具体如下所示。

（1）数据预处理用来将传感器监测数据转变为二维小波时频图。

（2）根据生成的样本数据进行增量模型的更新训练。

（3）选取代表性样本来更新案例样本库。

8.3.2　数据预处理

由于来自传感器的原始振动信号中包含了背景噪声、异常值等干扰因素，这些因素会对后续的计算精度产生影响。因此，在进行特征提取之前，往往都要对数据集进行预处理，具体包括：空值去除、异常值处理和数据降噪。

（1）空值去除。空值去除是去除遗漏或误采集的数据。空值并非零值，而是表示当前时刻的信号未知。通常空值和正常数据差别明显，可以直接手动剔除。

（2）异常值处理。与 3.3 节类似，本小节根据拉依达准则对原始信号进行异常值处理。拉依达准则适用于近似正态分布的数据集。测量次数越多，拉依达准则越可靠。采用常见的 3σ 原则进行异常值处理，即在原始信号 x 中，满足式（8.4）的数据点 x_b 应被剔除。

$$|x_i - \bar{x}| > 3S_x \tag{8.4}$$

式中：$\bar{x} = \dfrac{1}{n}\sum\limits_{i=1}^{n} x_i$ 为输入信号片段的均值；$S_x = \sqrt{\dfrac{1}{n-1}\sum\limits_{i=1}^{n}(x_i - x)^2}$ 为对应的标准差，n 为信号段中采样点的总数。

（3）数据降噪。信号中的大部分信息都存在于信号的中低频段，在高频段里，噪声会对信息的提取产生干扰。为了消除环境噪声对实验结果的影响，本小节使用中值滤波方法进行数据降噪，其基本原理是使用滤波器（含有若干个点的滑动窗口）中数据点的中值取代滤波器中的原中点。例如，使用一个长为奇数 $2m+1$ 的滤波器在原始信号上滑动滤波，假设窗口中包含的数据点序列 $\{x\}$ 为 $x_{i-m}, x_{i-m+1}, \cdots, x_i, \cdots, x_{i+m-1}, x_{i+m}$，用 $\{x\}$ 的中位数替换滤波器的中点 x_i。当窗口滤波器滑动完成整个原始信号时，即完成中值滤波过程。

8.3.3　类别增量模型更新

模型的训练集由新故障类型样本和案例样本库中储存的少量旧故障类型样本组成。本章所提方法采用的交叉蒸馏损失函数包含了交叉熵损失和蒸馏损失，每类损失的运算过程彼此独立。当计算交叉熵损失时，使用旧分类层和新分类层的分类标签来进行相应的计算；当计算蒸馏损失时，只用旧分类层的标签进行计算。因此，交叉熵损失所需的标签数量为旧故障类型和新故障类型数量之和，而蒸馏损失所需的标签数量同旧故障类型对应的分类层一致。

为了更好地解释该过程，以增加模型的新故障状态识别为例，如图 8.1 所示，在模型对原有的状态类型 1 和类型 2 的诊断能力的基础上，需要让其获得对新状态类型 3，4，$\cdots$，n 的识别诊断能力，因此执行模型的第一个增量学习步骤。此时，模型具有两个分类层（$N = 2$），包括一个旧分类层和一个新分类层，用来对新的故障类别进行分类操作。输入训练样本数据后，将使用旧类别的分类层产生的输出进行知识蒸馏（图中实线箭头所示），同时使用两个分类层产生的标签进行分类（图中实线和虚线箭头所示）。

本章采用的蒸馏损失函数［式（8.3）］使用带有相应标签的新旧混合数据集进行训练。在训练过程中，特征提取器和新旧分类层的所有权重参数会随着损失的反向传播过程一起更新，这意味着在增量训练过程中整个模型包含的所有权重参数都是动态变化的，这也是本方法与其他特征提取器、只训练分类层的增量方法的区别。

8.3.4　案例样本库更新

在模型更新完成后，下一步是更新案例样本库，以囊括新的故障类别的示例样本。这一步按照 8.2.2 小节中所述的案例样本库更新方法操作执行。首先进行案例样本库的旧样本剔除，从样本库中删除一定数量的旧类故障样本，以便为新的故障样本腾出空间。然后，从新故障类型数据样本中选择一定数量的样本添加到案例样本库中，以完成案例样本库的更新。

8.4　案例分析

本章采用风电齿轮箱振动信号数据集来验证本章所提方法的有效性。案例说明与数据集描述请参考 6.4.2 小节。在本数据集中，本章只采用 C0～C7 故障数据来验证本方法。为了衡量提出模型性能的优劣，选择正确率、召回率和 $F1$ 值作为评价指标，具体的计算公式请参考第 2 章。

8.4.1　实验数据预处理

首先，对原始信号进行预处理。预处理之后的信号如图 8.3 所示。

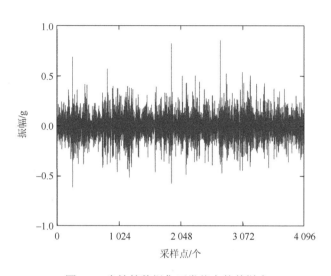

图 8.3　齿轮箱数据集正常状态的某样本

其次，对预处理后的信号计算各小波的质量指标（具体内容请参考第 7 章）。最终选用该 Complex Morlet（cmor3-3）小波基函数并生成时频图。为了减少网络模型的计算量，将图片压缩为 40 像素×40 像素的大小。

8.4.2　实验结果讨论

只考虑单一故障的情况，选取正常 C0 和单一故障 C1～C7 的样本。每个故障类型生成 500 个样本，按照 8∶2 的比例划分训练集和测试集，即随机选择每个故障类型样本集中的 400 个样本用作训练，剩下 100 个样本用作测试。模型的案例样本库大小设置为 20，特征提取器为三层卷积结构组成的 CNN 模型。

1. 单故障增量模型对比

假设最开始齿轮箱只出现了破齿故障，在随后的运行过程中逐渐出现了新的故障类型，如齿片脱落等（Cn：C2～C7）。首先，利用正常样本数据（C0）和破齿样本数据（C1）训练出基础诊断模型 M01，然后将新采集到的故障信号 Cn 样本融合到基础诊断模型 M01 中，对模型 M01 进行再训练与更新，使得新的诊断模型 M01 + n 可以同时诊断健康状态 C0、C1 和 Cn，并利用无增量学习方法和本章提出的深度类别增量学习方法进行对比实验。在实验训练过程中，原模型 M01 对两种状态（C0 和 C1）的诊断精度均为 100%，再训练过程中使用到的数据只包括新故障 Cn 的数据样本，分别使用 C2～C7 故障模拟新生故障类型，共进行了 6 组对比实验。实验结果的混淆矩阵及各评价指标结果如表 8.1～表 8.6 所示。

表 8.1　单故障增量模型 M01 + 2 混淆矩阵及精度对比

故障类型	无增量对照（平均精度：36%）			增量学习方法（平均精度：86.33%）		
	C0	C1	C2	C0	C1	C2
C0	6	0	94	95	0	5
C1	0	2	98	0	97	3
C2	0	0	100	1	2	97
正确率/%	100	100	34.25	98.96	97.98	92.38
召回率/%	6	2	100	95	97	97
$F1$ 值/%	11.32	3.92	51.02	96.94	97.49	94.64

表 8.2　单故障增量模型 M01 + 3 混淆矩阵及精度对比

故障类型	无增量对照（平均精度：37%）			增量学习方法（平均精度：99.33%）		
	C0	C1	C3	C0	C1	C3
C0	8	0	92	99	0	1
C1	0	3	97	0	100	0
C3	0	0	100	1	0	99
正确率/%	100	100	34.6	99	100	99
召回率/%	8	3	100	99	100	99
$F1$ 值/%	14.81	5.83	51.41	99	100	99

表 8.3　单故障增量模型 M01 + 4 混淆矩阵及精度对比

故障类型	无增量（平均精度：36.67%）			增量学习方法（平均精度：97%）		
	C0	C1	C4	C0	C1	C4
C0	9	0	91	93	0	9
C1	0	1	99	0	100	2
C4	0	0	100	2	1	98
正确率/%	100	100	34.48	97.89	99	89.9
召回率/%	9	1	100	93	100	98
$F1$ 值/%	16.51	1.98	51.28	95.38	99.5	93.78

表 8.4　单故障增量模型 M01 + 5 混淆矩阵及精度对比

故障类型	无增量（平均精度：36.33%）			增量学习方法（平均精度：95.33%）		
	C0	C1	C5	C0	C1	C5
C0	8	0	92	91	0	9
C1	0	1	99	0	98	2
C5	0	0	100	2	1	97

续表

故障类型	无增量（平均精度：36.33%）			增量学习方法（平均精度：95.33%）		
	C0	C1	C5	C0	C1	C5
正确率/%	100	100	34.36	97.85	98.99	89.81
召回率/%	8	1	100	91	98	97
$F1$ 值/%	14.81	1.98	51.15	94.3	98.5	93.27

表 8.5　单故障增量模型 M01＋6 混淆矩阵及精度对比

故障类型	无增量（平均精度：34.33%）			增量学习方法（平均精度：99.33%）		
	C0	C1	C6	C0	C1	C6
C0	2	0	98	100	0	0
C1	0	1	99	0	100	0
C6	0	0	100	2	0	98
正确率/%	100	100	33.67	98.04	100	100
召回率/%	2	1	100	100	100	98
$F1$ 值/%	3.92	1.98	50.38	99.01	100	98.99

表 8.6　单故障增量模型 M01＋7 混淆矩阵及精度对比

故障类型	无增量对照（平均精度：39%）			增量学习方法（平均精度：98%）		
	C0	C1	C7	C0	C1	C7
C0	14	0	86	99	0	1
C1	0	3	97	0	98	2
C7	0	0	100	0	3	97
正确率/%	100	100	35.34	100	97.01	97
召回率/%	14	3	100	99	98	97
$F1$ 值/%	24.56	5.83	52.22	99.5	97.5	97

　　实验结果显示，利用新数据对原模型进行再训练后，无增量对照组对原有健康状态的诊断精度均大幅下降，平均精度只有约 36.56%。这说明在不采用知识蒸馏技术的情况下，再训练模型发生了灾难性遗忘现象。由于再训练的数据样本只包括新故障数据，训练数据不平衡，导致新模型对绝大部分样本的诊断结果均偏向了新故障类型。采用本章提出的增量学习方法训练的模型不仅保持了对旧有健康状态的诊断精度，而且增加了对新的故障类型进行高精度诊断的能力，平均诊断精度均达到了 95.88% 以上，相比无增量对照模型诊断精度大幅提升，这说明本章使用的增量学习方法和交叉蒸馏损失函数能够成功地在保留模型针对已有的故障类别知识的基础上学习对新故障类别的分类，实验达到了预测目的。

2. 多故障增量模型对比实验

　　为了增加模型的可扩展性，进一步探索再训练增量模型方法的性能，开展了多故障增量模型训练。假设原始的诊断模型 M01 仅能诊断正常（C0）和破齿（C1）两种健康状态，随后齿轮箱出现了两种或以上的新故障类型 Cn 和 Cm，现需要将新采集到的新故障状态 Cn 和 Cm 的信号样本一起融合到旧有的基础诊断模型 M01 中去，对模型进行再训练，使得新的诊断模型 M01 + nm 可以同时诊断健康状态 C0、C1 和 Cn、Cm，分别将无增量学习和本章提出的深度类别增量学习方法进行对比实验。实验训练过程中，原模型 M01 对两种状态（C0 和 C1）的诊断精度均为 100%；再训练过程中使用到的数据只包括新故障 Cn 和 Cm 的数据样本，分别使用 C2～C7 故障模拟新生故障类型。实验共进行了 5 次，展示 5 次实验的平均结果。实验结果的混淆矩阵及各评价指标结果如表 8.7～表 8.11 所示。

表 8.7　多故障增量模型 M01 + 23 混淆矩阵及精度对比

故障类型	无增量对照（平均精度：53.25%）				增量学习方法（平均精度：97.25%）			
	C0	C1	C2	C3	C0	C1	C2	C3
C0	7	0	51	42	98	0	2	0
C1	0	37	28	35	1	99	0	0
C2	0	0	88	12	0	1	97	0
C3	0	0	19	81	1	0	0	95
正确率/%	100	37	47.31	47.65	98	99	97.98	100
召回率/%	7	37	88	81	98	99	97	95
$F1$ 值/%	13.08	37	61.54	60	98	99	97.49	97.44

表 8.8　多故障增量模型 M01 + 34 混淆矩阵及精度对比

故障类型	无增量对照（平均精度：52.75%）				增量学习方法（平均精度：95.75%）			
	C0	C1	C3	C4	C0	C1	C3	C4
C0	0	0	79	21	96	0	2	2
C1	0	31	21	48	0	100	0	0
C3	0	1	91	8	1	0	95	4
C4	0	0	11	89	0	0	8	92
正确率/%	—	96.88	45.05	53.61	98.97	100	92.23	93.88
召回率/%	0	31	91	89	96	100	95	92
$F1$ 值/%	—	46.97	60.27	66.91	97.46	100	93.59	92.93

表 8.9　多故障增量模型 M01 + 45 混淆矩阵及精度对比

故障类型	无增量对照（平均精度：43%）				增量学习方法（平均精度：91%）			
	C0	C1	C4	C5	C0	C1	C4	C5
C0	10	0	47	43	97	0	1	2
C1	0	34	29	37	5	95	0	0
C4	0	0	67	33	0	0	89	11
C5	0	0	39	61	0	0	17	83
正确率/%	100	100	36.81	35.06	95.1	100	83.18	86.46
召回率/%	10	34	67	61	97	95	89	83
$F1$ 值/%	18.18	50.75	47.52	44.53	96.04	97.44	85.99	84.69

表 8.10　多故障增量模型 M01＋56 混淆矩阵及精度对比

故障类型	无增量对照（平均精度：56%）				增量学习方法（平均精度：97%）			
	C0	C1	C5	C6	C0	C1	C5	C6
C0	0	0	91	9	90	0	7	3
C1	0	26	55	19	0	100	0	0
C5	0	0	100	0	1	0	99	0
C6	0	1	1	98	1	0	0	99
正确率/%	—	96.3	40.49	77.78	97.83	100	93.4	97.06
召回率/%	0	26	100	98	90	100	99	99
$F1$ 值/%	—	40.95	57.64	86.73	93.75	100	96.11	98.02

表 8.11　多故障增量模型 M01＋67 混淆矩阵及精度对比

故障类型	无增量对照（平均精度：57%）				增量学习方法（平均精度：96.75%）			
	C0	C1	C6	C7	C0	C1	C6	C7
C0	0	0	90	10	92	0	8	0
C1	0	28	3	69	0	100	0	0
C6	0	0	100	0	2	0	98	0
C7	0	0	0	100	1	2	0	97
正确率/%	—	100	51.81	55.87	96.84	98.04	92.45	100
召回率/%	0	28	100	100	92	100	98	97
$F1$ 值/%	—	43.75	68.26	71.69	94.36	99.01	95.14	98.47

实验结果显示，相比无增量对照，使用了增量学习方法的再训练模型依然能够同时对旧故障类型和新故障类型均具有很高的诊断精度，无增量对照组的平均精度约为 52.2%，采用了增量学习算法训练的模型平均精度约为 95.55%，诊断精度提升了 40%以上。即使与单故障增量实验对比，多故障增量模型的平均诊断精度也仅略微下降，结果体现了增量学习算法的巨大优势。

综合上述两种实验结果，可见无论是 ＋1 增量模式还是 ＋n 增量模式，对于使用类别增量学习算法再训练模型的实验精度比无增量训练的模型精度均有 40%～60%的提升，提升效果非常显著。

3. 模型增量训练耗时分析

本小节中运行程序的计算机相关运行环境为 Python3.6、TensorFlow、RAM 16 GB、CPU Intel i5-4460 3.2 GHz。本小节开展了上述两种分类诊断任务的有无增量模型的训练时间对比。增量模型训练方式分别为 2→3 分类和 2→4 分类，无增量模型的训练方式为直接使用所有数据样本训练模型。因此，训练过程中，2→3 分类使用的数据量为 420，2→4 分类模型使用的训练数据量为 820；无增量三分类任务使用的数据量为 1 200；无增量 4 分类任务使用的数据量为 1 600。图 8.4 显示了 4 组对比实验的箱线图，每组实验重复 10 次。实验结果显示，增量模型的平均训练时间要明显低于无增量模型。对于三分类，增量模型比无增量模型要快约

38%；对于四分类，增量模型比无增量模型快约 34%。需要注意的是，本章的训练样本并不多，在实际的工业应用中，模型的训练样本会急剧膨胀，因此本方法对于减少模型训练的时间成本和资源消耗具有重要的意义。

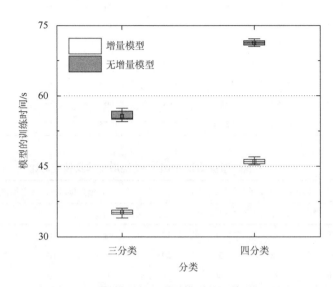

图 8.4　增量模型与无增量模型的训练时间对比

第9章 基于深度强化学习的自适应故障诊断

本章首先介绍深度强化学习典型的基于值函数的算法，而后提出以胶囊神经网络和深度强化学习为核心，建立一种新的深度强化学习模型。在该方法中，基于余弦相似定理，本章提出能够在线对轴承状态数据进行粗粒化标注和对该粗粒化标注过程进行奖赏的方法。其次，将所构建的深度强化学习的模型与装备在线数据进行互动，实时标注在线数据和对标注过程进行奖赏，利用在线数据、标注结果和奖赏对离线故障诊断模型进行实时更新，在完成对在线状态数据的自适应学习和识别的过程中，还进一步提高传统离线故障诊断模型的故障诊断能力。

9.1 问 题 描 述

数据驱动的故障诊断过程主要包括采集状态监测数据、提取状态特征参数和诊断故障状态等。精确的离线故障诊断模型可为装备的实时监测、及时诊断、故障恢复等提供依据[101]。然而，目前装备集成化程度越来越高，系统之间的交互加大了装备的复杂性，这使得系统故障诊断难度增大。此外，信号传递路径长、干扰大，且信噪比低等问题，也增加了离线模型对装备在线运行故障诊断的难度。

在传统故障诊断方法中，故障特征提取是关键，其好坏直接决定了故障诊断的效果的优劣。常见的人工设计特征有时域特征、频域特征和时频域特征[102]。然而，这些特征突出的特点是需要依赖专家经验和先验知识的，对于新的装备状态数据，很难保证人工设计特征的有效性和鲁棒性。因此，在装备故障诊断时，需要考虑外部干扰给诊断模型带来的影响，结合装备运行特点，制定能适应装备外部环境和内部环境干扰的特征提取方案，以更好地完成装备智能故障诊断任务。

近年来，随着深度学习的发展，其在图像识别、语言识别和文本处理等方面均表现出强大的自动特征提取能力。故障诊断已由人工设计特征转变为自动提取特征。目前，深度学习因其优秀的多隐藏层和自适应提取特征的能力，吸引了众多学者的关注。一般而言，基于深度学习的故障诊断方法是通过挖掘监测数据的状态特征，然后利用分类器对状态特征的非线性拟合将特征转化为故障概率值表示，通过比较概率值大小来获得诊断结果。在早期，故障诊断方法主要包括振动信号分析、采样分析、测温分析和超声波状态分析等。对于绝大多数装备故障诊断，多采用振动信号分析方法，基于所输入的振动信号，利用深度学习进行自动故障特征提取、特征分析等功能。研究结果显示，与传统的故障诊断方法相比，基于深度学习的故障诊断方法更加简单和实用，已经实现了对传统故障诊断方法的超越，具有不错的实际工业应用价值。

基于深度学习的故障诊断本质是一种数据驱动技术，其离不开数据的支持，因而收集具有代表性的故障数据是开展装备故障诊断的关键。然而，在实际工业应用中，装备需要不断地调整运行工况以应对不同的生产需求，同时装备不可避免地会有部件退化和外部环境变化的情形发生，很难保证收集到的装备状态数据具有代表性，这导致现阶段基于深度学习的故障诊断模型只对与历史数据相似的数据有较好的识别能力，当外部环境发生变化时（如工况变化），模型会由于泛化能力不足出现诊断能力变弱甚至失效的情形。此外，烦琐的历史数据收集、标注工作也限制了该类方法在实际工业之中的广泛应用。

　　针对基于深度学习的故障诊断方法对历史状态数据的深度依赖和不具有自适应外部环境变化能力的问题，本节提出了基于胶囊神经网络和深度强化学习的装备自适应故障诊断方法，使得故障诊断模型能不断地适应外部环境的变化，自动地完成故障诊断模型的更新。考虑到胶囊神经网络具有比传统卷积神经网络更好的特征提取能力，减少了全连接网络层[103]，因此在卷积层后引入了胶囊神经网络层，构建了胶囊神经网络。此外，考虑到强化学习模型具有不断学习的能力[104]，将胶囊神经网络和强化学习相结合，构建一种新的深度强化学习模型，实现对装备未知工况条件的自适应学习，并在装备实时运行状态中不断地提高智能体故障诊断能力和泛化性能。

9.2　深度强化学习概况

　　强化学习是一种通过智能体与环境不断交互，获取奖励，进而强化智能体能力的学习过程[105]。强化学习示意图如图 9.1 所示，首先环境会给出观测值，其次智能体接收到观测值后会输出执行动作（action），最后环境会根据执行动作做出一系列反应，例如，对这个执行动作给予奖励和给出一个新的观测值。

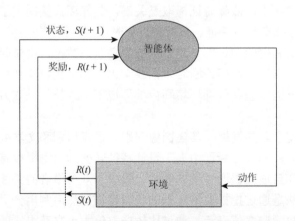

图 9.1　强化学习示意图

　　经过多年的发展，强化学习算法可以分为基于值函数、基于策略及两者融合的方法。例如，*Q*-learning 算法是基于值的强化学习算法，这种算法中只有一个值函数网络。基于策略的强化学习算法是通过设定动作策略，寻找最佳的动作策略，在基于策略的强化学习算法中，动作值函数是关键，策略的目标就是最大化动作值函数。actor-critic 算法是基于策略和基于值函数的结合，它包含了两者的优势，是现阶段强化学习发展的一个重要方向。

9.2.1　Q-learning

强化学习本质是一个马尔可夫决策过程[106]，主要包含状态空间 S、动作空间 A、回报函数 R、状态转移概率 P 和折扣因子 γ。强化学习的关键是获得五元组 (S, A, P, R, γ)，基于五元组获得智能体训练所需要的目标函数。

Q-learning 作为一种经典强化学习算法，几乎包含了强化学习所有的关键要素。它主要的特点是采用动作值函数 $Q(s, a)$ 来评估策略的优劣，表示在初始状态 $s_0 = s$，执行动作后 $a_0 = a$，获得累计奖励的期望值，即

$$Q(s, a) = E_\pi \left(\sum_{k=1}^{\infty} \gamma^k r_k | s_0 = s, a_0 = a \right) \tag{9.1}$$

式中：k 为迭代步数；$\gamma \in [0, 1]$；r_k 为第 k 步动作后获得的即时奖励；$E_\pi(\cdot)$ 为针对策略 π 求期望。

在式（9.1）求解中，对已知动作执行模型的强化学习，可以用动态规划的方法进行求解。对动作执行模型未知的系统，可以用蒙特卡洛的方法或时序差分的方法进行求解。然而，在有限状态和动作下，一个强化学习算法中的值函数相当于一张表格，当状态空间与动作空间变大时，值函数表格将变得异常的大，这给表格存储及查询带来了极大的困难，使得 Q-learning 在实际应用中面临最大挑战。此外，随着学习任务的复杂化，需执行大量复杂动作和存储大量动作值函数及进行烦琐表格查询和计算，这都使得强化学习需要高性能设备的支持。此外，复杂的查询和计算使得动作执行时的实时性无法得到保证，这也是基于 Q-learning 的强化学习很难在实际场景中被广泛应用的原因。

9.2.2　DQN

DQN 是一种使用 Q 网络来估计 Q 值的新型强化学习算法，它利用神经网络代替 Q 值表，方便 Q 值的计算和存储，节省了存储空间和方便查询，缓解了 Q 值存储和查询困难等问题[107]。此外，它还实现了从动作离散状态空间到连续状态空间的跨越。Q 网络会对每一个离散动作的 Q 值进行估计，执行动作时会选择 Q 值最高的动作（即 greedy 策略），会使用 epsilon-greedy 策略进行探索（即探索时，会以很小的概率随机执行动作），来获得各种动作的训练数据。DQN 的核心是通过参数 θ 来近似 Q 值，网络参数逼近 Q 值可以写为 $\hat{v}(s; \theta)$，θ 为神经网络参数，s 为输入的状态参数。

随着深度学习的发展，卷积神经网络显示出了强大特征提取能力和非线性拟合能力[108]，方便对观察到的状态信息进行特征提取和价值函数非线性拟合。在强化学习中引入深度神经网络，造就了深度强化学习的开山之作——DQN。DQN 通过深度神经网络对动作值函数进行参数化。

此外，DQN 的经验回放技术也是其成功的关键。在经验回放技术中，通过目标网络来单独处理时间差分算法中的 TD（差分）误差。在 DQN 算法出现之前，更新智能体的梯度主要利用计算的目标动作值函数和逼近的动作值函数。然而，这容易导致不同观测数据之间存在

关联，数据不独立，使得智能体学习过程不稳定。DQN 通过不同步的神经网络参数计算动作值函数，利用以往的神经网络参数，计算当下观测的动作值函数，实现对以往学习过程的经验回放，有效地打破了观测状态之间的关联，从而保证学习过程的随机性，避免智能体学习陷入局部最优和学习过程不稳定。

9.2.3　Dueling DQN

Dueling DQN 使用了优势函数（advantage function）估计状态（state）的 Q 值，不考虑动作，好的策略能将 state 导向一个更有优势的局面。原本当 DQN 对一个 state 的 Q 值进行估计时，它需要等到为每个离散动作收集到数据后，才能进行准确估值。然而，在某些 state 下，采取不同的动作并不会对 Q 值函数造成多大的影响。因此，Dueling DQN 直接利用优势函数估计的 Q 值，使得在某些 state 下，Dueling DQN 在只收集到一个离散动作的数据后就能进行估值。在某些环境中，存在大量不受执行动作影响的 state，此时 Dueling DQN 能学得比 DQN 更快，它是 DQN 的进阶版本。

9.2.4　Double DQN

Double DQN 是一个拥有两个深度神经网络的强化学习算法，其主要通过解耦目标动作 Q 值，选择合适的目标 Q 值。两个深度神经网络结构相同，但其用途不同，并且它们是异步更新的，其更新过程可以表示为

$$Y_t^{\text{DQN}} = R_{t+1} + \gamma \max Q(S_{t+1}, a; \theta_t) \tag{9.2}$$

在 DQN 中，由于深度神经网络预测的 Q 值函数存在误差，每次都会朝着最大误差方向进行估计，深度神经网络会过估计 Q 值函数，导致智能体更新不稳定。在 Double DQN 中采用两个深度神经网络进行异步更新网络参数。具体为使用一个网络 θ_t^- 作为评估网络，利用另外一个网络 θ_t 目标网络来优化误差。此外，深度神经网络还被用来预测 Q 值以现实中 Q-max(s, a) 的最大值计算，被选择的动作还会用来代表实际 Q 值。基于上述描述，最终更新智能体的公式为

$$Y_t^{\text{DDQN}} = R_{t+1} + \gamma Q\left[S_{t+1}, \text{argmax } Q\left(S_{t+1}, a; \theta_t^-\right), \theta_t\right] \tag{9.3}$$

从式（9.3）可知，两个不同深度神经网络 θ_t^- 和 θ_t 能防止 Q 值的过估计，并能打破更新过程中数据的关联性，使得智能体训练过程更加稳定、学习效果更好。

9.2.5　基于确定性策略搜索的强化学习方法

深度确定性策略梯度（deep deterministic policy gradient）算法由 Google 的 DeepMind 公司在其发表的论文《利用深度强化学习实现连续控制》（*continuous control with deep reinforcement learning*）中提及，它是将深度学习神经网络融合进确定性策略梯度的一种新型策略学习方法。随机策略与确定性策略之间的比较在于策略的采取方式不同，其中随机策略的公式为

$$\pi_\theta(a|s) = P\left[a|s; \theta\right] \tag{9.4}$$

式（9.4）的含义是对于状态 s 而言，其动作符合参数为 θ 的概率分布。常用的动作执行分布为高斯分布，对应的动作策略为

$$\pi_\theta(a|s) = \frac{1}{\sqrt{2\pi}\sigma} \exp\left\{-\frac{[a - f_\theta(s)]}{2\sigma^2}\right\} \tag{9.5}$$

式（9.5）的含义为当利用该策略进行采样时，对于状态 s 其采取的动作服从均值为 $f_\theta(s)$、方差为 σ^2 的正态分布。需要说明的是，当采用随机策略时对于相同的状态，所采取的动作可能不一样。但是，采样的动作总体上有不同，但差别不大。

与基于随机策略的强化学习不同，在确定性策略下，对于状态 s，其动作是唯一确定的，此时确定性策略可以表示为

$$a = \pi_\theta(s) \tag{9.6}$$

相比较于随机策略，确定性策略需要采样的数据少，算法运行效率更高。但是，随机策略学习的潜力更大，实际中常采用随机策略对智能体进行更新。采用随机策略梯度进行更新的公式为

$$\nabla_\theta\left[J(\pi_\theta)\right] = E_{s\sim\rho^\pi, a\sim\pi_\theta}\left[\nabla_\theta\log\pi_\theta(a|s)Q^\pi(s,a)\right] \tag{9.7}$$

9.2.6　TRPO

TRPO 是一种基于随机策略梯度的强化学习。策略梯度更新方程式为

$$\theta_{\text{new}} = \theta_{\text{old}} + \alpha\nabla_\theta J \tag{9.8}$$

用 τ 表示一组状态-行为序列 $s_0, a_0, s_1, a_1, \cdots, s_H, a_H$，强化学习的回报函数为

$$\eta(\tilde{\pi}) = E_{\tau|\tilde{\pi}}\left\{\sum_{t=0}^{\infty}\gamma^t\left[r(s_t)\right]\right\} \tag{9.9}$$

这里的 $\tilde{\pi}$ 是新策略。TRPO 算法的目的是找到新的策略，能够使得回报函数单调递增。如果新的策略所对应的回报函数分解为旧的回报函数和另外一项，那么只有保证新的策略所对应的另外一项大于零，就可以保证新的策略优于旧的策略。正是基于上述思想，2002 年 Kakade 和 Langford[109]提出了一个新的等式，如下所示：

$$\eta(\tilde{\pi}) = \eta(\pi) + E_{s_0, a_0, \cdots, \tilde{\pi}}\left\{\sum_{t=0}^{\infty}\gamma^t\left[A_\pi(s_t, a_t)\right]\right\} \tag{9.10}$$

式中

$$A_\pi(s_t, a_t) = Q_\pi(s_t, a_t) - V_\pi(s_t) = E_{s_t'P(s_t'|s_t, a_t)}\left[r(s) + \gamma V^\pi(s') - V^\pi(s)\right] \tag{9.11}$$

其中，$A_\pi(s_t, a_t)$ 为优势函数也可称为势函数。$V_\pi(s_t)$ 为对应状态 s_t 下，所有动作的值函数和采取对应动作的概率总和的平均值。而 $Q_\pi(s_t, a_t) - V_\pi(s_t)$ 则是评价当前值函数相对于动作值函数平均值的差值。上述的优势函数是指当前的动作值函数相比于当前状态的值函数的优势。若大于零，则说明当前动作优于以往的动作，若小于零，则说明当前动作不如以往的动作。

$$E_{r|\bar{F}}\left[\sum_{t=0}^{\infty}\gamma^t A_{\pi}(s_t,a_t)\right]$$

$$=E_{r|\bar{T}}\left\{\sum_{f=0}^{\infty}\gamma^t\left[r(s)+\gamma V^{\pi}(s_{t+1})-V^{\pi}(s_t)\right]\right\}$$

$$=E_{f|}\left\{\sum_{f=0}^{\infty}\gamma^t\left[r(s_t)\right]+\sum_{t=0}^{\infty}\gamma^t\left[\gamma V^{\pi}(s_{t+1})-V^{\pi}(s_t)\right]\right\}$$

$$=E_{r|*}\left\{\sum_{f=0}^{\infty}\gamma^t\left[r(s_t)\right]\right\}+E_{s_0}\left[-V^{\pi}(s_0)\right]$$

$$=\eta(\tilde{\pi})-\eta(\pi) \tag{9.12}$$

式中：第一个等号为将优势函数代入，第二个等号则将第一项和后两项分开，第三个等号为将第二项展开，用于消除相同项。最终，$V^{\pi}(s_0),s_0\sim\tilde{\pi}$ 等价于 $s_0\sim\pi$ ，因此可知两个策略都是基于相同的状态序列。此时，可知 $V^{\pi}(s_0)=\eta(\pi)$ ，可得 $\eta(\tilde{\pi})=\eta(\pi)+E_{s_0,a_0,\cdots,\tilde{\pi}}\left\{\sum_{t=0}^{\infty}\gamma^t\left[A_{\pi}(s_t,a_t)\right]\right\}$ ，该式中的第一项为老的策略值函数，第二项为新旧策略差值。

此外，对新旧策略进行转化后，优势函数的期望可以写成

$$\eta(\tilde{\pi})=\eta(\pi)+\sum_{t=0}^{\infty}\sum_s P(s_t=s\,|\,\tilde{\pi})\sum_a\tilde{\pi}(a|s)\gamma^t A_{\pi}(s,a) \tag{9.13}$$

式中：$P(s_t=s|\tilde{\pi}),\tilde{\pi}(a|s)$ 为 (s,a) 的联合概率；$\sum_a\tilde{\pi}(a\,|\,s)\gamma^t A_{\pi}(s,a)$ 为动作 a 的边际概率。从上述可知，式（9.13）本质是在状态 s 下对整个动作空间的值函数进行求和。而 $P(s_t=s|\tilde{\pi})$ 即为状态 s 的边际分布，是对整个状态空间值函数的求和。最终，$\sum_{t=0}^{\infty}\sum_s P(s_t=s\,|\,\tilde{\pi})$ 求的是整个时间序列下所有状态和动作值函数的总和，其可以定义为 $\rho_{\pi}(s)=P(s_0=s)+\gamma P(s_1=s)+\gamma^2 P(s_2=s)+\cdots$ 。

在实际操作中 TRPO 取得成功还需要依赖以下几个关键技巧。

1. TRPO 的第一个技巧

利用 TRPO 的第一个技巧对状态分布进行处理，若忽略状态分布的变化，则可以利用旧的策略对状态分布进行描述。实际中，当新旧参数很接近时，可以用旧的状态分布来代替新的状态分布。此时，代价函数为

$$\eta(\tilde{\pi})=\eta(\pi)+\rho_{\pi}(s)\sum_a\tilde{\pi}(a|s)A_{\pi}(s,a) \tag{9.14}$$

由式（9.14）的第二项策略部分可知，动作 a 是由新的策略 $\tilde{\pi}$ 给出的。然而，新的策略 $\tilde{\pi}$ 是带参数的，而该参数在实际中未知，因而无法用来它产生动作。此时就需要引入 TRPO 的第二个技巧。

2. TRPO 的第二个技巧

TRPO 的第二个技巧采用重要性采样来对动作分布进行描述。

$$\sum_a \tilde{\pi}_\theta(a|s_n) A_{\pi_{\theta_{old}}}(s_n,a) = E_{a,q}\left[\frac{\tilde{\pi}_\theta(a|s_n)}{q(a|s_n)} A_{\pi_{\theta_{old}}}(s_n,a)\right] \tag{9.15}$$

通过利用两个技巧，再利用 $\frac{1}{1-\gamma} E_{s\,\rho_{old}}[\cdots]$ 代替 $\sum_s \rho_{\theta_{old}}(s)[\cdots]$，取 $q(a|s_n)=\pi_\theta(a|s_n)$。替代回报函数为

$$L_\pi(\tilde{\pi}) = \eta(\pi) + E_{s\,\rho_{\theta_{old}},a\,\pi_{\theta_{old}}}\left[\frac{\tilde{\pi}_\theta(a|s_n)}{\pi_{\theta_{old}}(a|s_n)} A_{\pi_{\theta_{old}}}(s_n,a)\right] \tag{9.16}$$

通过比较可知，新旧策略之间的替换会改变动作的状态分布。因此，一般会将上面 $L_\pi(\tilde{\pi})$ 和 $\eta(\tilde{\pi})$ 当作策略 $\tilde{\pi}$ 的函数。此时，$L_\pi(\tilde{\pi})$、$\eta(\tilde{\pi})$ 在旧策略处是一阶近似，即

$$L_{\pi_{old}}(\pi_{old}) = \eta(\pi_{old}) \tag{9.17}$$

$$\nabla_\theta L_{\pi_{old}}(\pi_{old})|_{\theta=\theta_{old}} = \nabla_\theta \eta(\pi_{old})|_{\theta=\theta_{old}} \tag{9.18}$$

在 θ_{old} 附近，通过改善 L 的策略也可以达到改善原回报的效果。然而，上述过程存在的问题是步长的选取，因此需要引入第二个重要级的不等式

$$\eta(\tilde{\pi}) \geqslant L_\pi(\tilde{\pi}) - C D_{KL}^{max}(\pi,\tilde{\pi}), \quad C = \frac{2\varepsilon\gamma}{(1-\gamma)^2} \tag{9.19}$$

式中：$D_{KL}(\pi,\tilde{\pi})$ 为两个分布的 KL 散度。该不等式给出了 $\eta(\tilde{\pi})$ 的下界，定义该下界为

$$M_i(\pi) = L_\pi(\tilde{\pi}) - C D_{KL}^{max}(\pi,\tilde{\pi}) \tag{9.20}$$

利用该下界可以证明策略的单调性：$\eta(\pi_{i+1}) \geqslant M_i(\pi_{i+1})$，且 $\eta(\pi_i)=M_i(\pi_i)$。

若新的策略 π_{i+1} 能使得 M_i 最大，不等式 $M_i(\pi_{i+1})-M_i(\pi_i) \geqslant 0$，则 $\eta(\pi_{i+1})-\eta(\pi_i) \geqslant 0$，即证得策略为单调递增。

可形式化为

$$\text{maximize}_\theta L_{\theta_{old}}(\theta) - C D_{KL}^{max}(\theta_{old},\theta) \tag{9.21}$$

式中：C 为惩罚系数，$C = \frac{4\varepsilon\gamma}{(1-\gamma)^2}$。

若利用惩罚因子 C，则每次迭代步长很小，因此问题可以转化为

$$\text{maximize}_\theta E_{s\,\rho_{\theta_{old}},a\,\pi_{\theta_{old}}}\left[\frac{\tilde{\pi}_\theta(a|s_n)}{\pi_{\theta_{old}}(a|s_n)} A_{\theta_{old}}(s,a)\right]$$

$$\text{s.t.} \quad D_{KL}^{max}(\theta_{old},\theta) \leqslant \delta \tag{9.22}$$

然而，由于有无穷多的状态，所以约束条件 $D_{KL}^{max}(\theta_{old},\theta)$ 存在无穷多个。因此式（9.22）无法直接求取，需要引入 TRPO 的第三个技巧。

3. TRPO 的第三个技巧

在上述的约束条件中，引入平均 KL 散度来代替最大 KL 散度，即

$$\text{s.t.} \quad \bar{D}_{KL}^{\rho_{\theta_{old}}}(\theta_{old},\theta) \leqslant \delta \tag{9.23}$$

4. TRPO 的第四个技巧

最终 TRPO 问题化简为

$$\text{maximize}_\theta E_{s\,\rho_{\theta_{\text{old}}},a\,\pi_{\theta_{\text{old}}}} \left[\frac{\tilde{\pi}_\theta(a|s_n)}{\pi_{\theta_{\text{old}}}(a|s_n)} A_{\theta_{\text{old}}}(s,a) \right]$$

$$\text{s.t.}\ \ E_{s,\pi_{\theta_{\text{old}}}} D_{\text{KL}}\left[\pi_{\theta_{\text{old}}}(\cdot|s) \| \pi_\theta(\cdot|s) \right] \leqslant \delta \quad\quad (9.24)$$

接下来就是利用采样得到数据，然后求样本均值，解决优化问题即可。

9.2.7　Capsule DDQN

引入胶囊神经网络，本小节提出一种双网络深度强化学习（double deep Q network，DDQN），简称为 Capsule DDQN。在 Capsule DDQN 中，使用胶囊神经网络对环境观察给出响应动作并估算 Q 值，并根据执行的动作给出奖励值。智能体根据观测-动作$(s_t - a_t)$和奖励进行学习，不断地优化智能体，获得对环境观测的最优策略。在本小节提出的方法中，构建了两个网络（分别是评估网络和目标网络）和一个基于离线装备状态数据的故障特征字典。其中，评估网络和目标网络都来自胶囊神经网络。具体为利用历史数据训练构建的胶囊神经网络，获得胶囊神经网络参数后，利用这些参数初始化评估网络和目标网络。此外，在本章中评估网络被用于构建历史状态数据的特征字典、对在线环境样本进行特征提取和在线特征字典的更新；目标网络直接参与网络训练更新。在智能体的学习过程中，首先收集在线字典与装备实时运行环境互动结果(s_t, a_t, R_t)，而后将其存入设计的记忆存储器之中，当记忆存储器存储数量大于设置容量时，利用存储的数据将用来更新目标网络，并在下一回合中先清空存储的数据，然后继续获取新的(s_t, a_t, R_t)。并且，在目标网络更新一定次数后将其参数复制到评估网络用于对在线数据特征提取和在线特征字典的更新。最后，当上述过程达到设定的更新次数后，将最后一次更新的目标网络作为最终的故障诊断模型。

9.3　基于 Capsule DDQN 的自适应故障诊断方法

考虑到故障诊断是一种典型离散任务，智能体只需要完成对输入的状态数据响应，即输出故障类型。本章基于 Capsule DDQN 构建了一种新型的故障诊断方法，用于实现装备在变工况条件下的自适应学习。本节主要包括 Capsule DDQN 关键技术和基于 Capsule DDQN 的故障诊断流程。

9.3.1　Capsule DDQN 关键技术

Capsule DDQN 关键技术主要包括胶囊神经网络、在线数据环境、特征字典、在线数据环境与在线特征字典交互规则、Capsule DDQN 的构建和初始化、在线训练。

1. 胶囊神经网络

胶囊神经网络是由 Sabour 等[110]在 2017 年首次提出的。相比于传统的神经网络，胶囊神经网络可以通过向量存储输入数据的信息。这与传统神经元只能通过标量传递信息不同，胶囊神经网络能够保留更多的信息。胶囊神经网络神经元可以从输入数据中提取更多细节特征如方位和大小，大大减少了特征信息的丢失。构建胶囊神经网络核心为设置新的边缘损失函数：

$$\text{loss} = \frac{1}{N}\sum_{i=0}^{N}\sum_{k=0}^{C_0}L_k^i \tag{9.25}$$

$$L_k = T_k\max(0, m^+ - \|v_k\|)^2 + \lambda(1 - T_k)\max(0, \|v_k\| - m^-)^2 \tag{9.26}$$

式中：C_0 为故障种类（或者分类的数目）；N 为批次大小；v_k 为输出向量，$m^- = 0.1$；$m^+ = 0.9$；$\lambda = 0.5$；当预测值和实际值相等时 T_k 为 1，不同时 T_k 为 0。

2. 在线数据环境

本章主要解决的问题为故障诊断模型在设备在线运行过程中提升模型的故障诊断能力。这里所指的在线环境为设备在运行时实时状态数据，利用不同数据集作为在线数据进行模拟验证本章所提出方法的有效性。在线数据环境中将随机输出故障样本作为在线数据，输出样本是无故障标签的。

3. 特征字典

基于历史数据构建特征字典。具体为利用训练好的胶囊神经网络对历史数据进行特征提取，在最后一个胶囊层输出高维特征，利用该特征作为其对应标签内容。其中每一类标签都有多个特征与之对应，这就好比字典一样，标签作为条目，特征作为该条目下的内容。

4. 在线数据环境与在线特征字典交互规则

在获得特征字典后，可以直接利用字典对在线数据进行交互。首先，利用评估网络对在线数据进行特征提取，在最后一个胶囊层输出特征。其次，计算该特征与字典中每个特征的余弦相似度。最后，选择动作对应的余弦相似度值作为该动作的奖赏值。

5. Capsule DDQN 的构建和初始化

构建 Capsule DDQN 关键在于定义智能体与在线环境的交互规则，获得动作、奖赏等要素。接着，基于获得在线数据、动作和奖赏建立智能体训练损失函数。这里训练数据部件包括在线数据与其对应粗粒化标签，还有在标注过程中计算获得奖赏值。

6. 在线训练

在线训练主要包括在线特征字典的更新、目标网络和评估网络更新等。从互动的过程可知，在在线数据环境与在线特征字典的交互过程中，可以给在线特征字典以粗粒化的标签，这样就可以获得数据样本和标签的形式。此外，在线过程中可以将在线数据的特征补充到字典中，具体过程为利用在线数据、对应动作（标签）和奖赏值更新目标网络（智能体），利用异步更新策略，将目标网络参数赋予评估网络。在特征字典与在线数据环境进行一段时间的互动后，利用评估网络对获得在线数据进行特征提取，并将获得特征–标签对加入字典中。注意在上述过程中，历史数据的特征也会进行更新。

在上述过程中需要考虑在线数据粗粒化标注可能错误的情况，因此，本小节采用提出的自修剪技术对更新后在线特征字典进行修正。过程为获取每一类标注特征的中心特征，对特征与中心特征进行欧氏距离计算，求出总的欧氏距离，并获取其平均值。然后，当在线数据特征与中心特征的欧氏距离大于平均欧氏距离值时，对特征进行剔除，反之保留。

本章采用模拟的在线数据（即不同工况下的数据集）对所提出方法进行测试。注意此处的在线数据是未标注的，而测试数据是具有真实标签的数据。测试过程为将经过在线训练后的目标网络作为最终的故障诊断模型，利用该模型对测试数据进行测试，通过预测标签和真实标签进行比较，获得最终的测试结果。

9.3.2 基于 Capsule DDQN 的故障诊断流程

为了提高模型的故障诊断能力和强化应对工况环境变化的自适应能力，本章提出利用 Capsule DDQN 提高故障诊断模型的性能和自适应能力的方法。利用该方法的故障诊断流程如图 9.2 所示。

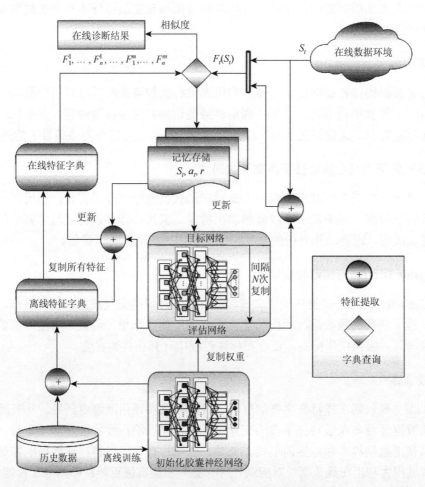

图 9.2　基于 Capsule DDQN 故障诊断流程

在上述流程中主要包含以下步骤。

步骤 1：构建胶囊神经网络。该胶囊神经网络来自于卷积神经网络，通过将胶囊层替代全连接层，实现标量特征转换为向量特征，从而更好地保留卷积层提取的特征细节。胶囊层网络结构示意图如图 9.3 所示。

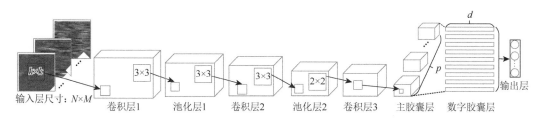

图 9.3　胶囊层网络结构示意图

步骤 2：获得初始化胶囊神经网络。利用智能装备历史数据，基于正向和反向传播算法，通过不断地缩小历史数据样本预测值与真实标签的差异，更新网络权重，优化胶囊神经网络模型。

步骤 3：建立故障特征字典。利用离线训练好的胶囊神经网络提取历史数据特征，根据历史数据对应标签构建特征–标签对字典元素，组建离线特征字典，并初始化在线特征字典。利用评估网络对在线数据进行特征提取，同时，基于余弦相似度原理，计算在线特征字典中所有元素与在线样本特征的亲密度，利用亲密度结果粗评估在线数据隶属的标签，粗评估过程如图 9.4 所示。

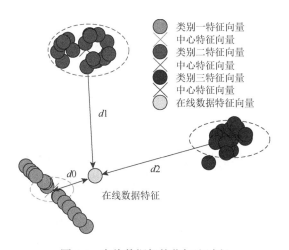

图 9.4　在线数据粗粒化标注过程

步骤 4：初始化评估网络和目标网络。利用获得离线胶囊神经网络参数初始化评估网络和目标网络。

步骤 5：存储在线数据环境与在线特征字典互动结果。基于步骤 3，计算余弦相似度值，获取在线数据的粗粒化标签，同时结合粗粒化标签对应的余弦相似度值给定奖励。随后，将获得的在线数据与对应的粗粒化标签和奖赏存储到记忆存储器中。

步骤 6：更新目标网络。构建损失函数，新构建损失函数为

$$\text{Loss}_t(\theta_t) = E_{(s,a,r,s')}\left\{\left[y - Q(s,a;\theta_t)\right]^2\right\} \tag{9.27}$$

$$y = r + \gamma \max_{a'} Q(s',a';\theta_t^-) \tag{9.28}$$

$$\text{Loss}_t(\theta_t) = \frac{1}{r^t}\text{Loss}_t(\theta_t) \tag{9.29}$$

在上述损失函数中，网络将会朝着亲密度最大方向进行更新。网络更新可能存在幅度过大的情况，使得网络产生对在线数据的偏爱，采用交替更新方式和减小学习率的方式缩小网络更新幅度，使网络更新更加平缓。

步骤 7：异步更新评估网络。为了防止在线特征字典更新过快，利用评估网络更新在线字典库，即采用前几次更新后的目标网络更新在线特征字典。同时，为了避免在线特征字典变化过大和可能存在的错误特征-标签对的影响，设计基于样本特征与样本聚类中心距离的特征自修剪。具体为当某一特征与该标签下的所有特征的中心距离大于平均值时，剔除该特征，降低可能的错误粗粒化标签带来的负面影响。

步骤 8：停止网络更新。当在线互动学习满足所设定的学习次数或者网络对历史数据诊断精度下降到设定的阈值时，停止学习迭代。

步骤 9：模型测试。对更新后的网络进行测试，完成对最终故障诊断模型的评估。

9.4 案 例 分 析

9.4.1 案例数据说明

为了验证所提出方法的有效性，利用第 7 章介绍的 Paderborn 轴承实验数据[86]。在该数据集中一共存在 4 种运行工况，工况由电动机转速、加载力矩和径向力组合确定。同时，本案例中包含 3 种轴承故障类型，即正常、内圈故障和外圈故障，每种故障类型振动信号均包含 256 823 个振动数据点。

为了验证本章所提方法的性能，对每个测试轴承振动信号进行采样。为了获取足够的训练样本，对每种故障的振动数据进行数据扩充，一共获取 1 000 个振动数据样本。其中，每个样本都包含 1 024 个点。接着，选取前 800 个样本作为训练样本，将后 200 个样本作为测试样本。因此，每种工况的训练集总共有 2 400 个样本，测试集有 600 个样本。值得注意的是，这里获取的测试样本是不经过数据扩充获得的。轴承运行工况和数据集描述如表 9.1 所示。

表 9.1 轴承运行工况和数据集描述

数据集编号	电动机转速/(r/min)	加载力矩/(N·m)	径向力/N	训练/测试样本
1	1 500	0.7	1 000	2 400/600
2	900	0.7	1 000	2 400/600
3	1 500	0.1	1 000	2 400/600
4	1 500	0.7	400	2 400/600

9.4.2　模型训练与评估

为了验证胶囊神经网络相对于传统卷积神经网络的先进性，本小节进行两者的对比。这里，首先构建卷积神经网络，然后利用胶囊神经元代替传统全连接神经元，构建胶囊神经网络。接着，将胶囊神经网络和卷积神经网络的训练批次均设定为 100，训练优化器为 Adam，学习率为 0.001，训练数据为表 9.1 中的数据集 1。两者的训练过程中的测试结果如图 9.5 所示。从测试对比结果可以得出，胶囊神经网络比卷积神经网络具有更好的表现。

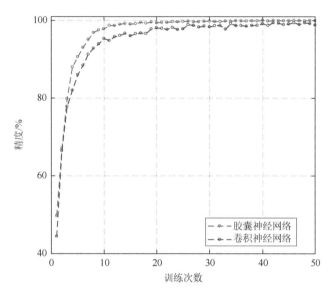

图 9.5　胶囊神经网络和卷积神经网络测试结果对比

接着，利用各种测试工况对训练后获得的胶囊神经网络进行测试，测试结果如表 9.2～表 9.4 所示。从上述的数据的测试结果可知，当工况发生变化后，离线训练模型的在线监测性能会发生一定程度的下降。为了解决上述问题，本小节利用提出的方法对基于胶囊神经网络的故障诊断模型进行在线更新，以提升模型在变工况条件下的故障诊断性能和自适应能力。

表 9.2　测试结果（工况 1 训练，工况 2、工况 3 和工况 4 测试）

训练工况	测试工况			
	1	2	3	4
1	99.67%	97.83%	93.00%	86.67%

表 9.3　测试结果（工况 1 和工况 2 训练，工况 3 和工况 4 测试）

训练工况	测试工况			
	1	2	3	4
1、2	100.00%	100.00%	99.83%	98.00%

表 9.4　测试结果（工况 1、工况 2 和工况 3 训练，工况 4 测试）

训练工况	测试工况			
	1	2	3	4
1、2、3	99.33%	99.83%	100.00%	99.83%

　　针对胶囊神经网络在监测工况发生变化后模型故障诊断能力下降的问题，采用本章提出的故障诊断模型在线自适应学习机制，利用在线数据完成对模型故障诊断性能和自适应能力的提升。表 9.5 显示了利用某一工况作为历史数据，其他工况为在线数据，10 次测试结果。值得注意的是，这里采用的在线数据均是未知状态的，且工况变化为由小到大或由大到小依次变化。在完成利用所有在线数据提升模型故障诊断性能和自适应能力后，胶囊神经网络对工况 1、工况 2、工况 3、工况 4 测试数据的测试结果相对于离线胶囊神经网络模型均有性能上的提升。从离线状态下与在线状态下的比较结果可以看出，利用本章设计的故障诊断模型在线自适应学习机制可以使得模型的故障诊断性能有超过 2%的测试精度提升。

表 9.5　选取不同离线工况和在线工况的模型测试结果　　　　（单位：%）

训练工况	测试工况			
	1	2	3	4
离线工况 1	99.67	97.17	97.83	94.25
在线工况 2	98.92±0.58	99.42±0.58	—	—
在线工况 3	99.42±0.25	99.50±0.20	98.34±0.33	—
在线工况 4	99.08±0.59	99.66±0.15	98.65±0.48	96.42±0.52
离线工况 2	65.17	99.83	97.67	99.83
在线工况 4	—	99.83±0	—	99.83±0
在线工况 3	—	99.83±0	99.50±0	99.83±0
在线工况 1	70.50±2.00	99.83±0	99.50±0.17	99.83±0
离线工况 3	78.00	66.33	98.67	64.00
在线工况 1	79.34±1.16	—	99.00±0.50	—
在线工况 2	79.42±0.92	67.84±1.34	98.59±0.09	—
在线工况 4	79.50±0.50	68.50±0.83	98.92±00.42	66.25±0.25
离线工况 4	64.00	100.00	82.67	100.00
在线工况 2	—	—	90.50±5.33	100.00±0
在线工况 3	—	100±0	87.50±3.27	100.00±0
在线工况 1	67.58±2.08	100±0	89.75±2.25	100.00±0

　　此外，其他基于机器学习的方法也被用来与获得的在线模型进行比较。比较结果列于表 9.6。本小节提出的方法在不同测试数据集上的测试准确率超过 96.25%，优于其他方法。这说明本小节所提出的方法在故障诊断方面有更好的应用前景。

表 9.6 不同方法之间的对比

方法	测试工况			
	1	2	3	4
决策树	88.83	47.17	77.83	48.67
立方 SVM	86.83	67.33	91.50	63.30
余弦 KNN	78.17	66.00	78.33	68.83
集成 KNN	55.00	49.00	56.67	51.67
线性判别	57.67	38.50	60.83	38.00
提出的方法	99.08	99.68	98.65	96.25

第 10 章 基于深度长短期记忆神经网络的剩余使用寿命预测

本章详细阐述 RNN 及其扩展，并以长短时记忆神经网络模型为核心，提出基于 LSTM 的寿命预测评估流程，并介绍一种新的基于 DLSTM 模型的多传感器数据驱动 RUL 预测方法。该方法利用 DLSTM 对多个感知信号进行融合，以获得更准确、更稳健的预测结果。采用网格搜索法得到最佳网络结构，采用 Adam 算法快速高效地优化参数。

10.1 问 题 描 述

复杂系统通常集机、电、传感和信息技术于一体，其运行过程中受到内部退化和外部环境变化等众多因素影响。在复杂系统内部因素方面，部件的种类繁多、结构复杂、任何部件的轻微损伤（如变形、磨损、疲劳、锈蚀、松动等）都可能引起复杂系统产生一系列的不确定的变化，导致整个系统的健康退化程度发生改变，RUL 难以进行有效估计。此外，复杂系统通常运行环境极端且恶劣，背景噪声干扰强，监测信号信噪比低，使得复杂系统真实退化信息难以有效提取和解读。因此，从复杂多传感器监测信号中提取有效数据特征，挖掘复杂系统退化信息对于提升其可靠性水平，制定合理的维修计划等都具有重要的应用价值。

现有的 RUL 预测方法大致可以分为两类，包括基于模型的方法和数据驱动的方法。其中，基于模型的 RUL 预测方法是从系统失效机理分析出发，通过建立系统失效物理模型或数学模型，进行 RUL 预测。常用的失效物理模型主要包括应力强度模型、疲劳损伤模型、最弱环模型、耐久模型等。然而，复杂系统的失效模式多样且耦合，运行工况多变且恶劣等导致难以建立精确的失效物理模型或数学模型，严重影响了系统 RUL 预测的准确性和鲁棒性。数据驱动的 RUL 预测是基于系统的监测数据，通过数据预处理与特征挖掘，进行 RUL 预测。随着信息技术及智能算法的飞速发展，数据驱动的 RUL 预测方法成为研究热点，被广泛地应用于工程实践中，取得了较好的应用效果。

时间序列信号是数据驱动的 RUL 预测中最常用的信号，这是由于它们能够很好地反映健康退化过程。许多 RUL 预测方法利用时间序列数据实现了出色的预测。Khelif 等[111]提出了一种使用 SVR 的直接 RUL 估计方法，该方法避免了退化状态估计或故障阈值设置。Li 等[112]构造了一个卷积神经网络，通过在采集的监测信号中使用可变时间序列来实现 RUL 预测。然而，这些方法通过探索监测信号与对应 RUL 值间的映射关系来预估 RUL，忽略了信号的时间相关性。

RNN 模型是上述问题的一个有效解决方案。RNN 可以跨时间维度地从先前处理的数据中提取有用的重要信息，并将其运用到当前时刻序列数据建模中。Chandra[113]通过竞争-合作协同进化方法训练 RNN 实现混沌时间序列预测。然而，训练中梯度消失或爆炸的问题限制了传统 RNN 的广泛应用。幸运的是，一种改进的 RNN 结构称为长短期记忆（LSTM）被设计出来用于解决这个问题。通过引入一组记忆神经元，LSTM 在鲁棒性和敏感性方面表现出了卓越的能力。Guo 等[114]介绍了一种基于 LSTM 的特征融合方法，用于融合多个特征数据，并构建滚动轴承 RUL 预测的健康指数。然而，两种实验情况下的预测平均误差分别为 32.48%和23.24%，这两种情况均不理想，不能满足工业应用的要求。Cheng 等[115]利用 RNN 对滚动轴承进行了故障预测，并得出了出色的预测结果。然而该方法仅分析了振动信号，并不适用于多传感器数据场景。然而，由于网络结构的限制，深度学习的具体实施是一个挑战。

为了解决 RNN 预测模型中的梯度爆炸和梯度消失的问题，本章利用深度学习和 LSTM 进行结合来构造深度 LSTM（deep LSTM，DLSTM），并提出一种基于 DLSTM 的设备 RUL 预测方法。在 DLSTM 中，多个传感器信号被融合以探索更多潜在信息。应用网格搜索策略，通过自适应矩估计计算法有效地调整 DLSTM 的网络结构和参数，以获得具有准确性、鲁棒性的 RUL 预测模型。在 DLSTM 模型中引入了一种早停方法，以消除过拟合问题并对模型进行正则化。

10.2 深度长短期记忆神经网络概况

10.2.1 循环神经网络结构

在传统的 ANN 模型中，数据从输入层到输出层逐层传递。任意 t 时刻的输入数据 $\boldsymbol{x}^t = \left[x_1^t, x_2^t, \cdots, x_n^t \right]$ 与输出数据 $\boldsymbol{y}^t$ 之间形成映射关系。

RNN 是一种在传统 ANN 的基础上增加了循环结构发展而来的新的网络结构。图 10.1 对比了传统 ANN 模型与 RNN 模型的网络结构。RNN 的循环结构可以使得 RNN 隐藏层中上一时刻处理的信息循环到下一时刻的数据处理过程中，使得其具有处理时间序列数据的能力。RNN 隐藏层神经元在任意 t 时刻的隐藏层状态输出可由如下公式给出：

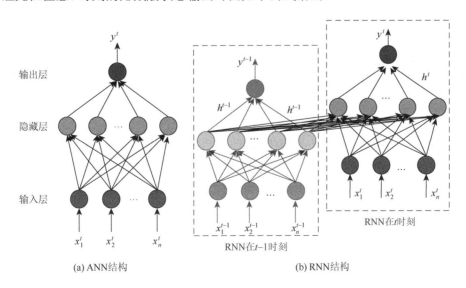

图 10.1 传统 ANN 模型与 RNN 模型对比

$$h_t = f(w_x x_t + w_h h_{t-1} + b) \tag{10.1}$$

式中： w_x 与 w_h 分别为输入数据的权重矩阵和隐藏层上一时刻输出循环进入神经元的权重矩阵； x_t 为当前时刻输入数据矩阵； h_t 与 h_{t-1} 为当前时刻和上一时刻隐藏层的输出矩阵； b 为偏置矩阵； $f(\cdot)$ 为非线性激活函数。

RNN 已经在许多领域得到了广泛的应用[116]。例如，RNN 在诸如词向量表达、语句合法性检查、词性标注等自然语言处理领域取得了较好的应用成果。然而，传统的 RNN 缺少控制循环层中记忆流动的结构，在处理大时间跨度的监测序列信号时，往往会面临记忆消失的问题，即后面时刻的错误信号很难通过梯度传导到足够远的时间步长中，即梯度消失，导致其难以学习远距离时间序列之间的相互影响，造成预测上的偏差。

随着神经网络技术的不断发展，RNN 网络衍生出许多变体，如 LSTM 网络、GRU 网络、BRNN、卷积 RNN 等。作为 RNN 的主要变体，LSTM 和 GRU 为处理序列信号的梯度消失提供了一种可行的解决方案。这两种 RNN 变体分别构造了独特的门结构，这些结构能够控制序列信息的流动，从而帮助网络更可靠地传递信息的特征。由于本章仅用到了 LSTM，所以仅对 LSTM 进行详细介绍，其他几种变体将在后续章节进行介绍。

10.2.2　长短期记忆神经网络结构

LSTM 是 RNN 的一个著名的变体，它保留了传统 RNN 模型的特性，即输出将在下一个时刻重新进入神经元作为输入。与传统的 RNN 不同，LSTM 网络使用 LSTM 神经元代替传统 RNN 中的循环神经元，较好地解决了 RNN 在记忆长期信息与训练过程中可能出现的梯度消失和梯度爆炸问题。

LSTM 神经元的结构如图 10.2 所示。LSTM 神经元包含三个门结构。门是一种让信息选择式通过的方法，包含一个 Sigmoid 函数运算和一个点乘运算。Sigmoid 函数输出 0～1 的数值，用于描述有多少信息量可以通过该结构。0 表示"不许任何信息通过"，1 表示"所有信息均可以通过"。LSTM 有三个门，用来保护和控制细胞状态，分别为输入门、遗忘门和输出门。

输入门决定细胞结构中需要保存的新信息，它将上一个状态的输出 h_{t-1} 与当前状态的输入信息 x_t 一起输入 Sigmoid 函数当中，得到一个 0～1 的结果，以此确定需要保存的信息 i_t ；与此同时， h_{t-1} 和 x_t 还会经过一个 Tanh 层来得到一个即将添加到细胞结构当中的候选新信息 $\tilde{C}_t$ ，将 i_t 与 $\tilde{C}_t$ 进行点乘操作，即可得到最终的需要添加到细胞结构中的更新信息，其数学表达式如下：

$$i_t = \sigma(w_{ix} x_t + w_{ih} h_{t-1} + b_i) \tag{10.2}$$

$$\tilde{C}_t = \text{Tanh}(w_{Ch} h_{t-1} + w_{Cx} x_t + b_C) \tag{10.3}$$

遗忘门决定需要从细胞状态中舍弃的信息，它将上一个状态的输出 h_{t-1} 与当前状态的输入 x_t 一起输入 Sigmoid 函数中，产生一个 0～1 的结果。然后将旧状态 $\tilde{C}_{t-1}$ 与 f_t 点乘，确定需要丢弃的信息并予以丢弃。接着加上 i_t 与 $\tilde{C}_t$ 的乘积。这就是新的候选值，从而实现细胞状态的更新。上述过程的数学表达式如下：

$$f_t = \sigma(w_{fh} h_{t-1} + w_{fx} x_t + b_f) \tag{10.4}$$

$$C_t = f \cdot C_{t-1} + i_t \cdot \tilde{C}_t \tag{10.5}$$

由表达式可知，将 h_{t-1} 与 x_t 输入函数中时会乘以一个权值 w_f 并加上一个偏置 b_f ，这两个参数就是网络模型需要学习的对象。

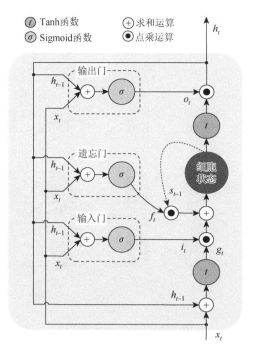

图 10.2　LSTM 神经元的结构

输出门决定了我们需要从细胞状态中输出哪些信息。首先将上一个状态的输出 h_{t-1} 和当前状态的输入 x_t 经过一个 Sigmoid 函数来产生一个 0~1 的输出 o_t，一次来确定需要输出的细胞状态中信息量的大小，然后将细胞状态 $\tilde{C}_t$ 经过一个激活函数 Tanh 再与 o_t 进行相乘，就得到了在当前时间节点的输出值 h_t，数学表达式如下：

$$o_t = (w_o[h_{t-1}, x_t] + b_o) \tag{10.6}$$

$$h_t = o_t * \mathrm{Tanh}(C_t) \tag{10.7}$$

10.2.3　深度长短期记忆神经网络结构

区别于传统人工神经网络浅层的网络结构，深度学习可以利用多层网络结构对数据进行多重非线性变换，以自适应地捕捉数据特征。本小节利用深度学习和 LSTM 的组合来构建一种基于 DLSTM 的 RUL 预测方法，利用 LSTM 网络针对时间序列信号进行特征提取，以实现多传感器数据的深度融合及 RUL 精确预测。

图 10.3 展示了提出的 DLSTM 模型结构。该模型中包含多个 LSTM 层，不同的 LSTM 层间相互连接，数据从上层神经元输出到下层的神经元。同一 LSTM 层在时间维度上是相关的，LSTM 层上一时刻的输出会循环进入该层重新作为输入。每个 LSTM 层中都有许多 LSTM 神经元来提取时间序列数据中的长期依赖性特征。同一层 LSTM 神经元之间形成信息交换，每个神经元的输出可以与其他神经元共享。对于 DLSTM 模型，LSTM 层的数目和 LSTM 层中的神经元数目对模型的性能至关重要。因此，需要对这两个重要参数进行优化以获取最优网络结构。模型输出层采用的是全连接层。LSTM 层的输出结果被汇入输出层中，从而将多传感器数据融合映射到 RUL 预测值。

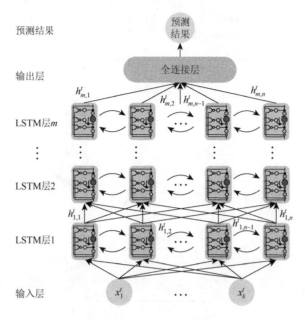

图 10.3　DLSTM 模型结构

在训练阶段，均方误差函数作为回归任务中常用的一种损失函数，被用于衡量预测 RUL 和真实 RUL 之间的误差。在测试阶段，装备的在线传感器监测数据将按采集顺序输入到训练好的 DLSTM 模型中，得到预测的 RUL 结果。

10.3　基于深度长短期记忆神经网络的剩余使用寿命预测方法

10.3.1　基于 DLSTM 模型的 RUL 预测流程

对于一个复杂系统，往往需要从不同维度采集多个传感器的信号数据。为了综合利用这些多传感器信号数据实现高精度的 RUL 预测，本小节提出基于深度长短时记忆神经网络的 RUL 预测流程。图 10.4 为基于深度长短时记忆神经网络的 RUL 预测流程。该流程主要包括三个步骤。

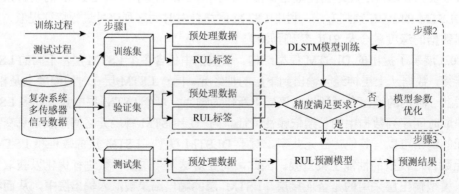

图 10.4　基于深度长短时记忆神经网络的 RUL 预测流程

步骤 1：获取复杂系统多传感器监测数据，然后根据复杂系统的特点对多传感器监测数据进行预处理。然后将采集到的监测数据随机划分到训练集、验证集和测试集。在训练集和验证集中，需要对数据进行 RUL 标签标注。

步骤 2：建立 DLSTM 模型，并将训练数据输入到构建的 DLSTM 模型中。利用验证数据集对模型超参数进行调整优化，使模型的训练精度达到要求。

步骤 3：将预处理后的测试数据输入训练好的 DLSTM 模型，得到诊断结果。

10.3.2　多传感器信号数据预处理

1. 传感器信号筛选

不同类型的传感器用于监测 RUL 的变化。然而，传感器数据中包含的无关与冗余信息无疑会影响 RUL 预测的可靠性和效率。值得注意的是，合理的传感器与项目故障演变密切相关，单调递增或递减。因此，分别计算单调性和相关性的度量来拾取传感器的相关指标。单调性度量用于评估传感器的增加或减少趋势，相关性度量用于获得传感器数据与工作时间之间的线性相关性。数据传感器选择公式如下：

$$
\begin{cases}
\text{Mon} = \dfrac{\sum\limits_{k} \delta\big[f_T(t+1) - f_T(t)\big] - \sum\limits_{k} \delta\big[f_T(t+1) - f_T(t)\big]}{K-1} \\[4mm]
\text{Corr} = \dfrac{K\sum\limits_{k} f_T(t)t - K\sum\limits_{k} f_T(t)\sum\limits_{k} t}{\sqrt{\left\{K\sum\limits_{k} f_T(t)^2 - \left[\sum\limits_{k} f_T(t)\right]^2\right\}\left[K\sum\limits_{k} t^2 - \left(\sum\limits_{k} t\right)^2\right]}}
\end{cases}
\tag{10.8}
$$

式中：Mon 为单调性指标；Corr 为相关性指标；K 为采样点的总数；$\delta(\cdot)$ 为 sign 函数。最后，结合这两个度量的综合指标选择标准（SC）为

$$
\text{SC} = \left| \frac{\text{Mon} + \text{Corr}}{2} \right|
\tag{10.9}
$$

从上述公式可以看出，Mon 和 Corr 都被限制在[−1, 1]内，SC 在[0, 1]内。因此，SC 指标较大的传感器数据可以更好地反映数据的变化趋势，应该被选择出来。

2. 传感器信号平滑

传感器采集的信号通常会受到高温和高辐射等外界不利因素的影响。因此，需要对传感器数据进行预处理，以消除奇异点，减少随机波动，以保持数据的退化趋势。常用的时间序列数据平滑方法包括指数移动平均法和萨维茨基-戈莱（Savitzky-Golay）平滑法。

指数移动平均法是一种加权移动平均计算方法，该方法是将某变量之前 N 个数值做指数式递减的加权算术平均。具体而言，假设 t 时刻的实际信号值为 Y_t，对应的平滑值为 S_t，$t-1$ 时刻的平滑值则为 S_{t-1}，监测数据指数移动平均法的公式如下：

$$
\begin{cases}
S_t = \alpha \times Y_t + (1-\alpha) \times S_{t-1}, & t \geqslant 2 \\
S_1 = Y_1, & t = 1
\end{cases}
\tag{10.10}
$$

式中：$\alpha = \dfrac{2}{N+1}$ 为平滑系数，介于 0～1；N 为平滑点之前的数据点个数。

Savitzky-Golay 平滑法又称移动窗口拟和多项式平滑方法，其通过选取待平滑点周围的多个点做最小二乘曲线拟合，用拟合值替代原始点的数值，以达到去除高频噪声的目的，即选取待平滑点前 m 个点和该点后 m 个点拟合成 k 阶多项式，表达如下：

$$S_t = b_0 + b_1 t + b_2 t^2 + \cdots + b_k t^k \quad (t = -m, -m+1, \cdots, m-1, m) \tag{10.11}$$

3. 信号数据归一化

通常，机械装备的监测数据包含来自多个传感器的信号。这些信号分布在不同的数值范围内，具有不同的尺度。如果将这些信号直接输入神经网络模型中，那么势必会出现数据淹没的问题，即当大数据值的信号数据和小数据值的信号数据融合时，神经网络会给予大数据值的信号数据较高的权重；相反，小数据值的信号数据由于权重值太小就会被忽略掉，导致每个传感器信号数据的贡献差异较大。为了应对这个问题，在数据输入神经网络之前，需要对信号进行归一化处理。常用的信号归一化方法有最小-最大归一化方法和零均值标准化方法。

最小-最大归一化是一种利用监测信号数据中的最小值和最大值将原始信号映射到[0, 1]内的技术，公式如下：

$$x_{\text{norm}}^i = \frac{x^i - x_{\min}}{x_{\max} - x_{\min}} \tag{10.12}$$

式中：x^i 与 x_{norm}^i 分别为传感器采集的原始监测信号值和归一化后的传感器信号值；$x_{\max}$ 与 $x_{\min}$ 分别为所有传感器信号的最大值和最小值。

零均值标准化方法通过将原始数据归一化为均值为 0 且方差 1 的新数据来实现数据归一化，公式如下：

$$x_{\text{norm}}^i = \frac{x^i - \mu}{\sigma} \tag{10.13}$$

式中：μ 与 σ 分别为原始信号的均值和方差。该方法要求原始数据的分布可以近似为高斯分布。

10.3.3 DLSTM 模型训练中的参数优化

模型参数直接影响 DLSTM 模型的 RUL 预测性能。为了提高模型的 RUL 预测精度，主要从以下三个方面来实现 DLSTM 模型的参数优化。

1. 模型结构

LSTM 层数和每个 LSTM 层中的神经元数决定了 DLSTM 模型的拓扑结构。这两个参数是 DLSTM 最重要的两个超参数。由于 DLSTM 网络结构的复杂程度高，DLSTM 的超参数优化方法会不可避免地对计算资源提出较高的要求。网格搜索算法原理简单，易于实现，且计算资源要求较低，十分适用于 DLSTM 模型的超参数调优。在网格搜索过程中，将模型的层数和每层神经元数的所有候选值组成一个二维网格，并验证网格中每个节点的参数组合以选择最佳网络结构参数。最终选择具有最佳预测精度的参数组合来构造网络结构,用于在线 RUL 预测中。

2. Dropout 层寻优

Dropout 是指在训练神经网络时，对于网络的神经单元，按照一定的比例将其暂时关闭，这样做的主要原因在于训练模型的过程中如果模型参数过多而训练的数据和样本集又太少，模型训练会很容易产生过拟合现象。为了解决这个问题，需要在每个训练批次中，随机地让一部分隐藏层神经元节点暂时失效，而且每次训练忽略的隐藏层节点数各不相同，使得每次训练的网络结构都是有差异的，这样的好处在于网络层权值的更新不再依赖于固定的某些隐藏层节点，防止某些特征只在固定条件下显现的情况，这样一来 Dropout 过程就通过训练大量不同的网络，再将训练出的模型用相同的权值来进行融合，从而有效地解决模型训练过程中的数据过拟合问题。

10.4　案　例　分　析

10.4.1　案例说明与数据集描述

本小节使用 2008 年故障预测与健康管理（prognostic and health management，PHM）挑战赛发布的 CMAPSS 涡扇发动机退化数据集[117]来验证所提出的基于 DLSTM 模型的机械装备 RUL 预测方法的有效性。

CMAPSS 是一种模拟真实大型商用涡扇发动机的仿真软件，仿真能力可以达到 90 000 lb 推力等级的发动机的模拟。目前，该软件已被广泛地用于发动机健康监测的研究。CMAPSS 软件包括一个能够模拟海平面高度为 0～40 000 ft（1 ft = 0.304 8 m），飞行速度马赫数为 0～0.9，运行海平面温度为–60～103℉①的大气模型。

CMAPSS 数据集是通过模拟发动机在改变燃油流速、压力及飞行高度、马赫数等 3 个工况参数的情况下各关键部件的故障和性能退化过程而监测的数据。在试验中，涡扇发动机的初始状态均为正常状态（拥有随机的磨损程度），随着运行过程逐渐产生故障，导致性能下降，直至系统发生故障。CMAPSS 通过改变输入参数（包括燃油速度和压力）来模拟涡扇发动机旋转部件的不同故障和退化过程。

为了精确地记录发动机健康退化过程，21 个传感器信号被实时记录以监测发动机的状态数据，表 10.1 为 CMAPSS 传感器的信息。值得说明的是，为了模拟环境干扰，这些监测数据中被随机加入了一定程度的噪声。

表 10.1　CMAPSS 传感器的信息

序号	符号	解释	单位
1	T2	扇叶进气温度	°R
2	T24	低压气机进气温度	°R
3	T30	高压气机进气温度	°R
4	T50	低压涡轮进气温度	°R
5	P2	扇叶进气气压	psia

---

① $T℉ = 1.8\,t℃ + 32$（t 为摄氏温度数，T 为华氏温度数）。

续表

序号	符号	解释	单位
6	P15	旁路管道总压	psia
7	P30	高压压气机输出总压	psia
8	Nf	扇叶转速	r/min
9	Nc	主轴转速	r/min
10	epr	发动机压力比	—
11	Ps30	高压压气机输出静压	psia
12	phi	燃油流速与 Ps30 比	pps/psi
13	NRf	修正扇叶转速	r/min
14	NRc	修正主轴转速	r/min
15	bpr	涵道比	—
16	farB	燃烧器燃料空气比	—
17	htBleed	排气焓	—
18	Nf-dmd	扇叶设定转速	r/min
19	PCNfR-dmd	修正扇叶转速	r/min
20	W31	高压涡轮冷却液排放流速	lbm/s
21	W32	低压涡轮冷却液排放流速	lbm/s

注：°R 是兰氏温度单位，兰氏度 =（摄氏度+273.15）×915；psia 是压力单位，绝对磅力每平方英寸，lbf/in²；r/min 表示转每分钟；lbm/s 为流量单位，磅质量每秒，1 lbm/s≈0.453 6 kg/s；psi 是压强单位，磅力每平方英寸，1 psi≈6.89 5 kPa。

　　CMAPSS 涡扇发动机退化数据集一共包含了 4 个子集，分别为 FD001～FD004。其中：FD001 和 FD003 中的所有发动机均在单工况下进行了实验测试；FD002 和 FD004 中的所有发动机均在多工况下进行了实验测试。在故障模式方面，FD001 和 FD002 仅有高压压气机故障一种故障模式，而 FD003 和 FD004 具有高压压气机故障和风扇故障两种故障模式。CMAPSS 涡扇发动机退化数据集详细信息请见表 10.2。

表 10.2　CMAPSS 涡扇发动机退化数据集中 FD002 和 FD004 子集说明

项目	FD001	FD002	FD003	FD004
训练发动机数量	100	260	100	249
测试发动机数量	100	259	100	248
运行工况数据数量	1	6	1	6
故障模式数量	1	1	2	2

　　CMAPSS 涡扇发动机退化数据集中每个数据子集中包括三个部分，即训练集、测试集和 RUL 记录。在所有子集中所有的训练发动机都具有全寿命数据，即从初始状态到最终失效状态的数据。测试发动机的数据仅包含从初始状态到最终失效前的任意时间的传感器数据，数据使用者可以对发动机的 RUL 进行预测。RUL 记录包含了每个测试发动机的实际 RUL 用于对比预测结果。对于数据集中的每个训练发动机和测试发动机，监测数据包含了 21 个传感器监测数据和 3 个工况记录值。

本章选用 CMAPSS 数据集中 FD001 和 FD003 两个数据子集来验证提出方法在单工况 RUL 预测场景下的有效性。图 10.5 显示了 FD001 和 FD003 中所有发动机 2 号传感器的信号值。可以看出，传感器测量值被噪声破坏。同时，由于不同的使用模式和物理特性，不同的传感器测量显示出不同的轨迹。其中一些测量值显示上升的趋势，另一些测量值则呈现下降的趋势，而一些测量值保持不变。这使得发动机 RUL 预测对于单个模型来说是一项具有挑战性的任务，以分析和记录多个设备的不同健康退化过程。

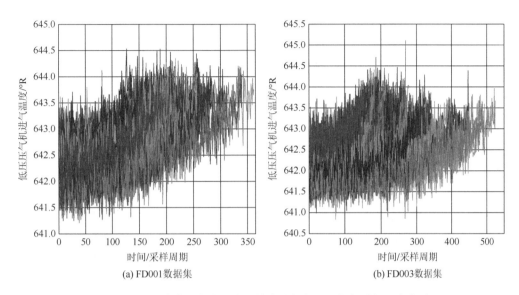

(a) FD001数据集　　　　　　　　　　(b) FD003数据集

图 10.5　两个数据集中所有训练发动机低压压气机进气温度信号

对于 CMAPSS 数据集，两种预测性能评价指标为该数据集常用的预测结果评估指标，分别为 RMSE 和 Score。

RMSE 是预测领域经典的评估指标，公式如下：

$$\text{RMSE} = \sqrt{\frac{1}{N}\sum_{n=1}^{N}d_n^2} \qquad (10.14)$$

式中：n 为测试发动机台数；$d_n = \hat{R}_n - R_n$ 为预测 RUL $\hat{R}_n$ 和实际 RUL R_n 之间的预测误差。预测误差绝对值越小，RMSE 越低。

Score 是 2012 年 PHM 挑战赛发布的一个官方评价指标[117]，它通过一个得分函数来评估预测结果。预测误差绝对值越小，Score 越低。得分函数表示为

$$\text{Score} = \sum_{n=1}^{N}s_n, \quad s_n = \begin{cases} \exp\left(-\dfrac{d_n}{13}\right)-1, & d_n < 0 \\[2mm] \exp\left(\dfrac{d_n}{10}\right)-1, & d_n \geqslant 0 \end{cases} \qquad (10.15)$$

图 10.6 显示了这两个预测性能评估指标之间的差异。很明显，RMSE 与预测误差是线性相关的，而得分与预测误差是非线性相关的，其对滞后预测的惩罚大于早期预测，因为滞后预测可能会造成更加严重的后果。

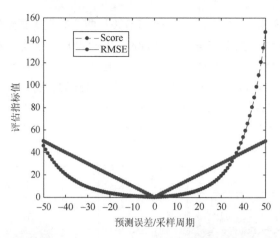

图 10.6　RMSE 和 Score 评价指标函数对比图

10.4.2　数据预处理

1. 传感器信号筛选

尽管 CMAPSS 数据集中记录了发动机 21 种传感器信号，但并非所有传感器信号都是有用的。图 10.7 展示了 FD001 中所有训练发动机的 21 种监测信号。显而易见的是，这些传感器信号表现出不同的变化过程。其中，有些传感器信号值保持不变，有些传感器信号值在不同的发动机上表现出了相反的趋势。这些信号对于 RUL 预测来说都是无效信息。

根据 10.3.2 小节的信号筛选方法，对传感器信号进行筛选。将训练集中 100 台发动机的 Mon 和 Corr 结果求均值作为该传感器的最后结果，FD001 中 21 个传感器的单调性和相关性如图 10.8（a）所示。此外，图 10.8（b）部分展示了所有传感器的 SC 指标及特征筛选的

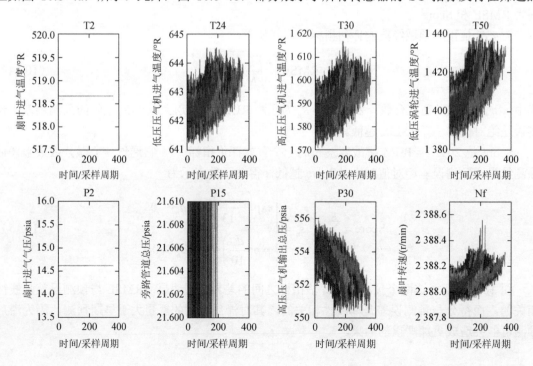

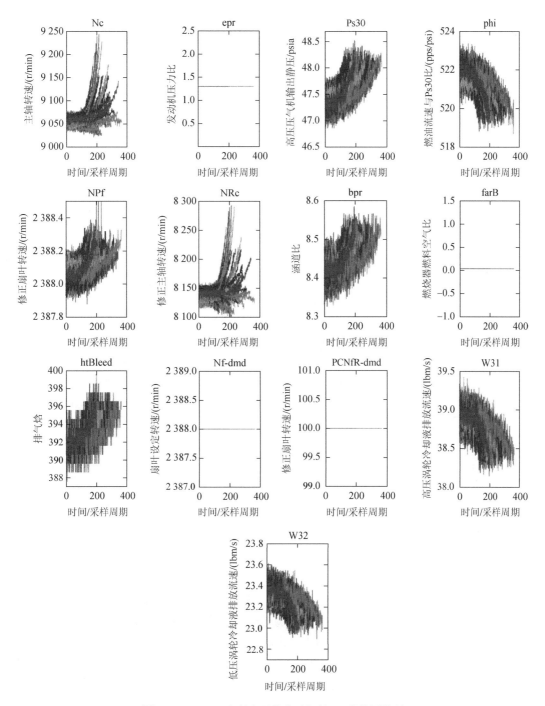

图 10.7　FD001 中所有训练发动机的 21 种监测信号

结果。综合之前的信号趋势分析，将阈值设定为 0.75。从图 10.8（b）中可以看到，大于阈值的传感器序号有 S2、S3、S4、S7、S8、S11、S12、S13、S15、S17、S20 和 S21，因此，在 FD001 中，这 12 个传感器的数据被筛选出来用于后续处理。图 10.9 展示了 FD003 数据集中信号筛选结果，最终 S2、S3、S4、S8、S11、S13 和 S17 共 7 个传感器信号被选用。

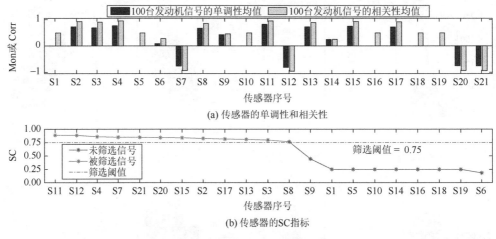

图 10.8　FD001 中信号筛选结果

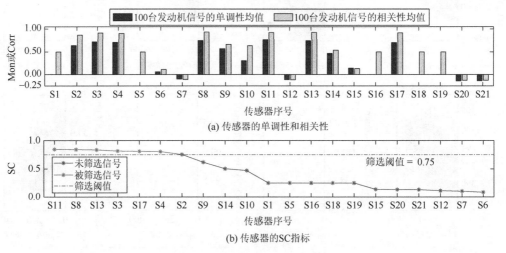

图 10.9　FD003 中信号筛选结果

2. 传感器信号平滑

采用信号平滑法,对信号数据进行平滑处理。图 10.10 展示了 FD001 中第一台训练发动机的传感器 4 的原始信号和平滑后的信号。为了验证平滑方法的平滑效果,图 10.10 中对 Savitzky-Golay 平滑法与指数移动平均法进行了对比。由图 10.10 可以看出,与原始传感器数据相比,两种数据平滑法均能有效地将原始信号中的波动滤除,且保存原始数据中的退化趋势。另外,通过 Savitzky-Golay 平滑法和指数移动平均法的对比发现,指数移动平均法拥有更好的平滑效果。

3. 分段线性标签标注

许多已发表的论文认为分段线性标签技术适用于 CMAPSS 数据集[118]。分段线性标签技术假设发动机在初始阶段以不变的 RUL 正常工作,在最后阶段线性退化。参照文献[118],本章中将分段线性标签值设为 125。图 10.11 显示了本章使用的分段线性标签技术。从图 10.11 中可以看到,传统的真实 RUL 标签假设 RUL 随飞行周期的增加而线性减小。本章采用分段线性标号法,认为发动机 RUL 在初始阶段是固定的,后期退化的标签值与传统线性标签值相同。

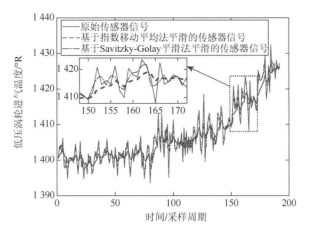

图 10.10　不同数据平滑方法平滑后的传感器信号

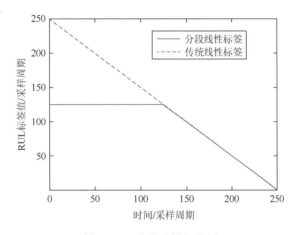

图 10.11　分段线性标签图

10.4.3　模型优化与评估

模型的训练平台为集成了 Python3.6 版本的 Anaconda 数据分析环境，并将以 TensorFlow 为后台的 Keras 高层神经网络 API 作为主要开发工具。Keras 具有高度的模块化和可扩充特性，支持目前流行的 CNN 和 RNN 等深度模型，并能够在 CPU 和 GPU 之间进行切换，其以模型为核心的数据结构，可以很方便地进行网络层的堆叠和构建。

考虑到数据集中传感器监测信号的特性，本小节构造 DLSTM 模型，并使用 10.3 节提出的网格搜索方法对模型参数进行优化，以获取最佳模型结构。考虑到训练时间和运算复杂度，将 LSTM 层数设置为 1~6，将每个 LSTM 层中的神经元数设置为 50~300。在此网格中，每对双参数组合均用于构造新的 DLSTM。训练完成后，采用 10 个验证发动机数据来检验各个模型的预测性能。图 10.12 显示了不同参数 DLSTM 的校验结果。从图 10.12 中可以看出，拥有 5 个 LSTM 层且每层 100 个神经单元的 DLSTM 模型在校验发动机中具有最佳性能。因此，最终选择该组合来构建 DLSTM 模型。表 10.3 记录了不同参数组合情况下 DLSTM 模型的校验结果。一共选择了 6 个具有较优结果的参数组合。通过比较参数和训练时间，可以看出 DLSTM 的训练时间随着层数的增加及每层神经元数量的增加而延长。

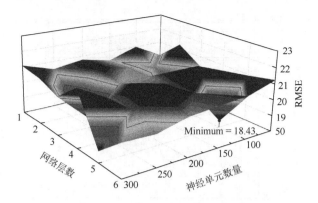

图 10.12　DLSTM 参数优化的网格搜索结果

表 10.3　部分参数组合的情况下网络模型的训练结果

序号	LSTM 网络层数	每层神经单元数量	RMSE	训练时间/s
1	2	150	20.40	34 804.87
2	3	200	20.35	69 720.27
3	3	250	18.56	98 679.69
4	4	250	20.52	153 776.33
5	5	100	18.43	56 994.93
6	5	300	18.70	260 307.16

　　此外，模型使用 Dropout 方法缓解训练过拟合现象。本小节针对不同的 Dropout 对模型性能影响进行了对比实验。图 10.13 展示了不同 Dropout 取值下 DLSTM 多次训练和校验的平均结果。当 Dropout 赋值 0.7 时，DLSTM 模型的 RMSE 最小，这意味着此时的训练效果最优，因此将 Dropout 取值设置为 0.7。

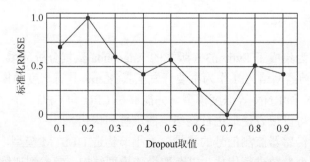

图 10.13　不同 Dropout 取值结果对模型性能的影响

10.4.4　剩余使用寿命预测结果讨论

1. FD001 数据集

　　图 10.14 展示了所有校验发动机数据的预测结果，可以看出预测结果很好地反映发动机的真实 RUL 变化情况。

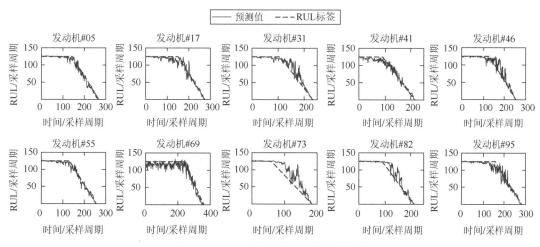

图 10.14　10 台校验发动机的预测结果

在线测试中，将测试发动机的监视信号依次输入训练好的 DLSTM 模型中以预测在线 RUL。图 10.15 展示了 FD001 中测试发动机的预测 RUL。结果显示，预测 RUL 与实际 RUL 非常接近，两条曲线相关性系数高达 0.9。

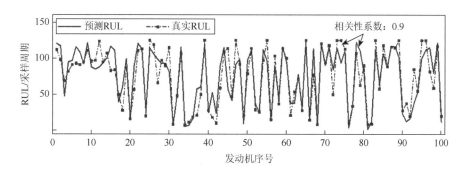

图 10.15　FD001 中 100 台测试发动机的预测 RUL 与真实 RUL 对比

本小节将对所提出的 DLSTM 模型和文献中的一些其他方法在 RUL 预测性能方面进行比较，包括多层感知机[119]、SVR[119]、相关向量回归[119]、CNN[119]和 SVM[120]。不同方法预测性能如表 10.4 所示，其中 N/A 表示没有该项信息。表 10.4 比较了提出方法和文献中其他方法在数据集 FD001 中的测试发动机上的预测 Score、RMSE 和 RUL 预测误差范围。可以观察到，与其他方法相比所提出的 DLSTM 在 Score、RMSE 及 RUL 预测误差范围三个指标上的结果均最优，这意味着所提出的 DLSTM 在这些方法中具有最佳的预测性能，同时证明了 DLSTM 对该发动机预测问题的有效性。

表 10.4　不同方法在数据集 FD001 中的预测性能

方法	Score	RMSE	RUL 预测误差范围
多层感知机[119]	17 992	37.56	N/A
SVR[119]	1 381	20.96	N/A
相关向量回归[119]	1 502	23.80	N/A

续表

方法	Score	RMSE	RUL 预测误差范围
CNN[119]	1 287	18.45	N/A
SVM[120]	N/A	29.82	[−64, 69]
DLSTM	655	18.33	[−47, 56]

2. FD003 数据集

由于 FD003 数据集包含更多故障模式,使用 FD003 数据集进行准确 RUL 预测要比 FD001 更加困难。本小节对比了 DLSTM 方法和其他 RNN 方法在 FD003 数据集上的 RUL 预测性能,具体包括深度 RNN(deep RNN,DRNN)、深度门控循环单元(deep GRU,DGRU)、深度双向 GRU(deep bi-directional GRU,BDGRU)和深度双向 LSTM(deep bi-directional LSTM,BDLSTM)。所有方法都采用网格搜索和 Dropout 技术以确定最佳模型结构。表 10.5 记录了上述方法参数寻优后的关键结构参数。

表 10.5　各个模型的主要参数

模型	网络层数	每层神经单元数量	Dropout
DRNN	4	100	0.5
DGRU	4	150	0.5
BDLSTM	3	150	0.6
BDGRU	3	300	0.6
DLSTM	2	250	0.7

图 10.16 展示了上述 5 种模型的 RUL 误差箱形图。5 个模型在 100 台发动机的 RUL 预测误差集中,且均集中在 0 附近。与其他模型相比,DLSTM 模型的 RUL 预测误差更加集中,这表明 DLSTM 模型的预测稳定性更好。

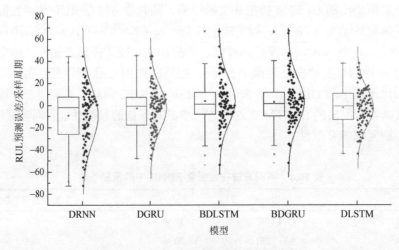

图 10.16　LSTM 发动机测试集预测结果

　　表 10.6 比较了 5 个网络模型的两种预测性能评估指标值和训练时间结果。可以看出，在 Score 和 RMSE 方面，本小节提出的 DLSTM 均优于其他的 RNN 模型。在训练时间指标方面，DLSTM 并没有明显优势，这是由于 DLSTM 具有相对复杂的网络结构。所有模型的在线平均预测时间均较短，证明 DLSTM 可以应用于工业系统中的实际设备的寿命预测中。

表 10.6　五种不同方法的性能比较

方法	Score	RMSE	训练时间/s	平均预测时间/s
DRNN	1 358	26.12	81 503.25	0.11
DGRU	1 105	20.86	296 997.23	0.15
BDLSTM	980	19.48	234 484.16	0.28
BDGRU	967	19.94	449 436.09	0.36
DLSTM	828	19.78	346 454.71	0.18

第 11 章 基于多维度循环神经网络的剩余使用寿命预测

本章针对复杂系统工况多变导致 RUL 难以有效预测的问题，基于传统的 RNN 模型，构建一种新的 MDRNN 模型，并提出模型正则化方法。其次，基于 MDRNN 模型，提出变工况下复杂系统 RUL 预测方法，具体包括监测数据预处理和 MDRNN 模型训练与预测等步骤。考虑到多传感监测信号数据尺度不一且噪声干扰强的特点，提出多传感监测信号预处理方法，包括信号归一化、信号平滑和时间窗处理等，便于 MDRNN 模型对数据进行挖掘。

11.1 问题描述

变工况条件下寿命精准预测是预测学领域中的一个非常有挑战性的问题。这是因为工况的变化会使得系统运行状态随机地发生改变，导致复杂系统的退化轨迹出现不确定的变化。在监测数据上，工况变化会使得同一监测信号的数据维度发生极大的改变，使得传统的预测方法均无法适用于该问题。

目前，一些学者已经开展了变工况下 RUL 预测问题研究。例如：Ren 等[121]开发了一个用于预测的 GRU 网络，它可以使用多尺度层捕捉不同时间尺度的注意信息。Yu 等[122]利用基于 BLSTM 的自动编码器方案进行 RUL 估计，并在具有可变工作条件的涡扇发动机上进行了验证。Elsheikh 等[123]设计了一种用于飞机发动机 RUL 预测的新型双向握手 LSTM 体系结构，并采用目标生成方法来训练网络体系结构。Zhao 等[124]提出了一种用于机器健康监测的基于局部特征的双向 GRU（bidirectional GRU，BGRU）网络，并成功地将其应用于刀具磨损预测。从上述案例可以看出，现有的 RUL 预测方法通常是分析复杂系统的监测数据，但无法对监测数据和运行工况数据同时建模分析，这导致这些方法在大多数变工况复杂系统上的预测性能较差。这意味着，实现有效的变工况下 RUL 精准预测不仅需要分析复杂系统的多传感监测数据，还要综合地利用运行工况数据。

为了实现变工况下 RUL 预测，本章提出一种新的多维度循环神经网络（multi-dimensional RNN，MDRNN）模型，并开发基于 MDRNN 模型的变工况下复杂系统 RUL 预测方法。在 MDRNN 中，多传感器监测数据和运行工况数据通过不同的输入通道馈入模型，通过并行的 BLSTM 层和 BGRU 层来挖掘输入数据，以捕获来自不同维度的隐藏特征，实现复杂系统变工况下 RUL 的精确预测。

11.2 多维度循环神经网络概况

多维度循环神经网络模型的理论基础涉及 LSTM、GRU、双向循环神经网络（bidirectional

RNN，BRNN）等。其中，RNN 和 LSTM 已经在第 10 章进行了介绍，本章不再赘述。这里仅介绍 GRU 和 BRNN。

11.2.1　门控循环单元网络结构

GRU 是 RNN 的另一个有名的变种，其在 LSTM 的基础上对网络结构进行了融合调整，继承了 LSTM 中门结构，并重新进行了融合调整。不同于 LSTM 拥有三个门结构，隐藏状态被存储在内部记忆单元中，GRU 没有 LSTM 中的内部记忆单元，也没有 LSTM 中的输出门，其隐藏状态可以被直接输出到下一单元。GRU 相比于 LSTM 结构更简单，但在实际应用中，GRU 和 LSTM 的性能在很多任务上不分伯仲，且 GRU 参数更少，因此更容易收敛，但是在数据集很大的情况下，LSTM 预测性能更好。

图 11.1 展示了 GRU 神经元的结构图。GRU 仅有两个门：重置门和更新门。直观来讲，重置门决定了新的输入与前一时刻记忆的组合方式，更新门则决定了先前记忆信息的保留程度。如果将所有重置门设为 1，所有更新门设为 0，即可再次得到传统的 RNN 模型。这两个门共同决定隐藏状态的输出，其数学表达为

$$\boldsymbol{h}_t^{(G)} = \mathbb{Q}\left(\boldsymbol{x}_t, \boldsymbol{h}_{t-1}^{(G)}\right) = \begin{cases} \boldsymbol{z}_t = \sigma\left(\boldsymbol{W}_z \cdot \left[\boldsymbol{h}_{t-1}^{(G)}, \boldsymbol{x}_t\right] + \boldsymbol{b}_z\right) \\ \boldsymbol{r}_t = \sigma\left(\boldsymbol{W}_r \cdot \left[\boldsymbol{h}_{t-1}^{(G)}, \boldsymbol{x}_t\right] + \boldsymbol{b}_r\right) \\ \widetilde{\boldsymbol{h}_t} = \varphi\left(\boldsymbol{W}_c \cdot \left[\boldsymbol{r}_t \odot \boldsymbol{h}_{t-1}^{(G)}, \boldsymbol{x}_t\right] + \boldsymbol{b}_c\right) \\ \boldsymbol{h}_t^{(G)} = (1 - \boldsymbol{z}_t) \odot \boldsymbol{h}_{t-1}^{(G)} + \boldsymbol{z}_t \odot \widetilde{\boldsymbol{h}_t} \end{cases} \tag{11.1}$$

式中：$\mathbb{Q}$ 为 GRU 神经元中的非线性变换；$\boldsymbol{h}_{t-1}^{(G)}$ 为 GRU 神经元在 $t-1$ 时刻的输出；$\boldsymbol{W}_z$、$\boldsymbol{W}_r$ 和 $\boldsymbol{W}_c$ 分别为输入数据和循环数据的权重矩阵；$\boldsymbol{b}_z$、$\boldsymbol{b}_r$ 和 $\boldsymbol{b}_c$ 为对应权重矩阵的偏置。

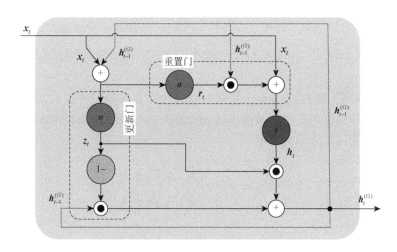

图 11.1　GRU 神经元的结构图

11.2.2　双向循环神经网络结构

RNN、LSTM 和 GRU 都仅能利用之前时刻的信息来预测未来时刻的数据，但在某些场景

中，当前时刻的输出不仅与之前时刻的信息有关，还与未来的状态有关系。例如，预测一句话中缺失的某个单词，不仅需要考虑前文内容，还需要根据它后面内容具体判断。此外，对于 RNN 来说，LSTM 和 GRU 的改进都是在微观的神经元层面，在宏观的网络结构层面没有变化。区别于 LSTM 和 GRU，BRNN 对 RNN 的网络结构进行了改进，以使模型可以更好地捕捉监测信号中的时间序列信息。BRNN 由两个反向的 RNN 上下叠加组成，模型的输出由这两个 RNN 的状态共同决定。BRNN 的典型结构如图 11.2 所示。

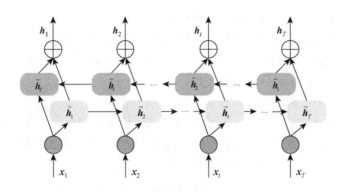

图 11.2　BRNN 的典型结构

从图 11.2 中可以看出，BRNN 由两个时间方向相反的 RNN 层组成，两个 RNN 层连接在一起组成输出，这意味着 BRNN 的输出由两个 RNN 层共同决定。BRNN 集成了两个时间方向相反的 RNN，能够使得模型同时捕获正向和反向的数据时间依赖性。这意味着，BRNN 层可以同时捕获时间序列信号中以往和将来的信息。在 BRNN 层中，正向和反向过程用→和←表示。BRNN 的输出可以表示为

$$h_t = \vec{h}_t \oplus \overset{\leftarrow}{h}_t \tag{11.2}$$

式中：$\vec{h}_t$ 与 $\overset{\leftarrow}{h}_t$ 分别为 BRNN 中正向和反向过程的 RNN 神经元的输出；$\oplus$ 为矩阵元素求和运算。

通过用 LSTM 神经元和 GRU 神经元替换 BRNN 中常见的递归神经元，就可以构造 BLSTM 层和 BGRU 层，它们也被用在了本章提出的 MDRNN 模型中。在 BLSTM 层和 BGRU 层中，输出 $h_t^{(BL)}$ 和 $h_t^{(BG)}$ 分别可以表示为

$$h_t^{(BL)} = \vec{h}_t^{(L)} \oplus \overset{\leftarrow}{h}_t^{(L)}, \begin{cases} \vec{h}_t^{(L)} = \vec{\mathbb{P}}\left(x_t, \vec{h}_{t-1}^{(L)}\right) \\ \overset{\leftarrow}{h}_t^{(L)} = \overset{\leftarrow}{\mathbb{P}}\left(x_t, \overset{\leftarrow}{h}_{t-1}^{(L)}\right) \end{cases} \tag{11.3}$$

$$h_t^{(BG)} = \vec{h}_t^{(G)} \oplus \overset{\leftarrow}{h}_t^{(G)}, \begin{cases} \vec{h}_t^{(G)} = \vec{\mathbb{Q}}\left(x_t, \vec{h}_{t-1}^{(G)}\right) \\ \overset{\leftarrow}{h}_t^{(G)} = \overset{\leftarrow}{\mathbb{Q}}\left(x_t, \overset{\leftarrow}{h}_{t-1}^{(G)}\right) \end{cases} \tag{11.4}$$

在上述三种结构的基础上，本章提出一种新的多维度循环神经网络模型，具体内容在 11.2.3 小节进行介绍。

11.2.3　多维度循环神经网络结构

1. MDRNN 网络模型结构

MDRNN 模型不仅可以执行单工况下的预测任务，同时可以完成变工况下的预测任务。本节针对变工况下的预测任务，对 MDRNN 模型展开介绍。在提出的 MDRNN 模型中，多传感监测数据和运行状态数据通过不同的输入通道被同时输入到模型中。然后，MDRNN 通过并行的 BLSTM 层和 BGRU 层挖掘输入数据特征，以捕获来自不同维度的隐藏特征。最终，从最后一个全连接层输出预测的 RUL。MDRNN 的模型结构如图 11.3 所示。

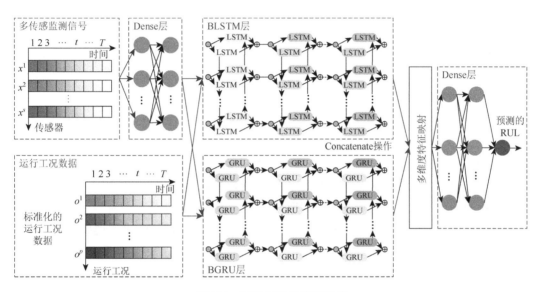

图 11.3　MDRNN 的模型结构

首先，假设 $X_i = \{x_1, x_2, \cdots, x_t, \cdots, x_N\}^{\mathrm{T}}$ 表示第 i 个输入数据样本，其中 $x_t \in R^{S \times 1}$ 是 t 时刻来自 S 个所选传感器的信号数据组成的向量。$O_i = \{o_1, o_2, \cdots, o_t, \cdots, Q_N\}^{\mathrm{T}}$ 表示运行工况数据样本，其中 $o_t \in \mathbb{R}^{P \times 1}$ 是 t 时刻 P 个运行工况数据组成的向量。如图 11.3 所示，输入的多传感监测数据首先在两个全连接层中进行线性转换，以获取数据隐藏表征，表示为

$$F_i = W_{\mathrm{d1}} X_i + b_{\mathrm{d1}} \tag{11.5}$$

式中：W_{d1} 与 b_{d1} 为全连接层权重矩阵和偏置；X_i 为输入的 i 时刻监测数据向量；F_i 为 Dense 层输出的数据隐藏表征。

然后，将运行工况数据拼接到 F_i 中，以构造一个高阶向量 U_i，表示为

$$U_i = [F_i, O_i] \tag{11.6}$$

接下来，将向量 U_i 分别传送到堆叠的 BLSTM 层和 BGRU 层中，并且获得不同维度的隐藏特征。第一个与中间的 BLSTM 层和 BGRU 层的输出可以表示为

$$H_{i,j}^{(\mathrm{BL})} = \left[h_{1,j}^{(\mathrm{BL})}, h_{2,j}^{(\mathrm{BL})}, \cdots, h_{t,j}^{(\mathrm{BL})}, \cdots, h_{N,j}^{(\mathrm{BL})} \right] \tag{11.7}$$

$$H_{i,j}^{(BG)} = \left[\boldsymbol{h}_{1,j}^{(BG)}, \boldsymbol{h}_{2,j}^{(BG)}, \cdots, \boldsymbol{h}_{t,j}^{(BG)}, \cdots, \boldsymbol{h}_{N,j}^{(BG)} \right] \tag{11.8}$$

式中：$\boldsymbol{h}_{t,j}^{(BL)}$ 与 $\boldsymbol{h}_{t,j}^{(BG)}$ 为在 t 时刻的第 j 个 BLSTM 层和 BGRU 层的输出，$j = 1, 2, \cdots, M$，M 是 BLSTM 层的层数。

$\boldsymbol{h}_{t,j}^{(BL)}$ 和 $\boldsymbol{h}_{t,j}^{(BG)}$ 分别可以通过式（11.3）和式（11.4）得到。此外，在 MDRNN 模型中，将 BLSTM 层和 BGRU 层的层数设置为相同数量以便于模型结构优化，这意味着 BGRU 层的层数也为 M。对于最后的 BLSTM 层和 BGRU 层，将最后一个时刻的 BLSTM 和 BGRU 的输出作为本层的输出，表示为

$$H_{i,M}^{(BL)} = \boldsymbol{h}_N^{(BL)} = \vec{\boldsymbol{h}}_N^{(L)} \oplus \tilde{\boldsymbol{h}}_N^{(L)} \tag{11.9}$$

$$H_{i,M}^{(BG)} = \boldsymbol{h}_N^{(BG)} = \vec{\boldsymbol{h}}_N^{(G)} \oplus \tilde{\boldsymbol{h}}_N^{(G)} \tag{11.10}$$

式中：$H_{i,M}^{(BL)}$ 和 $H_{i,M}^{(BG)}$ 被认为是来自不同维度的隐藏特征。一旦获得了 $H_{i,M}^{(BL)}$ 和 $H_{i,M}^{(BG)}$，这些隐藏的特征矩阵就被拼接为一个合并的特征向量，表示为

$$H_i = \left[H_{i,M}^{(BL)}, H_{i,M}^{(BG)} \right] \tag{11.11}$$

最后，将合并的特征向量输入另外两个线性回归密集层中，以生成预测结果。

$$\hat{r}_i = W_{d2} H_i \tag{11.12}$$

式中：$\hat{r}_i$ 为输出的预测结果；W_{d2} 为线性回归层中的权重矩阵。

值得说明的是，本方法虽然是针对多工况预测问题设计的，但这并不代表该方法只适应于多工况预测问题。当处理单工况预测问题时，考虑到工况数据是不变的，对预测结果没有影响。所以只需将上述式（11.6）改为 $U_i = F_i$，以屏蔽掉工况数据 O_i 来实现单工况下的预测功能。

2. MDRNN 模型正则化方法

11.2.1 小节中描述了 MDRNN 模型从数据输入到预测结果输出的整个模型正向传播过程。本小节继续介绍 MDRNN 模型反向传播过程中的关键方法。反向传播专注于如何利用真实的输出标签和预测的输出标签之间的预测偏差，以及利用合理的反向传播策略和优化算法来对模型进行调整和优化。考虑到数据样本量过小或模型结构过于复杂都会造成模型过拟合的问题，还需要设计相应的模型正则化方法。

模型参数的优化算法对 MDRNN 训练效率有直接的影响。因此，本章采用 Adam 算法来代替传统的 SGD 优化器，以最小化 MDRNN 的损失函数。在模型参数优化过程中，传统的 SGD 算法保持着固定的学习率来更新所有参数，这导致网络参数的更新效率极其低下。

一般来说，神经网络层数的增加会增加模型训练时间，并增加过拟合风险。过拟合导致神经网络在训练数据集上表现优异，而在测试数据集上表现较差。为了解决这个问题，MDRNN 中采用了 Dropout 技术来防止重复捕获相同的特征。Dropout 技术示意图如图 11.4 所示。在这个示意图中，深色方块是在 MDRNN 的训练过程中按照一定的概率从网络中临时关闭的隐藏层神经元。由于关闭的隐藏层神经元是随机的，所以在每个批次中训练不同的网络。需要指出的是，在测试阶段，Dropout 技术是关闭的，这意味着所有隐藏层神经元都参与了测试。Dropout 可以有效地缓解模型的数据过拟合现象。

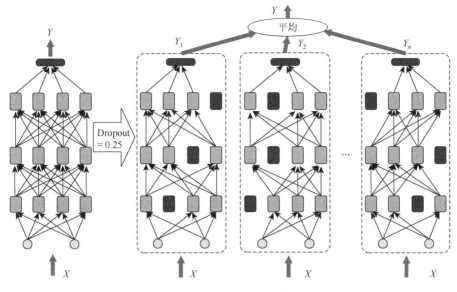

图 11.4　Dropout 技术示意图

11.3　基于 MDRNN 的系统 RUL 预测方法

1. 基于 MDRNN 的 RUL 预测框架

图 11.5 显示了变工况下复杂系统 RUL 预测方法的框架，该方法包括离线过程和在线过程。

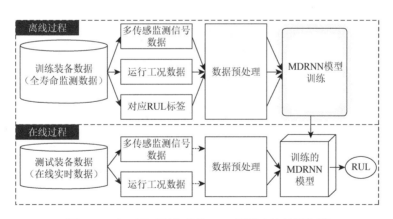

图 11.5　变工况下复杂系统 RUL 预测方法的框架图

离线过程共包含 4 个步骤，如下所示。

（1）采集训练复杂系统在变工况下的全寿命监测数据包括多传感器监测数据、运行工况数据，并对相应的监测数据标注 RUL 标签。

（2）对训练装备数据全寿命监测数据进行预处理，包括数据归一化、信号平滑和时间窗处理。

（3）将预处理的多传感器监测数据和工况监测数据作为 MDRNN 模型的输入，将相应的 RUL 标签作为目标输出。

（4）通过多轮正向传递和反向传播，进行 MDRNN 模型的训练，直到到达停止条件。

在线过程包括以下步骤。

（1）采集测试设备的在线实时数据，包括多传感器监测数据和运行工况数据。

（2）按照离线过程第（2）步对测试设备的实时数据进行预处理。

（3）将预处理后的多传感器监测数据和测试设备的运行状态数据输入训练模型，进行 RUL 预测。

2. 监测数据预处理

1）变工况下信号归一化

为了消除这些信号数据的尺度偏差，本章基于最小-最大归一化技术，提出一种变工况数据归一化方法，将原始信号映射到[0, 1]内，公式如下：

$$x_{\text{norm}}^{i,j} = \frac{x^{i,j} - x_{\min}^{i,j}}{x_{\max}^{i,j} - x_{\min}^{i,j}}, \quad \forall i, j \tag{11.13}$$

式中：$x^{i,j}$ 为在第 i 个工作条件下从第 j 个传感器获得的原始数据值；$x_{\max}^{i,j}$ 和 $x_{\min}^{i,j}$ 为所有训练设备中第 i 个工作状态下第 j 个传感器信号的最大值和最小值。

2）时间窗处理

在基于多传感器信号的 RUL 预测问题中，向预测模型的输入数据中嵌入时间信息是一项重要的操作。如果将一个采样周期采集的信号作为预测模型的一个输入样本，就不可避免地会忽略时间序列信号中的时间信息。本小节利用时间窗处理技术对多传感器数据进行处理，将固定大小的时间窗对连续采样周期采集的多传感器信号数据进行串接，得到高维向量并将其作为 MDRNN 模型的输入。

图 11.6 展示了滑动时间窗。如图 11.6 所示，一个大小为 25 的时间窗被用于从监测信号中获取数据以构造高维输入向量。一旦时间窗完成这次采集，它将沿时间方向滑动一个采样周期，以执行下一次采集，直到信号结束。

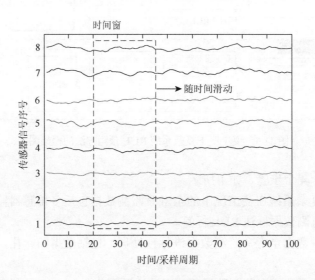

图 11.6　滑动时间窗

3. MDRNN 模型训练

首先收集复杂系统的历史数据，包括多传感器监控数据、运行工况数据和相应的预测标签，以构造训练集 $\left\{\boldsymbol{X}_i, \boldsymbol{O}_i, r_i\right\}_{i=1}^K$，其中 K 表示训练样本总个数。$\boldsymbol{X}_i = \left\{\boldsymbol{x}_1, \boldsymbol{x}_2, \cdots, \boldsymbol{x}_t, \cdots, \boldsymbol{x}_N\right\}$ 表示输入数据样本集，其中 $\boldsymbol{x}_t \in \mathbb{R}^{S \times 1}$ 是 t 时刻来自 S 个所选传感器的信号数据组成的向量。$\boldsymbol{O}_i = \left\{\boldsymbol{o}_1, \boldsymbol{o}_2, \cdots, \boldsymbol{o}_t, \cdots, \boldsymbol{o}_N\right\}$ 表示运行工况数据样本集，其中 $\boldsymbol{o}_t \in \mathbb{R}^{P \times 1}$ 是在 t 时刻 P 个运行工况数据组成的向量。r_i 表示在 t 时刻的与 $\boldsymbol{X}_i$ 和 $\boldsymbol{O}_i$ 相对应的预测标签值。多传感器监测数据和运行状态数据向量被输入到所构建的 MDRNN 模型中，并最终被融合成预测的 RUL 值。

在模型训练阶段，将输入数据输入 MDRNN 模型中，模型按照式（11.5）～式（11.12）的过程正向传递。为了实现 MDRNN 的反向传播，需要为 MDRNN 模型设计一个恰当的模型损失函数。基于模型输出的预测值 $\hat{y}_i$ 和真实的数据值 r_i，引入均方误差函数，设计如下的损失函数：

$$L(\boldsymbol{\theta}) = \frac{1}{K} \sum_{i=1}^K \left[r_i - F_{\text{MDRNN}}(\boldsymbol{X}_i, \boldsymbol{O}_i; \boldsymbol{\theta})\right]^2 \tag{11.14}$$

式中：$F_{\text{MDRNN}}(\boldsymbol{X}_i, \boldsymbol{O}_i; \boldsymbol{\theta})$ 为将传感监测数据 $\boldsymbol{X}_i$ 和运行工况数据 $\boldsymbol{O}_i$ 输入 MDRNN 模型得到的预测输出；$\boldsymbol{\theta}$ 为 MDRNN 模型参数集合。

4. MDRNN 模型预测

在测试过程中，先将在线测试数据预处理，再实时输入训练好的 MDRNN 模型中，即可得到预测的 RUL。

11.4　案　例　分　析

本章同样采用 2008 年 PHM 挑战赛发布的 CMAPSS 涡扇发动机退化数据集来验证提出方法的预测性能，关于数据集的具体说明请参考 10.4.1 小节。FD002 和 FD004 两个子集被使用来验证提出方法在变工况场景下 RUL 预测的有效性。

本节将首先探究影响 MDRNN 模型预测性能的几个因素，包括 MDRNN 的网络层结构、MDRNN 的网络多维度结构、输入信号序列长度和模型是否输入工况数据，其次将 MDRNN 的预测性能与过去三年研究 CMAPSS 数据集的先进方法进行比较。所有报告的结果都是 10 次实验的平均值，以消除参数初始化等随机因素的影响。

首先对多传感器监测信号进行预处理。第一步，对数据进行归一化处理。图 11.7 比较了原始传感器信号和归一化处理后的信号。在图 11.7 中可以清楚地看到，原始信号分布在不同的数据尺度上。归一化后的多传感器监测信号集中在同一数据维度上。此外，原始信号没有显示出明显的退化过程，而预处理后的信号反映了发动机的健康退化过程。下一步，对多传感器监测信号进行平滑和时间窗处理。此外，利用分段线性标签技术标注 RUL 标签。最后对传感器信号进行筛选，筛选出了 T24、T30、T50、Nc、Ps30、NRc、bpr 和 htBleed 共 8 种能反映涡扇发动机退化过程的监测信号。

1. 网络层结构对预测模型的影响

网络结构对预测模型的性能有很大的影响。对于提出的 MDRNN，能够捕获时间序列信

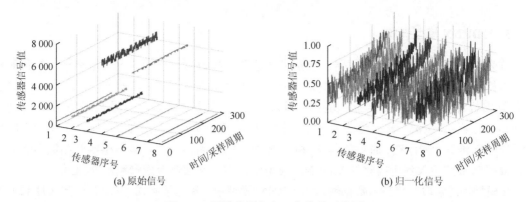

(a) 原始信号　　　　　　　　　　　　　　　　　(b) 归一化信号

图 11.7　原始信号与归一化信号对比图

号中长期依赖性的 BLSTM 层和 BGRU 层的结构对于模型的 RUL 预测性能具有重要的影响。因此，我们研究了不同的 BLSTM 层和 BGRU 层结构对所提出模型的性能的影响。表 11.1 中记录了 8 个网络结构，其中 $L(\cdot)$ 表示 BLSTM 层/BGRU 层的数量，$U(\cdot)$ 表示每层中的神经元数。表 11.1 中还记录了不同网络结构在 FD002 数据集上训练的 10 次实验平均训练时间。从表 11.1 中可以看出，平均训练时间随着神经元数量的增加而增加。同时，层数的增加也会导致训练时间的显著增加。

表 11.1　不同网络结构及平均训练时间

序号	网络结构	平均训练时间/s
I	$L(2)U(8)$	2 856.86
II	$L(2)U(16)$	3 427.76
III	$L(2)U(32)$	5 351.17
IV	$L(2)U(64)$	14 227.17
V	$L(3)U(8)$	4 569.78
VI	$L(3)U(16)$	5 250.92
VII	$L(3)U(32)$	9 104.60
VIII	$L(3)U(64)$	18 273.36

图 11.8 显示了不同网络结构在 FD002 上的预测性能的 10 次平均 RMSE 和 Score 值。从图中可以明显地看出，具有结构 VI 的 MDRNN 在所有具有三层的结构中具有最低的 RMSE 和 Score 值。此外，与每层具有相同神经元数的结构 II 相比，结构 VI 具有更深的体系结构，可以捕获更多隐藏和抽象的特征，从而使其具有更好的预测性能。因此，确定 MDRNN 被构造为具有 3 个 BLSTM 层/BGRU 层，每层中有 16 个神经元。

2. 网络多维度结构对预测模型的影响

如 11.2.3 小节所述，MDRNN 具有平行的 BLSTM 层和 BGRU 层，这使它能够从不同的维度提取隐藏的特征。为了评估 MDRNN 的多维度结构，本小节进行了一项对比实验，删除 MDRNN 中的 BLSTM 层，以构建深度的 BGRU 神经网络（BGRUNN）并与 MDRNN 进行比较。同样，将 BGRU 层从 MDRNN 中删除，以构建 BLSTM 神经网络（BLSTMNN）并进行比较。

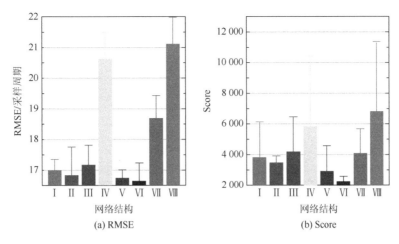

图 11.8　不同网络结构在 FD002 上的预测性能 10 次平均结果

表 11.2 记录了 MDRNN、BLSTMNN 和 BGRUNN 三种模型在 FD002 数据集上的实验结果。记录结果为 10 次预测实验的平均性能。可以看出，MDRNN 在 RMSE 和 Score 两个指标上均取得了最低的平均值，这证明了所提出的 MDRNN 的多维度结构的优越性。但是，MDRNN 的训练时间明显地高于其他两个模型的训练时间，这归因于其更复杂的模型结构。

表 11.2　三种模型在 FD002 数据集上进行 10 次预测实验的平均性能

模型	RMSE	Score	模型训练时间/s
MDRNN	16.64±0.29	2 231.11±187.78	5 250.92
BLSTMNN	16.84±0.25	3 143.76±527.93	3 952.20
BGRUNN	16.79±0.30	3 717.43±914.07	3 873.57

3. 输入信号序列长度对预测模型的影响

输入信号序列长度是影响 MDRNN 模型预测性能的另一个重要因素。本小节讨论时间窗大小（即输入序列长度）对 MDRNN 模型性能的影响。选择不同大小的时间窗（5~30）来为 MDRNN 模型构造输入向量以研究其对预测性能的影响。

图 11.9 展示了不同时间窗尺寸对 MDRNN 预测性能的影响。从图 11.9（a）可以明显地看出，随着时间窗尺寸的扩大，预测结果的 RMSE 值逐渐减小，这是由于时间窗尺寸较大，所以输入向量可以包含更多的局部退化信息。但是我们也应该知道，输入序列的长度越长，将导致计算过程越复杂，模型训练时间也越长。另外，随着时间窗尺寸的增大，性能提升的趋势变得不那么明显。在图 11.9（b）中，Score 指标并没有反映出图 11.9（a）中的规则。对于 MDRNN 模型，不同时间窗大小的 Score 值变化很大。其中，当时间窗为 25 时得分最低。综合考虑 RMSE 和分数，最终确定 MDRNN 模型的输入序列长度为 25。

4. 输入运行工况数据对预测模型的影响

MDRNN 模型与其他 RUL 预测模型之间的主要区别在于所提出的模型是针对变工况下

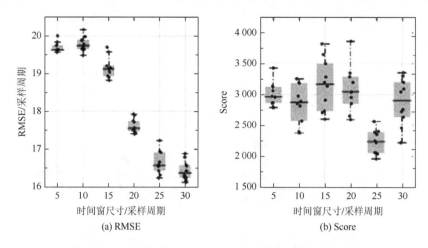

(a) RMSE

(b) Score

图 11.9　不同时间窗尺寸对 MDRNN 模型预测性能的影响

RUL 预测场景设计的。运行工况数据被独立地输入 MDRNN 模型中，以提高变工况下的 RUL 预测精度。本节将测试输入的运行工况数据是否可以真的提高预测精度。本节依然使用 11.4.2 小节的三种网络架构（即 BLSTMNN、BGRUNN 和 MDRNN）来进行对比实验。

图 11.10 比较了输入和不输入运行状况数据两种条件下三种模型的预测性能。实验在 FD002 数据集上实施，所有实验都重复了 10 次。RMSE 和 Score 指标均表明，具有输入运行工况数据的 MDRNN 模型的预测性能优于不输入运行工况数据的 MDRNN 模型的预测性能。在 BLSTMNN 模型上可以得到类似的结论。对于 BGRUNN，尽管在 Score 指标的比较上并没有显示出运行工况数据对预测能力的明显改善，但运行工况数据使得 BGRUNN 拥有更出色的 RMSE 值。因此，可以总结出，运行工况数据可以提高这三个模型（尤其是 MDRNN 模型）的预测能力。

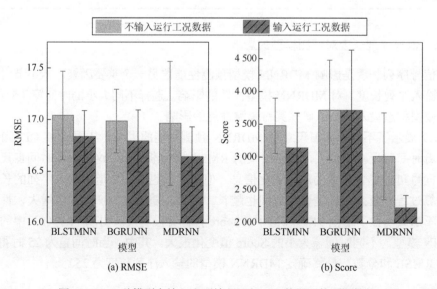

(a) RMSE

(b) Score

图 11.10　三种模型在输入和不输入运行工况数据下的预测性能

5. 与其他先进方法的比较

本节将对所提出的 MDRNN 模型和文献中的一些最新技术在变工况条件下的 RUL 预测性能进行比较。对于 CMAPSS 数据集，已经有大量 RUL 预测方法被报告并取得了优异的结果。通过对所有研究 CMAPSS 数据集的文献的梳理，筛选了大量最近几年研究该数据集的主流预测方法，包括深度 CNN（deep CNN，DCNN）[112]、基于 BLSTM 的自动编码器（BLSTM-auto encoder，BLSTM-AE）[122]、半监督深度架构（semi-supervised deep architecture，SSDA）[125]、深度可分卷积网络（deep separable convolutional network，DSCN）[126]、带注意力机制的 LSTM（LSTM with attention mechanism，LSTM-attention）[127]、极端梯度增强（extreme gradient boosting，XGBoost）[128]、梯度提升决策树（gradient boosting decision tree，GBDT）[128]和优化 stacking（Op-stacking）技术[128]。

表 11.3 展示了 MDRNN 和过去三年在 CMAPSS 数据集上进行过研究的许多最新技术的性能比较结果。从表 11.3 中可以明显地看出，在所有预测方法中，MDRNN 具有最小的 RMSE 和 Score 值，这证明了 MDRNN 的出色 RUL 预测能力。此外，LSTM 被用于许多方法中，例如，BLSTM-AE、LSTM-attention 和 Bayes BLSTM，这表明 LSTM 在时间序列预测问题中具有卓越的能力。MDRNN 优于这些基于 LSTM 的模型的原因有两点：一是 MDRNN 使用运行工况数据作为输入，从而改善了其在变工况下的 RUL 预测性能；二是 MDRNN 包含并行的 BLSTM 层和 GRU 层，这使 MDRNN 可以捕获来自不同维度的退化特征。此外，在 FD004 数据集上出色的预测结果也证明了 MDRNN 模型在变工况和多故障模式下可以很好地执行 RUL 预测任务。

表 11.3　MDRNN 和文献中的一些最新技术的比较

方法	FD002		FD004	
	RMSE	Score	RMSE	Score
DCNN[112]	22.36	10 412	23.31	12 466
BLSTM-AE[122]	22.07	3 099	23.49	3 202
SSDA[125]	22.73	3 366	22.66	2 840
DSCN[126]	20.47	4 368	22.64	5 168
LSTM-attention[127]	N/A	N/A	27.08	5 649
XGBoost[128]	25.45	7 145	25.07	3 821
GBDT[128]	25.32	6 597	25.19	4 018
Op-stacking[128]	23.08	5 024	22.69	3 676
MDRNN	16.64	2 231	17.21	1 591

参 考 文 献

[1] 中华人民共和国中央人民政府. 中华人民共和国国民经济和社会发展第十四个五年规划和 2035 年远景目标纲要[R/OL]. [2021-03-13]. https://www.gov.cn/xinwen/2021-03/13/content_5592681.htm.

[2] 雷亚国, 贾峰, 周昕, 等. 基于深度学习理论的机械装备大数据健康监测方法[J]. 机械工程学报, 2015, 51（21）: 49-56.

[3] 李国杰, 程学旗. 大数据研究: 未来科技及经济社会发展的重大战略领域: 大数据的研究现状与科学思考[J]. 中国科学院院刊, 2012, 27（6）: 647-657.

[4] MCCULLOCH W S, PITTS W. A logical calculus of the ideas immanent in nervous activity[J]. The bulletin of mathematical biophysics, 1943, 5: 115-133.

[5] HEBB D O. The organization of behavio: A neuropsychological theory[M]. New York: Psychology Press, 2002.

[6] MINSKY M, PAPERT S A. Perceptrons: An introduction to computational geometry[M]. Cambridge: The MIT Press, 2017.

[7] HOPFIELD J J. Neural networks and physical systems with emergent collective computational abilities[J]. Proceedings of the National Academy of Sciences, 1982, 79（8）: 2554-2558.

[8] RUMELHART D E, HINTON G E, WILLIAMS R J. Learning representations by back-propagating errors [J]. Nature, 1986, 323: 533-536.

[9] HINTON G E, SALAKHUTDINOV R R. Reducing the dimensionality of data with neural networks[J]. Science, 2006, 313（5786）: 504-507.

[10] FUKUSHIMA K. Neocognitron: A self-organizing neural network model for a mechanism of pattern recognition unaffected by shift in position[J]. Biological cybernetics, 1980, 36: 193-202.

[11] WENG J, AHUJA N, HUANG T S. Cresceptron: A self-organizing neural network which grows adaptively[C]. International Joint Conference on Neural Networks, Baltimore, 1992: 576-581.

[12] LAWRENCE S, GILES C L, TSOI A C, et al. Face recognition: A convolutional neural-network approach[J]. IEEE Transactions on Neural Networks, 1997, 8（1）: 98-113.

[13] KRIZHEVSKY A, SUTSKEVER I, HINTON G. ImageNet classification with deep convolutional neural networks[C]. Conference and Wordshop on NIPS'12: Proceedings of the 25th International Conference on Neural Information Processing System, Lake Tahoe Nevada, 2012（1）: 1097-1105.

[14] SZEGEDY C, LIU W, JIA Y, et al. Going deeper with convolutions[C]. 2015 IEEE Conference on Computer Vision and Pattern Recognition, Boston, 2015: 1-9.

[15] HE K M, ZHANG X Y, REN S Q, et al. Deep residual learning for image recognition[C]. 2016 IEEE Conference on Computer Vision and Pattern Recognition, Las Vegas, 2016: 770-778.

[16] HUANG G, LIU Z, VAN DER MAATEN L, et al. Densely connected convolutional networks[C]. 2017 IEEE Conference on Computer Vision and Pattern Recognition, Honolulu, 2017: 2261-2269.

[17] WANG X L, GIRSHICK R, GUPTA A, et al. Non-local neural networks[C]. 2018 IEEE/CVF Conference on Computer Vision and Pattern Recognition, Salt Lake City, 2018: 7794-7803.

[18] ELMAN J L. Finding structure in time[J]. Cognitive science, 1990, 14（2）: 179-211.

[19] HOCHREITER S, SCHMIDHUBER J. Long short-term memory[J]. Neural computation, 1997, 9（8）: 1735-1780.

[20] SCHUSTER M, PALIWAL K K. Bidirectional recurrent neural networks[J]. IEEE transactions on signal

processing, 1997, 45（11）: 2673-2681.

[21] GERS F A, SCHMIDHUBER J, CUMMINSV F. Learning to forget: Continual prediction with LSTM[J]. Neural computation, 2000, 12（10）: 2451-2471.

[22] GRAVES A, JÜRGEN S. Framewise phoneme classification with bidirectional LSTM and other neural network architectures[J]. Neural networks, 2005, 18（5/6）: 602-610.

[23] GRAVES A, FERNANDEZ S, SCHMIDHUBER J. Multi-dimensional recurrent neural networks[C]. Proceedings of International Conference on Artificial Neural Networks, Porto, 2007: 549-558.

[24] GRAVES A, MOHAMED A R, HINTON G. Speech recognition with deep recurrent neural networks[C]. 2013 IEEE International Conference on Acoustics, Speech and Signal Processing, Vancouver, 2013: 6645-6649.

[25] CHO K, MERRIENBOER B V, GULCEHRE C, et al. Learning phrase representations using RNN encoder-decoder for statistical machine translation[C]. Conference on Empirical Methods in Natural Language Processing（EMNLP 2014）, Doha, 2014: 1724-1734.

[26] MINSKY M L. Theory of neural-analog reinforcement systems and its application to the brain-model problem[D]. Princeton: Princeton University, 1954.

[27] BELLMAN R. Dynamic programming[M]. New York: Dover Publications, 1957.

[28] HOWARD R A. Dynamic programming and Markov processes[J]. Mathematical gazette, 1960, 3（358）: 120.

[29] WATKINS C. Learning from delayed reward[D]. London: King's College, 1989.

[30] GIDEON L K. The great A.I. awakening[N/OL]. [2016-12-14]. https://www.nytimes.com/2016/12/14/magazine/the-great-ai-awakening.html.

[31] 张润林. 旋转机械故障机理与诊断技术[M]. 北京: 机械工业出版社, 2002.

[32] ISO/TC 108/SC 5. 机械状态健康监测与诊断-数据处理、通信与表示-第 2 部分: 数据处理[S]. 北京: 中华人民共和国国家质量监督检验检疫总局, 2013.

[33] LEI Y G, LI NGP, GUO L, et al. Machinery health prognostics: A systematic review from data acquisition to RUL prediction[J]. Mechanical systems and signal processing, 2018, 104: 799-834.

[34] 中国机械工业联合会. 机床数控系统 故障诊断与维修规范: GB/T 39129-2020[S]. 北京: 中国标准出版社, 2021.

[35] PARIS P C, ERDOGAN F. A critical analysis of crack propagation laws[J]. Journal of basic engineering. 1963, 85（4）: 528-533.

[36] KHAROUFEH J P. Explicit results for wear processes in a Markovian environment[J]. Operations research letters, 2003, 31（3）: 237-244.

[37] HUANG N E, SHEN Z, LONG S R, et al. The empirical mode decomposition and the Hilbert spectrum for nonlinear and non-stationary time series analysis[J]. Proceedings mathematical physical and engineering sciences, 1998, 454（1971）: 903-995.

[38] 周飞燕, 金林鹏, 董军. 卷积神经网络研究综述[J]. 计算机学报, 2017, 40（6）: 1229-1251.

[39] 刘建伟, 宋志妍. 循环神经网络研究综述[J]. 控制与决策, 2022, 37（11）: 2753-2768.

[40] 赵星宇, 丁世飞. 深度强化学习研究综述[J]. 计算机科学, 2018, 45（7）: 1-6.

[41] ZHUANG F Z, QI Z Y, DUAN K Y, et al. A comprehensive survey on transfer learning[J]. Proceedings of the IEEE, 2019, 109（1）: 43-76.

[42] SOHN H, FARRAR C R. Damage diagnosis using time series analysis of vibration signals[J]. Smart materials and structures, 2001, 10（3）: 446-451.

[43] 赵一男, 公茂盛, 杨游. 结构损伤识别方法研究综述[J]. 世界地震工程, 2020, 36（2）: 76-87.

[44] 郑栋梁, 李中付, 华宏星. 结构早期损伤识别技术的现状和发展趋势[J]. 振动与冲击, 2002, 21（2）: 1-6.

[45] HUBEL D H, WIESEL T N. Receptive fields, binocular interaction, and functional architecture in the cat's visual cortex[J]. The journal of physiology, 1962, 160（1）: 106-154.

[46] LECUN Y, BOTTOU L, BENGIO Y, et al. Gradient-based learning applied to document recognition[J].

Proceedings of the IEEE，1998，86（11）：2278-2324.

[47] ZEILER M D，FERGUS R. Visualizing and understanding convolutional networks[C]. 2014 European Conference on Computer Vision，Zurich，2014，8689：818-833.

[48] SAXENA A，GOEBEL K，LARROSA C C，et al. Accelerated aging experiments for prognostics of damage growth in composite materials[C]. Proceedings of the 8th International Workshop on Structural Health Monitoring，Lancaster，Destech Publications，2011.

[49] 尹涛，缪傲，王祥宇. 基于 Bayesian 理论的无参考信号主动 Lamb 波损伤定位方法[J]. 振动工程学报，2017，30（1）：33-40.

[50] BAI S，XIAO Y，WU Z，et al. Damage monitoring of composite structures based on lamb wave and canonical correlation analysis[J]. Piezoelectrics and acoustooptics，2018，40（1）：149-154.

[51] REMADNA I，TERRISSA S L，ZEMOURI R，et al. Leveraging the power of the combination of CNN and bi-directional LSTM networks for aircraft engine RUL estimation[C]. 2020 Prognostics and Health Management Conference，Besancon，2020：116-121.

[52] BACH-ANDERSEN M，ROMER-ODGAARD B，WINTHER O. Deep learning for automated drivetrain fault detection[J]. Wind energy，2018，21（1）：29-41.

[53] GIRSHICK R，DONAHUE J，DARRELL T，et al. Rich feature hierarchies for accurate object detection and semantic segmentation[C]. IEEE Conference on Computer Vision and Pattern Recognition，Columbus，2014：580-587.

[54] GIRSHICK R. Fast R-CNN[C]. International Conference on Computer Vision，Santiago，2016：1440-1448.

[55] LI J N，LIANG X D，SHEN S M，et al. Scale-aware fast R-CNN for pedestrian detection[J]. IEEE transactions on multimedia，2018，20（4）：985-996.

[56] 杨铭，文斌. 一种改进的 YOLOv3-Tiny 目标检测算法[J]. 成都信息工程大学学报，2020，35（5）：531-536.

[57] REN S Q，HE K M，GIRSHICK R，et al. Faster R-CNN：Towards real-time object detection with region proposal networks[J]. IEEE transactions on pattern analysis and machine intelligence，2017，39（6）：1137-1149.

[58] Condition monitoring and diagnostics of machines-prognostics-Part1：General guidelines：ISO13381-1[S]. [2015-09-10]. https://www.iso.org/standard/51436.html#:～:text=Condition%20monitor-ing%20and%20diagno-stics%20of%20machines%20%E2%80%94%20Prognostics，application%20of%20p.

[59] 聂向晖，张红，杜翠微，等. 金属材料腐蚀检（监）测常用方法概述[J]. 装备环境工程，2007（3）：105-109.

[60] 全国金属与非金属覆盖层标准化技术委员会. 金属基体上金属和其他无机覆盖层腐蚀试验后的试样和试件的评级：GB/T 6461—2002[S]. 北京：中华人民共和国国家质量监督检验检疫总局，2002：10-40.

[61] KANG M，KIM J，KIM J M，et al. Reliable fault diagnosis for low-speed bearings using individually trained support vector machines with kernel discriminative feature analysis[J]. IEEE transactions on power electronics，2015，30（5）：2786-2797.

[62] ZHOU H T，CHEN J，DONG G M，et al. Detection and diagnosis of bearing faults using shift-invariant dictionary learning and hidden Markov model[J]. Mechanical systems and signal processing，2016，72-73：65-79.

[63] Case western reserve university bearing data centre [EB/OL]．［2021-10-12］. https://engineering.case.edu/bearingdatacenter/download-data-file.

[64] COLOMINAS M A，SCHLOTTHAUER G，TORRES M E. Improved complete ensemble EMD：A suitable tool for biomedical signal processing[J]. Biomedical signal processing and control，2014，14：19-29.

[65] WANG X W，GAO J，WEI X X，et al. High impedance fault detection method based on variational mode decomposition and teager-kaiser energy operators for distribution network[J]. IEEE transactions on smart grid，2019，10（6）：6041-6054.

[66] AL-TUBI M，BEVAN G P，WALLACE P A，et al. Fault diagnosis of a centrifugal pump using MLP-GABP

and SVM with CWT[J]. Engineering science and technology，an international journal，2019，22（3）：854-861.

[67] ZHANG S，WANG M，YANG F，et al. Manifold sparse auto-encoder for machine fault diagnosis[J]. IEEE sensors journal，2020，20（15）：8328-8335.

[68] CHENG F，WANG J，QU L，et al. Rotor-current-based fault diagnosis for DFIG wind turbine drivetrain gearboxes using frequency analysis and a deep classifier[J]. IEEE transactions on industry applications，2018，54（2）：1062-1071.

[69] CHEN Z Q，LI C，SANCHEZ R V. Gearbox fault identification and classification with convolutional neural networks[J]. Shock and vibration，2015，2015：390134.

[70] 张立鹏，毕凤荣，程建刚，等. 基于注意力 BiGRU 的机械故障诊断方法研究[J]. 振动与冲击，2021，40（5）：113-118.

[71] XU J F，SAVVIDES M. Subspace-based discrete transform encoded local binary patterns representations for robust periocular matching on NIST's face recognition grand challenge[J]. IEEE transactions on image processing，2014，23（8）：3490-3505.

[72] XU F J，BODDETI V N，SAVVIDES M. Local binary convolutional neural networks[C]. IEEE Conference on Computer Vision and Pattern Recognition，Honolulu，2017：4284-4293.

[73] PAWARA P，OKAFOR E，GROEFSEMA M，et al. One-vs-One classification for deep neural networks[J]. Pattern recognition，2020，108：107528.

[74] LIU C L. One-vs-all training of prototype classifier for pattern classification and retrieval[C]. 20th International Conference on Pattern Recognition，Istanbul，2010：3328-3331.

[75] SHEIKH H R，SABIR M F，BOVIK A C. A statistical evaluation of recent full reference image quality assessment algorithms[J]. IEEE transactions on image processing，2006，15（11）：3440-3451.

[76] Condition based maintenance fault database for testing diagnostics and prognostic algorithms[EB/OL]. [2021-08-23]. https://mfpt.org/fault-data-sets.

[77] LI G Q，DENG C，WU J，et al. Sensor data-driven bearing fault diagnosis based on deep convolutional neural networks and S-transform[J]. Sensors，2019，19：2750.

[78] LECUN Y，BOSER B，DENKER J S，et al. Handwritten digit recognition with a back-propagation network[C]. Proceedings of the 2nd International Conference on Neural Information Processing Systems，Cambridge，MA，1989：396-404.

[79] YANG Z X，WANG X B，ZHONG J H. Representational learning for fault diagnosis of wind turbine equipment：A multi-layered extreme learning machines approach[J]. Energies，2016，9（6）：379.

[80] ZHONG J H，PAK W，YANG Z X. Simultaneous-fault diagnosis of gearboxes using probabilistic committee machine[J]. Sensors，2016，16（2）：185.

[81] LEE K B，CHEON S，KIM C O. A convolutional neural network for fault classification and diagnosis in semiconductor manufacturing processes[J]. IEEE transactions on semiconductor manufacturing，2017，30（2）：135-142.

[82] XIONG S C，HE S，XUAN J P，et al. Enhanced deep residual network with multilevel correlation information for fault diagnosis of rotating machinery[J]. Journal of vibration and control，2021，27（15/16）：1713-1723.

[83] XIE J，ZHANG L，DUAN L，et al. On cross-domain feature fusion in gearbox fault diagnosis under various operating conditions based on transfer component analysis[C]. IEEE International Conference on Prognostics and Health Management，Ottawa，2016：1-6.

[84] WEN L，GAO L，LI X Y. A new deep transfer learning based on sparse auto-encoder for fault diagnosis[J]. IEEE transactions on systems man cybernetics-systems，2019，49（1）：136-144.

[85] LU C，WANG Z Y，ZHOU B. Intelligent fault diagnosis of rolling bearing using hierarchical convolutional network based health state classification[J]. Advanced engineering informatics，2017，32：139-151.

[86] LESSMEIER C，KIMOTHO J K，ZIMMER D，et al. Condition monitoring of bearing damage in

electromechanical drive systems by using motor current signals of electric motors: A benchmark data set for data-driven classification[C]. Proceedings of the European Conference of the Prognostics and Health Management Society, Bilbao, 2016:: 5-8.

[87] GANIN Y, LEMPITSKY V. Unsupervised domain adaptation by backpropagation[J/OL]. (2015-02-27) [2022-06-17]. https://arxiv.org/abs/1409.7495.

[88] TZENG E, HOFFMAN J, ZHANG N, et al. Deep domain confusion: Maximizing for domain invariance[J/OL]. (2014-02-10) [2022-10-17]. https://arxiv.org/abs/1412.3474.

[89] LONG M S, CAO Y, WANG J M, et al. Learning transferable features with deep adaptation networks[J/OL]. (2015-02-10) [2022-10-17]. https://arxiv.org/abs/1502.02791.

[90] GALLEGO A J, CALVO-ZARAGOZA J, FISHER R B. Incremental unsupervised domain-adversarial training of neural networks[J]. IEEE transactions on neural networks and learning systems, 2021, 32: 4864-4878.

[91] SUN B C, SAENKO K. Deep CORAL: Correlation alignment for deep domain adaptation [C]. 2016 European Conference on Computer Vision Workshops, Amsterdam, 2016, 9915: 443-450.

[92] MIAO H, HE D. Deep learning based approach for bearing fault diagnosis[J]. IEEE transactions on industry applications, 2017, 53 (3): 3057-3065.

[93] 翟嘉琪, 杨希祥, 程玉强, 等. 机器学习在故障检测与诊断领域应用综述[J]. 计算机测量与控制, 2021, 29 (3): 1-9.

[94] KONG X G, MAO G, WANG Q B, et al. A multi-ensemble method based on deep auto-encoders for fault diagnosis of rolling bearings[J]. Measurement, 2020, 151: 107132.

[95] TAN Y H, ZHANG J D, TIAN H, et al. Multi-label classification for simultaneous fault diagnosis of marine machinery: A comparative study[J]. Ocean engineering, 2021, 239: 109723.

[96] XIA M, SHAO H D, WILLIAMS D, et al. Intelligent fault diagnosis of machinery using digital twin-assisted deep transfer learning[J]. Reliability engineering and system safety, 2021, 215: 107938.

[97] 张智恒, 沈少朋, 王轩, 等. 计算机科学的边界思维: 增量学习的方向[J]. 电脑与信息技术, 2021, 29 (1): 39-41.

[98] 戴金玲, 许爱强, 申江江, 等. 基于 OCKELM 与增量学习的在线故障检测方法[J]. 航空学报, 2022, 43 (3): 378-389.

[99] 王磊, 苏中, 乔俊飞, 等. 基于增量式学习的正则化回声状态网络[J]. 控制与决策, 2022, 37 (3): 661-668.

[100] CAUWENBERGHS G, POGGIO T. Incremental and decremental support vector machine learning [J]. Advances in neural information processing systems, 2001, 13: 409-415.

[101] CHEN S Y, MENG Y Q, TANG H C, et al. Robust deep learning-based diagnosis of mixed faults in rotating machinery[J]. IEEE/ASME transactions on mechatronics, 2020, 25 (5): 2167-2176.

[102] HE D, LI R, ZHU J D. Plastic bearing fault diagnosis based on a two-step data mining approach[J]. IEEE transactions on electronics, 2013, 60 (8): 3429-3440.

[103] ZHU Z A, PENG G A, CHEN Y A, et al. A convolutional neural network based on a capsule network with strong generalization for bearing fault diagnosis[J]. Neurocomputing, 2019, 323: 62-75.

[104] SILVER D, HUANG A, MADDISON C J, et al. Mastering the game of go with deep neural networks and tree search[J]. Nature, 2016, 529: 484-489.

[105] ARULKUMARAN K, DEISENROTH M P, BRUNDAGE M, et al. Deep reinforcement learning: A brief survey[J]. IEEE signal processing magazine, 2017, 34 (6): 26-38.

[106] SUTTON R S, BARTO A G. Reinforcement learning: An introduction[M]. Cambridge: MIT Press, 2018.

[107] MNIH V, KAVUKCUOGLU K, SILVER D, et al. Playing atari with deep reinforcement learning[J/OL]. (2013-12-19) [2022-10-19]. https://arxiv.org/abs/1312.5602.

[108] YANG T, ZHAO L Y, LI W, et al. Reinforcement learning in sustainable energy and electric systems: A survey[J]. Annual reviews in control, 2020, 49: 145-163.

[109] KAKADE S，LANGFORD J. Approximately optimal approximate reinforcement learning[C]. Proceedings of 19th International Conference on Machine Learning，Sydney，2002：267-274.

[110] SABOUR S，FROSST N，HINTON G E. Dynamic routing between capsules[C]. Proceedings of the 31st International Conference on Neural Information Processing Systems，Long Beach，2017：3859-3869.

[111] KHELIF R，CHEBEL-MORELLO B，MALINOWSKI S，et al. Direct remaining useful life estimation based on support vector regression[J]. IEEE transactions on industrial electronics，2017，64（3）：2276-2285.

[112] LI X，DING Q，SUN J Q. Remaining useful life estimation in prognostics using deep convolution neural networks[J]. Reliability engineering and system safety，2018，172：1-11.

[113] CHANDRA R. Competition and collaboration in cooperative coevolution of Elman recurrent neural networks for time-series prediction [J]. IEEE transactions on neural networks and learning systems，2015，26（12）：3123-3131.

[114] GUO L，LI N P，JIA F，et al. A recurrent neural network based health indicator for remaining useful life prediction of bearings[J]. Neurocomputing，2017，240：98-109.

[115] CHENG Y，ZHU H，WU J，et al. Machine health monitoring using adaptive kernel spectral clustering and deep long short-term memory recurrent neural networks[J]. IEEE transactions on industrial informatics，2018，15（2）：987-997.

[116] 杨丽，吴雨茜，王俊丽，等. 循环神经网络研究综述[J]. 计算机应用，2018，38（2）：1-6，26.

[117] SAXENA A，GOEBEL K，SIMON D，et al. Damage propagation modeling for aircraft engine run-to-failure simulation[C]. 2008 International Conference on Prognostics and Health Management，Penver，2008：1-9.

[118] CHEN J L，JING H J，CHANG Y H，et al. Gated recurrent unit based recurrent neural network for remaining useful life prediction of nonlinear deterioration process[J]. Reliability engineering and system safety，2019，185：372-382.

[119] BABU G S，ZHAO P L，LI L. Deep convolutional neural network based regression approach for estimation of remaining useful life[C]. The 21st International Conference on Database Systems for Advanced Applications，Dallas，2016：214-228.

[120] LOUEN C，DING S X，KANDLER C. A new framework for remaining useful life estimation using support vector machine classifier[C]. Proceedings of the 2013 Conference on Control and Fault-tolerant Systems，Nice，France，2013：228-233.

[121] REN L，CHENG X L，WANG X K，et al. Multi-scale dense gate recurrent unit networks for bearing remaining useful life prediction[J]. Future generation computer systems，2019，94：601-609.

[122] YU W N，KIM I Y，MECHEFSKE C. Remaining useful life estimation using a bidirectional recurrent neural network based autoencoder scheme[J]. Mechanical systems and signal processing，2019，129：764-780.

[123] ELSHEIKH A，YACOUT S，OUALI M S. Bidirectional handshaking LSTM for remaining useful life prediction[J]. Neurocomputing，2019，323（5）：148-156.

[124] ZHAO R，WANG D Z，YAN R Q，et al. Machine health monitoring using local feature-based gated recurrent unit networks[J]. IEEE transactions on industrial electronics，2018，65（2）：1539-1548.

[125] ELLEFSEN A L，BJORLYKHAUG E，AESOY V，et al. Remaining useful life predictions for turbofan engine degradation using semi-supervised deep architecture[J]. Reliability engineering and system safety，2019，183：240-251.

[126] WANG B，LEI Y G，LI N P，et al. Deep separable convolutional network for remaining useful life prediction of machinery[J]. Mechanical systems and signal processing，2019，134：106330.

[127] CHEN Z H，WU M，ZHAO R，et al. Machine remaining useful life prediction via an attention based deep learning approach[J]. IEEE transactions on industrial electronics，2021，68（3）：2521-2531.

[128] LI F，ZHANG L，CHEN B，et al. An optimal stacking ensemble for remaining useful life estimation of systems under multi-operating conditions[J]. IEEE access，2020，8：31854-31868.